Schunkert / Ryll
Kollaborative Roboterapplikationen

Andreas Schunkert
Christoph Ryll

Kollaborative Roboter-applikationen

Von der Idee bis zur Integration

Die Autoren:
Andreas Schunkert ist Service Director bei der United Robotics Group GmbH in Bochum
Christoph Ryll ist Geschäftsführer der Robotics Consulting GmbH in Fürstenfeldbruck

Bibliografische Information der deutschen Nationalbibliothek:
Die Deutsche Nationalbibliothek verzeichnet diese Publikation in der Deutschen Nationalbibliografie; detaillierte bibliografische Daten sind im Internet unter *http://dnb.d-nb.de* abrufbar.

© 2022 Carl Hanser Verlag München
www.hanser-fachbuch.de
Lektorat: Dipl.-Ing. Volker Herzberg
Herstellung: Melanie Zinsler
Titelmotiv: Universal Robots
Coverrealisation: Max Kostopoulos
Satz: Andreas Schunkert, Christoph Ryll
Druck und Bindung: Druckerei Hubert & Co. GmbH und Co. KG BuchPartner, Göttingen
Printed in Germany

Print-ISBN: 978-3-446-46273-1
E-Book-ISBN: 978-3-446-46540-4

Inhalt

Vorwort

Kollaborative Robotik ist seit Jahren ein immer stärker wachsender Markt, in welchem Jahr für Jahr neue Hersteller, neue Produkte und neue Möglichkeiten hinzukommen. Viele Unternehmen sehen in dieser Sparte der Robotik die Zukunft für ihre Produktionslinien und haben hier auch schon erste Erfahrungen gesammelt. Manche Unternehmen sind hier aber auch erst ganz am Anfang. So wie es in der Anzahl der Applikationen mit kollaborativen Robotern Unterschiede von „noch gar keine" bis hin zu über 200 Cobots in einem Firmenstandort gibt und damit einhergehende unterschiedliche Wissensstände, existiert oft auch ein völlig unterschiedliches Verständnis von dem, was diese Technologie mit sich bringt und wie man sie einsetzen kann.

In klein- und mittelständischen Unternehmen hat man oft bereits von kollaborierenden Robotern gehört und diese auch schon auf vielen Messen gesehen. Dort wird jedoch oft ein unvollständiges Bild zu der Komplexität einer kollaborativen Anwendung gezeigt, was dann in diesen Unternehmen zu überzogenen Erwartungshaltungen führt. Hier fehlt oft das Verständnis für den ganzheitlichen Sicherheitsaspekt. Manchmal hat man hier den Eindruck, es gäbe die Auffassung, dass der kollaborative Roboter alles um sich herum automatisch sicher macht, was natürlich nicht der Fall ist.

In großen Unternehmen und Konzernen hat man dagegen auch erste Erfahrungen mit kollaborativen Robotern gesammelt. In diesen Unternehmen ist dann meist auch eine Fachkraft für Arbeitssicherheit beschäftigt, welcher sich dort auch explizit um die ganzheitliche Sicherheitsthematik solcher Applikationen kümmert. Hier findet man dann oft das andere Extrem. Nämlich, dass das Risiko hier zu hoch bewertet wird und man sich dadurch in den Möglichkeiten beschneidet.

Dieses Buch soll dabei helfen, an beiden Enden dieser Kette mehr Klarheit zu schaffen, und denjenigen, die dem Risiko fälschlicherweise zu wenig Beachtung schenken, mehr Verständnis für Gefahren und Risiken geben, die auch bei einem Cobot noch vorhanden sind, wenn man ihn nicht richtig einsetzt. Aber eben auch der anderen Seite aufzeigen, dass gewisse Risiken vielleicht gar keine Risiken sind oder auch anders betrachtet bzw. bewertet werden sollten. Somit ist dieses Buch sowohl der ideale Einstieg für den Cobot-Anfänger, welcher eventuell gerade in der Planung seiner ersten kollaborativen Applikation ist. Aber eben auch das ideale Hilfsmittel für jemanden, der schon einige Erfahrungen mit kollaborativen Robotern gesammelt hat und seine Sichtweise auf seine bereits vorhandenen Applikationen, aber auch auf zukünftige Applikationen nachjustieren möchte.

Dieses Buch wird Ihnen nicht nur erläutern, wie eine allgemeine Risikobeurteilung gem. der EN ISO 12100 aufgebaut ist und welche Bestandteile eine solche Risikobeurteilung hat, sondern Ihnen auch erläutern, wie Sie die ISO TS 15066 in Ihre Risikobeurteilung mit einfließen lassen, wenn Sie eine Applikation mit Kraft- und Leistungsbegrenzung bewerten möchten. Ebenso zeigt dieses Buch auch, worauf Sie bei anderen Kollaborationsarten, wie z. B. dem sicheren überwachten Halt oder der Geschwindigkeits- und Abstandsüberwachung, achten müssen und wie Sie diese bewerten.

Der vordere Teil des Buches wird Ihnen notwendige Grundlagen vermitteln, welche Sie benötigen, um eine kollaborative Applikation zu verstehen und sicher umzusetzen. Der hintere Teil des Buches wird Ihnen dann viele Beispiele aus der Praxis zeigen. Diese werden Ihnen zum einen Anreize und Möglichkeiten für Ihre eigenen Applikationen geben, Ihnen aber auch erläutern, wo bei diesen Beispielen die Herausforderungen lagen, worauf geachtet werden musste und welche Lösungsansätze man verfolgt hat. Sie können diesen Teil des Buches letztlich als Leitfaden für die Umsetzung Ihrer Applikation verwenden. Damit ist dieses Buch eine mehr als wertvolle Hilfe bei der Umsetzung Ihres eigenen Cobot-Projekts.

Andreas Schunkert und Christoph Ryll,
Juli 2022

1 Einleitung

Fragen, die dieses Kapitel beantwortet:

- Wie sieht die Geschichte der Automatisierung aus?
- Wo kommen kollaborative Roboter her und wann gibt es diese?
- Welche Arten von kollaborativen Anwendungen seitgibt es?
- Wie kann man und wie sollte man kollaborative Anwendungen unterscheiden/ staffeln?
- Was ist ein kollaborativer Roboter?
- Ist es der kollaborative Roboter oder die kollaborative Applikation?

Wenn man von der industriellen Revolution spricht, dann hat man hierbei oft nur den Schritt von der einfachen Fertigung zur Fließbandfertigung im Kopf. Dieser Schritt war aber in der Geschichte der industriellen Fertigung nicht der einzige bahnbrechende Umbruch. Schon vor dem Schritt zur Fließbandfertigung hatten Dampfmaschinen Ende des 18. Jahrhunderts die Fabriken und Produktionshallen mit neuen Möglichkeiten auf die nächste Stufe der Fertigung gehoben. Wenn wir den heute oft verwendeten Begriff der Industrie 4.0 als Referenzpunkt nehmen, so war dies dann der Schritt zur Industrie 1.0.

1913 führte dann Henry Ford die Fließbandfertigung in seiner Autoproduktion ein und machte damit dann den Schritt zu Industrie 2.0. Hierbei wurde die Fertigung dahingehend umgestellt, dass ein Arbeiter nicht mehr eine Vielzahl von verschiedenen Dingen nacheinander tätigte, sondern nur noch eine spezielle Montagetätigkeit durchführte. Das Bauteil wurde dann anschließend zum nächsten Arbeiter weiter getaktet und dieser erledigte dann den nächsten Arbeitsschritt. Hierdurch war es Ford möglich, schneller und kosteneffizienter zu produzieren, was dazu führte, dass diese Methode schnell in sämtliche Sparten der Industrie kopiert wurde. Man muss der Vollständigkeit halber hier jedoch erwähnen, dass es nicht Henry Ford war, der diese Art der Fertigung erfunden hat. Bereits Ende des 15. Jahrhunderts wurden in Venedig Schiffe in einer Art Reihenfertigung gebaut. Und auch in den USA waren andere hier bereits vor Henry Ford auf die Vorteile dieser Fertigungsmethode gekommen. So wurden z. B. um das Jahr 1870 in verschiedenen Schlachthöfen in Cincinnati Transportbänder dafür eingesetzt, Schweine von einem Arbeiter zum Nächsten zu transportieren. Die Arbeiter haben dann jeweils nur spezifische Arbeitsschritte an den Schweinen durchgeführt. Dies entspricht genau dem Vorgehen, welches dann später in den Fordwerken eingeführt wurde und Ford den Ruf als Vorreiter der Fließbandarbeit beschert hat.

Mitte der Siebzigerjahre waren es dann die Computer und die Mikroelektronik, welche die Industrie in Richtung Industrie 3.0 revolutioniert hat. Speziell der Einzug der speicherprogramierbaren Steuerung (SPS) hat die Industrie hier maßgeblich beeinflusst. Plötzlich war nicht mehr nur der Elektriker gefragt, welcher Motoren und Schalter anschließen konnte, sondern es wurden nun auch Fachleute mit Programmierkenntnissen gesucht, um diese neue Technik einsetzen zu können. Die Urväter der SPS waren hierbei Richard E. Morley von der Firma Modicon und Odo J. Struger von der Firma Allen Bradley. Diese beiden stellten 1969 die Modicon 084 als solid-state sequential logic solver (Halbleiter-basierendes sequentielles Logiksystem) vor.

All die vorgenannten Veränderungen waren dadurch getrieben, die Fertigung schneller und kosteneffizienter zu machen. Doch im Rahmen der Industrie 3.0 kam noch ein weiterer großer Faktor dazu – Flexibilität! Während Henry Ford seine Fließbandfertigung damals so auslegte, dass er zigtausende der gleichen Autos fertigen konnte, die sich im Großteil maximal in der Farbe unterschieden, stellen Autohersteller heute jedes Auto individuell nach Kundenwunsch her. Mit Soundsystem oder ohne, Leder- oder Stoffsitzen, Schiebedach oder Glaspanoramadach usw. Dies sind nur einige Auswahlmöglichkeiten, welche der Kunde heutzutage hat, wenn er sich ein neues Auto zulegen möchte. Aber diese Vielfalt stellt natürlich enorme Ansprüche an den Hersteller und dessen Produktion. Er muss in der Lage sein, dass Fahrzeug individuell nach Kundenwunsch und dennoch schnell und kosteneffizient zu fertigen. Hierbei helfen ihm nun Roboter, die den Arbeiter an der damaligen Fließbandfertigung von Henry Ford ersetzt haben. Diesen kann die richtige Information, ob beispielsweise ein normaler Scheinwerfer oder ein Xenonscheinwerfer in die Karosse eingesetzt werden muss, in wenigen Millisekunden übermittelt werden und führt dies dann prozesssicher und richtig aus.

Der Trend ging hier also über viele Jahre in die Richtung, dass der Arbeiter von Robotern in der Fertigung „ausgebootet" wurde und diese nach und nach die Tätigkeiten der Menschen übernommen haben. Jedoch hat man auch festgestellt, dass es eben manche Prozessschritte gibt, welche von einem Roboter niemals besser als von einem Mensch durchgeführt werden können. Es gibt daher Tätigkeiten, die ideal für einen Roboter sind, und es gibt Tätigkeiten, die ideal für einen Menschen sind. Beide haben ihre Stärken und sorgen gemeinsam für einen optimalen Prozess und einen Mix aus menschlicher Erfahrung und automatisierter Genauigkeit. Die Herausforderung der aktuellen Industrie 4.0 ist es unter anderem, die Stärken dieser beiden zu kombinieren. Und genau an dieser Stelle kommen kollaborierende Robotersysteme zum Tragen. Während herkömmliche traditionelle Roboter für einen Menschen sehr gefährlich werden können und daher hinter Zäunen operieren, um Mensch und Roboter zu trennen, sollen kollaborierende Roboter diese Barriere entfernen und ein Hand-in-Hand-Arbeiten von Mensch und Maschine ermöglichen. Die Vorteile hierbei liegen oft nicht nur in der Kombination der Stärken von Mensch und Maschine, sondern dies ermöglicht oft auch einen platzsparenden Einsatz, eine einfache Umrüstung von Handtätigkeit auf maschinelle Fertigung und nicht zuletzt auch oft eine kostengünstige Fertigung.

■ 1.1   Die Geschichte der kollaborativen Robotik

Besucht man heutzutage eine Messe, welche das Thema Automatisierung behandelt, dann kommt man an kollaborierenden Robotern nicht mehr vorbei. Man findet teilweise ganze Messehallen mit dieser Art von Robotern und mittlerweile hat jeder namhafte Roboterhersteller mindestens einen Roboter im Portfolio, welcher unter die Bezeichnung kollaborierender Roboter fällt. Der Einzug dieser Technik in die Produktionslinien startete zwischen 2005 und 2010, nachdem der deutsche Roboterhersteller KUKA in Kooperation mit dem Deutschen Luft- und Raumfahrtzentrum (DLR) 2004 den ersten LBR 3 verkaufte und der heutige Marktführer in diesem Bereich, Universal Robots, 2008 den UR5 auf den Markt brachte. Jedoch wurde der erste kollaborative Roboter bereits 1996 von James Edward Colgate und Michael A. Peshkin im Rahmen eines von General Motors finanzierten Projekts an der US-amerikanischen Northwestern University entwickelt. Das Ziel von General Motors war, einen Roboter so sicher zu machen, dass er gefahrlos mit dem Menschen interagieren kann. Mit dem Markteintritt von KUKA und speziell von Universal Robots in diesem Segment der Robotik wurde dann 10 Jahre nach der Entwicklung des ersten Cobots (engl.: Collaborative Robot) der eigentliche Boom in den Produktionslinien ausgelöst. Mit dem Kuka LBR 3 und dem UR5 von Universal Robots waren hier dann erstmals zwei kollaborative Roboter für jedermann frei auf dem Markt erhältlich. In der nachfolgenden chronologischen Auflistung sind die wichtigsten Eckpfeiler für die Entstehung der kollaborativen Robotik aufgelistet. Zwar existieren auf dem Markt mittlerweile eine Vielzahl an Herstellern für diesen speziellen Typ Roboter, jedoch haben drei Firmen in den ersten Jahren für dieses Teilgebiet der Robotik den Grundstein mit ihrer Pionierarbeit gelegt. Die Auflistung in Tabelle 1.1 beschränkt sich daher auch auf die drei Hersteller KUKA, Universal Robots und Rethink Robotics.

Tabelle 1.1 Entstehung der kollaborativen Robotik

Jahr	Ereignis
1996	Entwicklung des ersten kollaborativen Roboters an der Northwestern University
2004	Verkauf des ersten LBR 3
2008	Markteintritt von Universal Robots und Produktlaunch des UR5
2008	Produktlaunch des KUKA LBR 4 als Nachfolger des LBR 3
2012	Produktlaunch des UR10 von Universal Robots
2012	Markteintritt von Rethink Robotics und Produktlaunch des Baxters
2012	Produktlaunch des KUKA LBR iiwa
2015	Produktlaunch des Sawyer von Rethink Robotics
2015	Produktlaunch des UR3 von Universal Robots

■ 1.2   Arten der kollaborativen Robotik

Spricht man von kollaborativer Robotik sollte klar sein, dass es hier verschiedene Arten gibt. Roboterapplikationen ohne einen Zaun sind nicht alle gleich. Hier gibt es erhebliche Unterschiede in den Ansätzen. Unglücklicherweise ist sich hier die Praxis und die Norm nicht ganz einig, wie man in verschiedene Arten der kollaborativen Robotik unterteilen sollte. In diesem Buch werden daher beide Ansätze erläutert, wobei mir persönlich der praktische Ansatz hier besser gefällt. Aber machen Sie sich selbst ein Bild.

1.2.1   Unterscheidung nach Norm

Die aktuell gültige Norm für Sicherheit bei Industrierobotern, zu denen auch die kollaborativen Roboter zählen, sofern sie für die industrielle Anwendung konzipiert sind, ist die EN ISO 10218:2011[1]. Diese besteht aus zwei Teilen. Der erste Teil beschreibt dem Hersteller, wie er seine Roboter bauen und welche Sicherheitsfunktionen das Produkt mitbringen sollte. Der zweite Teil ist an den Integrator gerichtet und beschreibt diesem, wie seine Roboterapplikation gestaltet sein sollte und wann welche Sicherheitsfunktionen anzuwenden sind oder benötigt werden. In diesem zweiten Teil, also der EN ISO 10218-2:2011, werden im Abschnitt 5.11 kollaborative Applikationen behandelt. Hier werden im Abschnitt 5.11.5 verschiedene Arten von kollaborativen Applikationen genannt:

1. **Der sichere überwachte Halt**
   Hier besteht zwar eine direkte Zugangsmöglichkeit in den Arbeitsbereich des Roboters, jedoch wird der Zugang dabei kontinuierlich überwacht (z. B. mittels Lichtschranke oder Laserscanner) und die Roboterbewegung wird unverzüglich gestoppt, sobald ein Mensch in den Gefahrenbereich eintritt. Die Gelenke des Roboters werden dabei meist weiter mit Spannung versorgt und eine Sicherheitsfunktion überwacht, dass keines der Gelenke plötzlich wieder anläuft, solange der Stopp durch die Zugangsüberwachung angefordert ist. Hierbei muss darauf geachtet werden, dass die Stoppzeiten und Stoppwege in Kombination mit dem Annäherungsweg und der Annäherungsgeschwindigkeit des Menschen durch den Nachlauf des Roboters nicht zu einer Gefährung führen. Eine detailliertere Beschreibung des sicheren überwachten Halts finden Sie im Kapitel 4.

2. **Handführung**
   Hierbei ist oft direkt am Endeffektor des Roboters ein Steuerelement zur Bewegungssteuerung angebracht. Die Bewegung kann hier z. B. über einen Kraftmomentensensor oder einen Joystick gesteuert werden. Ein Arbeiter kann damit den Roboter an seinem Tool fassen und von dort aus die Bewegung steuern. Dies wird z. B. bei einer Hebeunterstützung bei der Montage von schweren Lasten angewendet.

   Hierbei gilt zu beachten, dass das Steuerelement immer einen sogenannten Zustimmtaster beinhaltet, welcher die Bewegung des Roboters erst frei gibt. Dieser Zustimmtaster ist hierbei als dreistufiger Taster ausgeführt (unbetätigt = Roboter darf sich nicht bewegen, Mittelposition = Roboterbewegung freigegeben, voll durchgedrückt = Roboter darf sich

---

[1] Das zuständige ISO-Gremium TC299 WG3 ist z. Z. in Erarbeitung einer Neufassung der ISO 10218, welche voraussichtlich 2021 herausgegeben wird.

Abbildung 1.1 Handführung im Bereich Montage von Schwerlasten

nicht bewegen). Der Zustimmtaster ist hierbei eine zwingend geforderte Sicherheitsfunktion. Weitere Informationen zum Thema Handführung finden Sie im Kapitel 7.

3. **Geschwindigkeits- und Abstandsüberwachung**
   Diese Art der Kollaboration kann man als eine Fortführung des sicheren überwachten Halts ansehen. Anders als bei diesem gibt es hier aber nicht nur den Zustand Eins und Null, also Roboter bewegt sich und Roboter ist gestoppt, sondern man verringert die Geschwindigkeit des Roboters in beliebig vielen Schritten. Je näher sich ein Mensch an den Roboter heran bewegt, desto geringer wird die Geschwindigkeit des Roboters. Bis hin zum vollen Stillstand. Wie auch beim sicheren überwachten Halt muss auch hier ein Augenmerk auf die Stoppzeiten und Stoppwege des Roboters gelegt werden. Die Geschwindigkeit muss dabei stets so verringert werden, dass Stoppzeit und Stoppweg sich der Entfernung des Menschen anpassen. Im Abschnitt 4.1 wird die Berechnung von Stoppzeiten und Stoppwegen erläutert. Im Kapitel 5 wird noch einmal näher auf diese Kollaborationsart eingegangen.

4. **Kraft- und Leistungsbegrenzung**
   Bei der Kraft- und Leistungsbegrenzung erkennt der Roboter eine Kollision z. B. mit einem Menschen und stoppt darauf hin seine Bewegung. Hierbei muss geprüft werden, wie stark der Roboter oder eines seiner Anbauteile auf eine Körperstelle des Menschen einwirkt und dadurch keine Verletzungen entstehen können. Dies wird in Kapitel 6 näher erläutert.

In der Norm werden alle vorgenannten Herangehensweisen, um Mensch und Roboter ohne Zaun (fachlich: ohne trennende Schutzeinrichtung) zusammenarbeiten zu lassen als kollaborative Anwendungen bezeichnet. In der Praxis unterscheidet man diese jedoch noch etwas weiter und hat eine stufenweise Unterteilung der unterschiedlichen Möglichkeiten.

1.2.2 Unterscheidung nach Kontaktsituation

Während man in der Normung nur den Begriff „kollaborativ" kennt und verwendet, wird in der Praxis bei schutzzaunlosen Roboteranwendungen immer öfter in die Begriffe

- Kollaboration,
- Kooperation,
- Koexistenz

unterteilt. Unterschieden wird hierbei anhand der Kontaktsituation zwischen Mensch und Roboter. Es wird bewertet ob diese theoretisch möglich und im Prozess gewollt ist. Hierzu sollte man sich die folgenden Fragen stellen, um zu identifizieren, welche der Applikationsarten vorliegt.

- Teilen sich Mensch und Roboter einen gemeinsamen Arbeitsraum?
- Können sich beide gleichzeitig in diesem Arbeitsraum bewegen?
- Ist ein Kontakt mit dem Roboter im Prozess beabsichtigt und eingeplant?

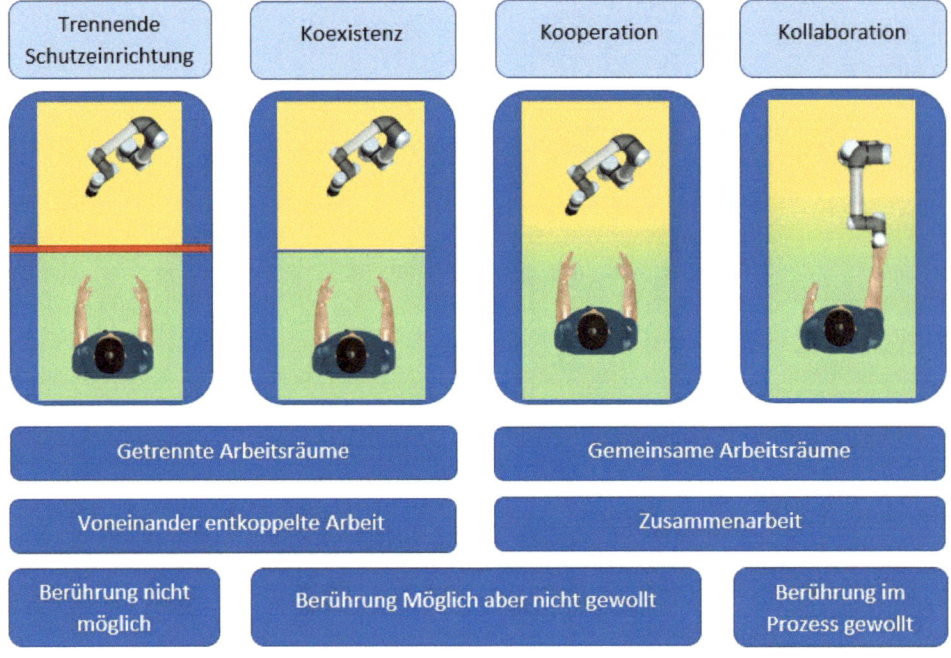

Abbildung 1.2 Roboterzelle, Koexistenz, Kooperation und Kollaboration

In den Augen vieler Fachleute ist es wichtig, eine solche Unterteilung vorzunehmen, um in einer späteren Risikobeurteilung nicht den berühmten Vergleich zwischen Äpfeln und Birnen zu treffen. Man ist sich bewusst, dass das Risiko in einer Applikation, in welcher eine Kontaktsituation mit einem Roboter nur theoretisch möglich, jedoch im Prozess nicht vorgesehen ist, geringer ist als bei einer Applikation, in der eine ständige Interaktion mit dem Roboter eingeplant ist. Wir werden in einem späteren Abschnitt noch sehen, dass die Wahrscheinlichkeit einer Kollision zwischen Mensch und Roboter ein wichtiger Faktor bei der Risikobeurteilung ist, der jedoch bei schutzzaunlosen Anwendungen sehr oft nicht beachtet wird.

Der Begriff „schutzzaunlosen Roboteranwendung" passt eigentlich weit besser auf diese spezielle Sparte der Automatisierunstechnik. Man ist zwar weiter als bei der herkömmlichen Roboteranwendung, deren Risikominderung mittels trennender Schutzeinrichtungen (z. B. mit Schutzzaun) erwirkt wird. Jedoch hat man durch diesen Begriff noch die Möglichkeit einer Unterteilung in die in Abbildung 1.2 genannten verschiedenen Konzepte.

Schaut man sich die sogenannten kollaborativen Applikationen in der Praxis einmal genauer an, so liegt nur bei einem sehr geringen Anteil (< 10 %) tatsächlich eine Anwendung mit einer echten Kollaboration zwischen Mensch und Roboter vor. In den allermeisten Fällen teilen sich Mensch und Roboter zwar einen gemeinsamen Arbeitsraum, jedoch sind die Prozesse so ausgelegt und geregelt, dass entweder der Mensch oder der Roboter in diesem Raum arbeiten und niemals beide gleichzeitig in diesem Bereich agieren. Eine grobe Einschätzung sagt, dass mindestens 70 % der kollaborativen Anwendungen so aufgebaut sind, dass z. B. ein Laserscanner das Eintreten eines Menschen in den Arbeitsraum des Roboters überwacht und in diesem Fall dann den Roboter stillsetzt. Dies unterscheidet sich in der Regel nicht wirklich von einer traditionellen Roboterzelle, da auch in dieser der Zutritt einer Person in die Zelle möglich ist. Ein Öffnen der Tür der Zelle führt dann aber zu einem Stopp der Roboterbewegung und der Roboter wird sicher stillgesetzt. Eine Überwachung durch einen Laserscanner ist somit nicht wirklich etwas anderes als eine Zelle mit vielen Türen. Hier wird Mensch und Maschine ebenso voneinander getrennt, wie es ein Schutzzaun tun würde. Jedoch haben diese Arten der Applikation den großen Vorteil weniger Platz zu benötigen, da kein Zaun um den Roboter herum gebaut wird. Ebenso ist die Flexibilität ein Argument für diese Art der Anwendung. Beim Umbau oder der Verschiebung der Zelle muss somit kein Zaun mit versetzt werden.

Man sollte in der Praxis daher unbedingt damit beginnen zwei Dinge zu vermeiden:

1. alle schutzzaunlosen Anwendungen als kollaborative Anwendungen zu bezeichnen,
2. von kollaborativen Robotern zu sprechen, da dies unweigerlich die erste Fehlinterpretation mitverursacht.

1.2.3   Was ist überhaupt ein kollaborativer Roboter?

Besucht man heute eine Messe oder liest man eine Fachzeitschrift oder auch ein Fachbuch, dann findet man oft den Begriff „kollaborativer Roboter". Aber kann man diese Bezeichnung eigentlich tatsächlich so stehen lassen?

Industrieroboter, unter welche auch die kollaborativen Roboter fallen sind zuerst einmal unvollständige Maschinen. Sie fallen unter diese Begrifflichkeit, weil sie bei Auslieferung noch keine bestimmungsgemäße Verwendung haben. Diese erhalten die Roboter erst, wenn jemand einen Greifer, eine Kamera, einen Vakuumsauger, einen Schrauber oder irgendein anderes Tool (Werkzeug) an den Roboter montiert und dazu den Roboter mit einem Programm versehen hat. Dies ist das Mindeste, um den Roboter für einen bestimmten Zweck einzusetzen. Vergleich man dies mit einem Haushaltsroboter (z. B. einem Saugroboter), dann ist die Sachlage hier eine andere. Dieser ist bereits für eine ganz bestimmte Aufgabe vorgesehen, wenn er beim Hersteller vom Band läuft. Der Saugroboter ist eben für das

Saugen von Bodenbelägen vorgesehen, hat damit eine bestimmungsgemäße Verwendung und würde daher unter den Begriff vollständige Maschine fallen.

Aber warum ist dies so wichtig? Es zeigt, dass der Hersteller des sogenannten kollaborierenden Roboters noch gar nicht sagen kann, wie und für was dieser Roboter am Ende genau eingesetzt wird. Der Integrator kann den Roboter z. B. dafür verwenden scharfe Messer sehr schnell von Punkt A zu Punkt B zu befördern. Er könnte ihn jedoch auch dazu verwenden, um einen Werker in der Montage zu unterstützen, indem der Roboter ihm die Bauteile und/ oder Werkzeuge für die nächsten Prozessschritte anreicht, damit dieser sich auf die Montage konzentrieren kann. Muss das Robotersystem sich hierbei nicht wirklich schnell bewegen, so ist diese Applikation durchaus als kollaborierende Anwendung denkbar, während sich bei der Messerapplikation besser kein Mensch den Arbeitsraum mit dem Roboter teilen sollte.

Man sieht also, es ist nicht der Roboter, der kollaborierend ist, sondern es ist die Applikation, die kollaborierend oder eben nicht kollaborierend sein kann. Die Bezeichnung „kollaborierender Roboter" ist daher inkorrekt und hat dadurch bereits bei vielen Anwendern zu einer Fehlinterpretation der Sicherheit geführt. In der Praxis entsteht manchmal das Gefühl, dass Anwender das Verständnis haben, ein kollaborierender Roboter würde selbst die gefährlichste Anwendung sicher machen. Dieser Trugschluss kann dann zu schwerwiegenden Folgen in gesundheitlicher, aber auch in finanzieller Hinsicht führen, wenn man sich plötzlich hohen Schadensersatzforderungen gegenübersieht.

Aber wie könnte man diese Art Roboter alternativ nennen, damit man durch die Namensgebung nicht einen falschen Eindruck oder falsche Erwartungen setzt? Zwar ist der Begriff „kollaborativer Roboter" mittlerweile bereits so tief in den Köpfen verankert, dass es schwer werden wird, hier zu einem Umdenken zu kommen. Jedoch hilft man sich auf jeden Fall selbst, wenn die Bezeichnung im eigenen Kopf eine andere ist und man sich zumindest selbst dadurch vor Fehlinterpretationen schützt.

Lassen Sie uns einen Vergleich zu den herkömmlichen Industrierobotern ziehen. Welche Sicherheitsfunktionen haben diese traditionellen Roboter und welche zusätzlichen Sicherheitsfunktionen hat ein sogenannter „kollaboartiver Roboter"? Stellen Sie sich selbst die Frage, was für Sie den Unterschied macht. Wo hört der traditionelle Roboter auf und wo fängt der „kollaborative Roboter" an? Und welche Forderungen stellt die Roboternorm EN ISO 10218:2011 überhaupt an Sicherheitsfunktionen eines Roboters? Was ist ein Musthave und was ist optional?

Tabelle 1.2 listet die üblichsten Sicherheitsfunktionen dieser „kollaborativen Roboter" auf.

Betrachtet man die EN ISO 10218:2011, so findet sich dort im Abschnitt 5.5.1 die Forderung nach einer Sicherheitshalt-Funktion und einer unabhängigen Not-Halt-Funktion. Hierbei ist der Sicherheitshalt die Funktion, welche den Roboter z. B. beim Öffnen der Zellentür oder beim Eintritt in den Bereich eines Laserscanners sicher stoppt und den Stillstand überwacht. Im Weiteren wird in dieser Norm noch die Forderung eines Zustimmtasters und einer Betriebsartenwahl eingebracht. Alle anderen in Tabelle 1.2 genannten Sicherheitsfunktionen sind nicht gefordert und daher optional.

Bitte beachten Sie, dass es sich bei den in Tabelle 1.2 genannten Sicherheitsfunktionen nicht um alle Sicherheitsfunktionen handelt, sondern hier nur die aufgelistet sind, welche bei den meisten Herstellern zur Anwendung kommen.

Welche der genannten Sicherheitsfunktionen macht nun für Sie den Unterschied zwischen kollaborativ und traditionell? Ist es die Kraftbegrenzung? Dies wäre vermutlich das Na-

Tabelle 1.2 Auflistung verschiedener Sicherheitsfunktionen

Not-Halt	Hierbei handelt es sich um die typische Not-Halt-Funktion, welche den Roboter entweder mein einem Stopp der Kategorie 0 oder 1 stillsetzt.[2]
Sicherheitshalt	Ist eine Halt-Funktion zum Anschluss externer Sicherheitsgeräte (z. B. eines Laserscanners). Der Stopp wird hierbei als SS1 oder SS2 ausgeführt.
Sichere Achsbegrenzung	Die maximale und minimale Gelenkstellung der einzelnen Robotergelenke kann definiert und überwacht werden. Eine Überschreitung dieser Begrenzung führt zu einem SS0 oder SS1.
Sichere Raumgrenzen	Es können Räume oder Ebenen definiert werden, in welche definierte Teile des Roboters nicht eindringen oder sich nicht aus ihnen herausbewegen dürfen. Eine Überschreitung dieser Begrenzung führt zu einem SS0 oder SS1.
Kraftbegrenzung	Die maximale Kraft, welche der Roboter aufbringen kann, wird begrenzt. Überschreitet der Roboter diese Kraft, wird ein Stopp ausgeführt.
Leistungsbegrenzung	Die maximale elektrische Leistung, welche der Roboter aufnehmen kann, wird beschränkt.
Sichere Achs-Geschwindigkeit	Die Winkelgeschwindigkeit der Achsen wird überwacht.
Sichere TCP-Geschwindigkeit	Die Geschwindigkeit, welche der TCP im kartesischen Raum besitzt, wird überwacht.
Impulsbegrenzung	Der Impuls ist eine Funktion aus bewegter Masse und Geschwindigkeit. Da die Masse durch das Robotersystem gegeben ist, wird die Geschwindigkeit so weit reduziert, dass der maximale Impuls nicht überschritten werden kann.
Sichere Homeposition	Der Roboter hat eine sichere Position, in welcher er z. B. vor Zutritt in eine Zelle nach Zutrittsanforderung gefahren wird. Befindet sich der Roboter in dieser Position, schaltet er einen sicheren Ausgang und kann damit z. B. den Zugang zur Zelle frei geben.
Zustimmtaster	Eine Sicherheitsfunktion, welche in der Regel als Totmannschalter (Dreistufenschalter) ausgelegt ist und die Roboterbewegung nur in der Mittelstellung frei gibt
Betriebsartenwahl	Sicheres Umschalten von Handbetrieb (Teach-Betrieb) in den Automatikmodus.

heliegende. Jedoch werden wir in einem späteren Kapitel noch sehen, dass alleine die Kraftbegrenzung oft nicht ausreicht und es in der Regel immer eine Kombination aus ver-

---

[2] Die verschiedenen Stoppfunktionen (SF) sind in EN 60204 definiert:
SF0: Nach der Stoppanforderung wird die Spannung sofort vom Antrieb genommen und dieser läuft ungeregelt aus.
SF1: Nach der Stoppanforderung wird der Antrieb zuerst geregelt runter zum Stillstand gebracht und erst nach Stillstand wird die Spannung vom Antrieb genommen.
SF2: Nach der Stoppanforderung wird der Antrieb geregelt zum Stillstand gebracht. Anschließend bleibt die Spannung weiter am Antrieb und regelt den Stillstand. Gleichzeitig wird der Stillstand überwacht und ein Verstoß führt zu einem SS0.

schiedenen Sicherheitsfunktionen ist, welche die Applikation letztlich sicher macht. Auch ist eine Kraftbegrenzung nicht immer ausreichend, um ein Risiko ausreichend zu minimieren. Stellen Sie sich vor, Sie begrenzen die Kraft, welche der Roboter aufbringen kann auf 50 Newton. Dann montieren Sie ein Skalpell am Roboter und fahren damit in Richtung Ihrer Hand. Was denken Sie, wie tief das Skalpell mit 50 N in Ihre Hand eindringt? Wenn Sie also einen kollaborativen Roboter daran festmachen, dass Sie eine Kraftlimitierung einstellen können, sollten Sie sich die Frage stellen, warum die Anwendung mit dem Skalpell jedoch nicht kollaborativ ist. Die Antwort ist einfach und Sie können sich die Frage sicherlich auch schon selbst beantworten. Es ist nicht der Roboter, der kollaborativ ist, sondern es ist die Applikation, die entweder kollaborativ ist oder es eben nicht ist. Der Roboter kann Ihnen höchstens mit erweiterten Sicherheitsfunktionen, als sie in der Norm gefordert sind, dabei helfen, das Risiko in einer Applikation so weit zu minimieren, dass Sie keine trennende Schutzeinrichtung wie z. B. einen Zaun benötigen und somit Mensch und Roboter Seite an Seite arbeiten können. Wir sollten daher nicht von kollaborativen Robotern, sondern nur von kollaborativen Applikationen und von Robotern mit erweiterten Sicherheitsfunktionen, welche einen kollaborativen Betrieb ermöglichen können, sprechen. Man benötigt damit immer zwei Dinge für eine kollaborative Applikation:

1. eine mögliche Anwendung für einen Roboter, die als kollaborative Applikation geeignet ist, und

2. einen Roboter, welcher die hierzu notwendigen Sicherheitsfunktionen mit sich bringt.

Liegt einer dieser beiden Punkte nicht vor, so wird die Umsetzung einer kollaborativen Applikation sehr schwierig, wenn nicht sogar unmöglich.

Auswahl des Roboters

 Fragen, die dieses Kapitel beantwortet:

- Wonach wähle ich einen kollaborierenden Roboter aus?
- Was sind die für mich entscheidenden Kennwerte?
- Was bedeuten diese Kennwerte?
- Worauf muss ich bereits bei der Planungsphase achten?
- Wie sehen bei verschiedenen technischen Daten die verschiedenen Roboter im Vergleich aus?
- Wie weiß ich, ob meine Sicherheitsfunktionen wirklich sicher sind?
- Wie wird die Sicherheit eines Systems wie z. B. eines Roboters bewertet?

Wie bereits in Abschnitt 1.2.3 angedeutet, entscheidet oft die richtige Kombination der Aufgabe und des Roboters, welcher auch für diese Aufgabe geeignet ist, über Erfolg oder Misserfolg einer Applikation. Schon in der Planungsphase sollte man sich damit befassen, welcher Roboter denn nun der geeignete für die jeweilige Aufgabe ist und mit welchem Roboter die geplante Applikation auf keinen Fall umgesetzte werden kann. Doch welchen Roboter benötige ich, wenn ich eine geeignete Aufgabe zur Umsetzung einer kollaborativen Applikation identifiziert habe? Noch vor fünf Jahren war hier die Auswahl relativ einfach, da es eigentlich nur drei wirkliche Player in dem Bereich der kollaborativen Robotik gegeben hat. Diese waren Kuka, Rethink und der Marktführer in diesem Segment, Universal Robots. Durch dieses begrenzte Angebot war es relativ einfach, eine Auswahl zu treffen. Jedoch hat sich der Markt in den vergangenen fünf Jahren sehr stark gewandelt. Einer der alteingesessenen Anbieter auf diesem Markt (Rethink) hat 2018 Konkurs angemeldet. Dafür sind in den vergangenen zwei bis drei Jahren viele neue Player hinzu gekommen. Hierzu zählen unter anderen Techmann, Franka, Doosan, Hanwah, Auboo, Yuanda und viele mehr. Aber auch die alteingesessenen Hersteller von bis dato traditionellen Robotern wie Fanuc, ABB, Yaskawa usw. haben mittlerweile in diesem Bereich nachgezogen und Roboter für kollaborative Anwendungen auf den Markt gebracht. Das immer größer werdende Angebot macht hier nun mittlerweile die Wahl des, für die spezielle Anwendung, geeigneten Roboters schwierig. Wir möchten versuchen Ihnen in diesem Kapitel ein wenig bei der Entscheidungsfindung zu helfen. Jedoch wollen wir hier keine spezifische Produktempfehlung abgeben, sondern Ihnen vielmehr dabei helfen auf die richtigen Dinge zu achten, um dann selbst Ihre Entscheidung zu treffen.

Worauf kommt es nun also bei der Entscheidung, welcher der richtige Roboter für Sie ist, an? In den meisten Applikationen sind natürlich die Reichweite und die Nutzlast entscheidende Parameter. In der folgenden Aufstellung geben wir Ihnen eine Übersicht dieser im ersten Schritt entscheidenden Parameter. Außerdem haben wir hier noch als zusätzlich entscheidenden Parameter die Wiederholgenauigkeit mit aufgenommen. Der Kennwert der

Tabelle 2.1 Reichweite, Nutzlast und Genauigkeit verschiedener Roboter

Hersteller	Produkt	Reichweite	Nutzlast	Genauigkeit
ABB	Yumi	0,5 kg	560 mm	0,02 mm
Aubo	I3	3 kg	625 mm	0,03 mm
	I5	5 kg	924 mm	0,02 mm
	I7	7 kg	1150 mm	0,03 mm
	I10	10 kg	1350 mm	0,05 mm
Denso	Cobotta	0,5 kg	342 mm	0,05 mm
Dosaan	M0609	6 kg	900 mm	0,1 mm
	M0617	6 kg	1700 mm	0,1 mm
	M1013	10 kg	1300 mm	0,1 mm
	M1509	15 kg	900 mm	0,1 mm
Fanuc	CR7	7 kg	717 mm	0,02 mm
	CR7L	7 kg	910 mm	0,03 mm
	CR14IAL	14 kg	910 mm	0,01 mm
Franka Emika	Panda	3 kg	855 mm	0,1 mm
Hanwha	HCR3	3 kg	630 mm	0,1 mm
	HCR5	5 kg	915 mm	0,1 mm
	HCR12	12 kg	1300 mm	0,1 mm
Kassow	KR810	10 kg	850 mm	0,1 mm
Kuka	LBR lisy[1]	3 kg	600 mm	k. A.
	LBR IIWA7	7 kg	800 mm	0,1 mm
	LBR IIWA14	14 kg	820 mm	0,1 mm
Techman	TM5 700	6 kg	700 mm	0,05 mm
	TM5 900	4 kg	900 mm	0,05 mm
	TM12	12 kg	1300 mm	0,05 mm
	TM14	14 kg	1100 mm	0,05 mm
Universal Robots	UR3e	3 kg	500 mm	0,03 mm
	UR5e	5 kg	850 mm	0,03 mm
	UR10e	10 kg	1300 mm	0.05 mm
	UR16e	16 kg	900 mm	0,03 mm
Yaskawa	HC10	10 kg	1200 mm	0,1 mm
	HC20[2]	20 kg	1700 mm	k. A.

[1] Zum Erscheinungsdatum des Buches noch nicht auf dem Markt erhältlich.
[2] Zum Erscheinungsdatum des Buches noch nicht auf dem europäischen Markt erhältlich.

Wiederholgenauigkeit wird im Abschnitt 2.1.1 auch noch einmal etwas genauer erläutert, da hier oft nicht klar ist, was dieser Wert aussagt, und man ihn gerne mit der Positionsgenauigkeit verwechselt.

Um Ihnen eine bessere Übersicht von Nutzlast und Reichweite im Vergleich zu ermöglichen, haben wir in Abbildung 2.1 diese nochmals grafisch dargestellt.

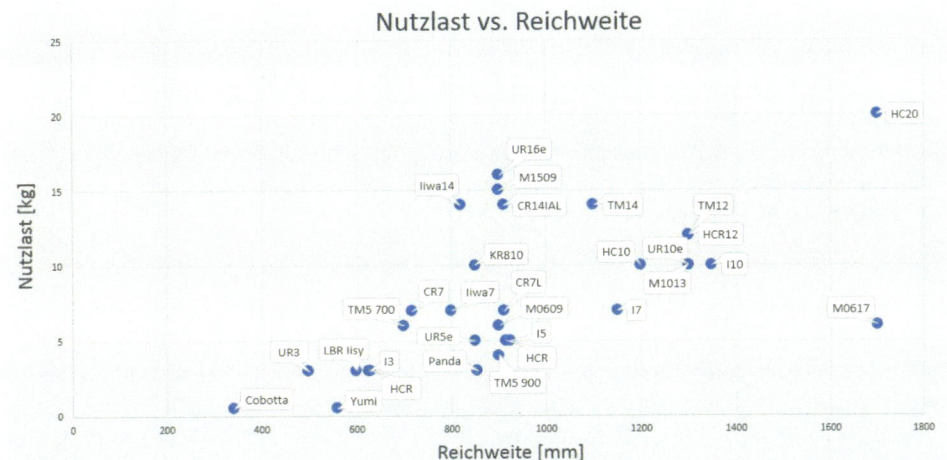

Abbildung 2.1 Gegenüberstellung von Nutzlast und Reichweite von Robotern der gängigsten Roboterhersteller

Die Nutzlast und die Reichweite sind natürlich im ersten Moment die wichtigsten Faktoren, die es zu prüfen gilt. Die Fragen:

▪ Kann der jeweilige Roboter die vorgesehene Last tragen?

▪ Kann der jeweilige Roboter alle Punkte in der Applikation problemlos erreichen?

sollten als Erstes einmal geklärt sein, bevor man sich mit weiteren Parametern beschäftigt. Sie sollten bei der Reichweite und Traglast auch dringend darauf achten, dass Sie nicht gleich schon im Grenzbereich planen. Die Erfahrung zeigt, dass sich im Rahmen der Umsetzung einer Applikation stets noch Dinge ändern. Wenn Sie sich bereits in der Planungsphase immer an den Grenzen des Roboters bewegen, nehmen Sie sich hier entscheidenden Spielraum, um später flexibel reagieren zu können. Ein guter Anhalt ist sich bei der Planung bei ca. 60–70 % des jeweiligen Wertes zu bewegen. Benötigen Sie also einen Roboter der 7 kg heben soll, dann planen Sie nicht mit einem Roboter mit 7 kg maximaler Nutzlast, sondern mindestens mit einem Roboter, welcher gemäß Datenblatt mindestens 10 kg tragen kann. Das Gleiche gilt natürlich auch für andere Parameter. Hierdurch sind Sie später flexibler, falls neue Gegebenheiten oder vorher nicht berücksichtigte Dinge nach der Planungsphase hinzukommen. Auch für die Haltbarkeit des Roboters ist es oft besser, ihn nicht immer an seiner 100 %-Grenze zu betreiben.

■ 2.1 Technische Kennwerte

Welche technischen Kennzahlen sind noch entscheidend für die richtige Auswahl des Roboters? In vielen Fällen ist ein entscheidender Faktor, wie genau der Roboter seine Positionen anfährt. Die Genauigkeit wird hierbei entweder als Wiederholgenauigkeit oder als Positioniergenauigkeit angegeben. Der Unterschied der beiden und was welcher Wert aussagt, wird in Abschnitt 2.1.1 erläutert.

Ein weiterer absolut entscheidender Parameter eines Roboters ist das Sicherheitssystem. Nicht nur die Frage, welche Sicherheitsfunktionen bringt der Roboter mit, gilt es zu klären, sondern auch, wie sicher die jeweilige Sicherheitsfunktion überhaupt ist. Dies wird im Allgemeinen oft über den sogenannten Performance Level beschrieben. Jedoch gibt es auch andere Sicherheitskennzahlen, mit welchen man sich befassen sollte. In Abschnitt 2.1.2 wird auf diese Thematik eingegangen.

2.1.1 Positionsgenauigkeit vs. Positions-Wiederholgenauigkeit

Will man das Thema der Genauigkeit etwas näher beleuchten, so kommt man an einer internationalen Norm nicht vorbei. Die ISO 9283:1998 – „Leistungskenngrößen und dazugehörige Prüfmethoden" beschäftigt sich mit einer Vielzahl unterschiedlicher Kenngrößen von Robotern und wie diese zu bestimmen sind. In diesem Abschnitt geht es jedoch hauptsächlich um die Genauigkeit. Daher werden hier die Kenngrößen Positionsgenauigkeit und Positions-Wiederholgenauigkeit behandelt. Diese hören sich zuerst einmal identisch an, sind jedoch grundlegend unterschiedlich.

1. **Die Positionsgenauigkeit**
   Die Positionsgenauigkeit gibt die Abweichungen einer Sollposition zu einem Mittelwert der Istpositionen an, die sich beim Anfahren der Sollposition aus der gleichen Richtung ergeben haben. Hierbei wird die Positionsgenauigkeit unterteilt in
   a) die Positionsgenauigkeit: Differenz aus der Position einer Sollposition zu dem Mittelwert der Position der Istpositionen, und
   b) die Orientierungsgenauigkeit: Differenz aus der Orientierung einer Sollposition zu dem Mittelwert der Orientierung der Istpositionen.
2. **Die Positions-Wiederholgenauigkeit**
   Die Positions-Wiederholgenauigkeit gibt die Exaktheit der Übereinstimmung zwischen den Istpositionen nach n wiederholten Anläufen aus der gleichen Richtung an. Es handelt sich hierbei also quasi um eine Art Streuung der Istpositionen.

Zusammengefasst ist die Positionsgenauigkeit eine Angabe, wie weit entfernt von einer Sollposition eine Istposition liegen könnte und die Positions-Wiederholgenauigkeit sagt dagegen aus, wie weit die Istpositionen voneinander entfernt liegen. Wenn Sie also einen Roboter mit einer Positions-Wiederholgenauigkeit von 0,1 mm verwenden und diesen auf die Position [100,100,0] in der Notation [x,y,z] fahren wollen, dann ist hiermit nicht garantiert, dass der Roboter diese Position auch mit einer maximalen Abweichung von 0,1 mm trifft. Es kann durchaus sein, dass sich der Roboter tatsächlich z. B. auf die Position [101,101,1] positioniert und damit dann eine Positionsabweichung von

$$P_{\text{Fehler}} = \sqrt{(100-101)^2 + (100-101)^2 + (0-1)^2} = 1,732 \, \text{mm}$$

aufweist. Dies zeigt, dass die Angabe der Wiederholgenauigkeit von 0,1 mm nicht garantiert, dass der Roboter auch tatsächlich die im kartesischen Raum vorgegebene Koordinate mit einer maximalen Abweichung von 0,1 mm anfährt. Aufgrund der angegebenen Wiederholgenauigkeit, darf man hier lediglich davon ausgehen, dass auch bei einer zweiten, dritten, vierten, x-ten Anfahrt auf diese Sollposition, die weitere Position maximal 0,1 mm von der Position [101,101,1] entfernt liegt.

Da die meisten Roboterhersteller mittlerweile nur noch die Positions-Wiederholgenauigkeit in ihren Datenblättern angeben, sollte einem dieser Hintergrund zu der Kenngröße bewusst sein.

2.1.2 Sicherheitskennzahlen

Die Kennwerte eines Roboters, die im Bereich der kollaborativen Robotik am genauesten unter die Lupe genommen werden sollten, sind jene, welche die Sicherheit des Roboters und dessen Sicherheitsfunktionen beschreiben. Hierzu muss zuerst einmal ganz klar herausgestellt werden, dass die meisten der in diesen Robotern verwendeten Sicherheitsfunktionen in der z. Z. gültigen Norm EN ISO 10218:2011, welche sich mit der Sicherheit von Industrierobotern befasst, noch nicht wirklich beschrieben sind. Dies erklärt sich daraus, dass zum Zeitpunkt der Veröffentlichung dieser Norm im Jahr 2011 die kollaborative Robotik gerade erst dabei war auf dem Markt anzukommen. Dadurch ist hier eine gewisse Lücke vorhanden, derer man sich bewusst sein sollte.

Kollaborative Leichtbauroboter wie ein ABB Yumi oder ein Universal Robots UR3 fallen hier unter die gleichen normativen Anforderungen wie ein KUKA Titan. Während sich der eine bei einer Nutzlast von über einer Tonne bewegt, weisen die anderen Nutzlasten von 0,5 kg bzw. 3 kg auf. Dazu kommt, dass das Konzept zur Integration eines kleinen Leichtbauroboters ganz anders aussieht als die Integration eines KUKA Titans. Die EN ISO 10218:2011 macht hier jedoch nicht wirklich einen Unterschied.

Ein traditioneller Schwerlastroboter wie ein KUKA Titan wird in der Regel innerhalb eines Sicherheitsbereichs betrieben, welcher durch Zäune gesichert ist. Hierbei ist es wichtig zu verstehen, dass diese normalerweise nicht unbedingt dafür ausgelegt sind, den Roboter davon abzuhalten sich durch diese hindurch zu bewegen. Vielmehr sollen diese Zäune den Menschen vom Roboter und damit von der Gefahrenquelle fern halten. Um zu verhindern, dass der Roboter durch die Umzäunung bricht, müssen diese entweder so stark ausgelegt sein, dass sie dem Roboter standhalten können, oder die Umzäunung muss größer sein als der Arbeitsbereich des Roboters. Letzteres bedeutet entweder die maximale Reichweite des Roboters als Maßgabe für die Entfernung des Zauns zu verwenden oder man hat hier Roboter, welche z. B. über eine einstellbare mechanische Achsbegrenzung verfügen und deren Bewegungsbereich damit verkleinert werden kann.

Im Rahmen dieser Applikationen kommt es aber auch immer mal wieder vor, dass ein Mitarbeiter z. B. zur Wartung oder Fehlerbehebung in den Bereich des Roboters eintreten muss. Hierzu ist dann der Ablauf in der Regel, dass der Zugang zur Roboterzelle über einen Taster angefordert wird und der Roboter darauf hin in eine ihm zugewiesene Warteposition fährt. Sobald er diese erreicht hat und dort zum Stillstand gekommen ist, gibt er über ein sicheres Ausgangssignal den Zugang zur Zelle frei. Nach der Freigabe überwacht das Sicherheitssystem hierbei, dass der Roboter nicht plötzlich unerwartet anläuft, während sich der Mitarbeiter noch in der Zelle befindet. Tritt ein solcher Wiederanlauf ein, so löst das Sicherheitssystem umgehend einen Not-Halt aus. Die Sicherheitsfunktion, die hierbei den Stillstand überwacht, ist in der Regel ein Stopp der Kategorie 2 gemäß IEC 60204. Dies bedeutet, dass die Antriebsenergie am Roboter erhalten wird, dass Sicherheitssystem jedoch den Stillstand überwacht. Im Falle eines unerwarteten Anlaufs kappt das Sicherheitssystem dann die Spannungsversorgung und die mechanischen Bremsen werden aktiviert. Diese Sicherheitsfunktion sowie eine unabhängige Not-Halt-Funktion werden in Abschnitt 5.5.1 der EN ISO 10218:2011 für alle Industrieroboter gefordert.

Roboter für den kollaborativen Betrieb haben jedoch oft noch eine Vielzahl an zusätzlichen Sicherheitsfunktionen. Die Bekannteste hierbei ist wahrscheinlich die Kraftbegrenzung. Aber nur mit dieser Kraftbegrenzung kann man eine kollaborative Applikation oft nicht ausreichend absichern. Zusätzliche Sicherheitsfunktionen können darüber hinaus zum Beispiel noch sein:

- die Begrenzung eines maximal wirkenden Impulses
- Bewegungsbegrenzungen der Achsen
- Geschwindigkeitsbegrenzungen der Achsen
- Raumbegrenzungen
- überwachte Bremsrampen
- Begrenzung der Leistung und damit Begrenzung der Stromaufnahme
- Annäherungsdetektion

Darüber hinaus gibt es sicherlich noch weitere Sicherheitsfunktionen und es werden in der Zukunft mit hoher Wahrscheinlichkeit auch noch weitere hinzukommen. Jedoch sind dies die am weitesten verbreiteten Sicherheitsfunktionen in Robotern für den kollaborativen Einsatz. Leider wird der Begriff „kollaborierender Roboter" des Öfteren lediglich mit der Funktion der Kraft- und Leistungsbegrenzung in Verbindung gebracht. Um kollaborierende Applikationen gut und sicher umzusetzen, sind aber meistens mehrere der vorgenannten Sicherheitsfunktionen notwendig und müssen sinnvoll miteinander kombiniert werden. Hierzu werden in einem späteren Kapitel noch einige Beispiele folgen, die dies anschaulich darstellen. Ihnen sollte bewusst sein, dass der Begriff „kollaborierender Roboter" nicht definiert ist und es damit keine normativen Vorgaben oder Ähnliches gibt, die aussagen, welche Sicherheitsfunktionen ein kollaborierender Roboter haben muss. Daher sollte beim Kauf oder bei der Planung der Einbindung eines solchen Systems unbedingt Folgendes genau hinterfragt werden:

- Welche Sicherheitsfunktionen bietet der Roboter?
- Wie zuverlässig/sicher sind diese Sicherheitsfunktionen? (Stichwort Performance Level – siehe Abschnitt 2.1.2.1)
- Wurden die Sicherheitsfunktionen von einer unabhängigen Prüfstelle zertifiziert?

Wichtig bei allen Sicherheitsfunktionen ist, dass sie zuverlässig arbeiten und nicht im entscheidenden Moment ausfallen. Nimmt man z. B. die Öse eines Anschnallgurts im Auto (siehe Abbildung 2.2), so würde eine Öse aus Plastik dort auch zuerst einmal ihren Zweck erfüllen. Jedoch wird die Plastikvariante nicht annähernd so zuverlässig sein wie die Variante aus Metall und eventuell auch genau im entscheidenden Moment versagen. Eine solche Art der Zuverlässigkeit beschreibt der sogenannte Performance Level (PL) oder ein Safety Integrity Level (SIL).

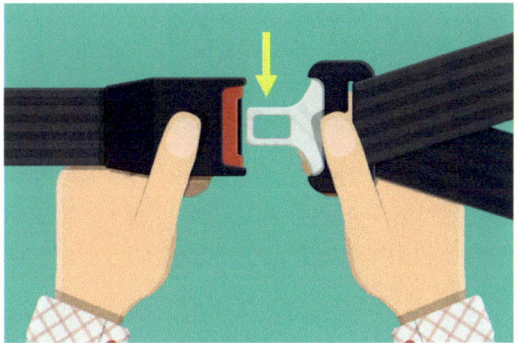

Abbildung 2.2 Einfache Sicherheitsfunktion im Auto

2.1.2.1 Der Performance Level

Der Performance Level gibt die „Güte" (die Zuverlässigkeit) einer Sicherheitsfunktion an und wird von a bis e angegeben. Hierbei ist a ein weniger guter Wert und e entspricht der höchst möglichen „Güte". Spricht man vom Performance Level (PL), so muss hierbei zwischen dem erforderlichen Performance Level und dem erreichten Performance Level unterschieden werden.

- **Der erforderliche Performance Level**

  Um diesen zu ermitteln, wird ein sogenannter Risikographen benötigt.

  Hierbei wird in der Regel das Eingangsrisiko zur Bewertung herangezogen. Dies bedeutet, Sie betrachten den Roboter bzw. die Roboterapplikation komplett ohne Schutzfunktionen und bewerten das dann vom Roboter ausgehende Risiko. Hat der Roboter also eine Kraft und Leistungsbegrenzung, dann stellt man die Überlegung an, wie hoch die Gefahr

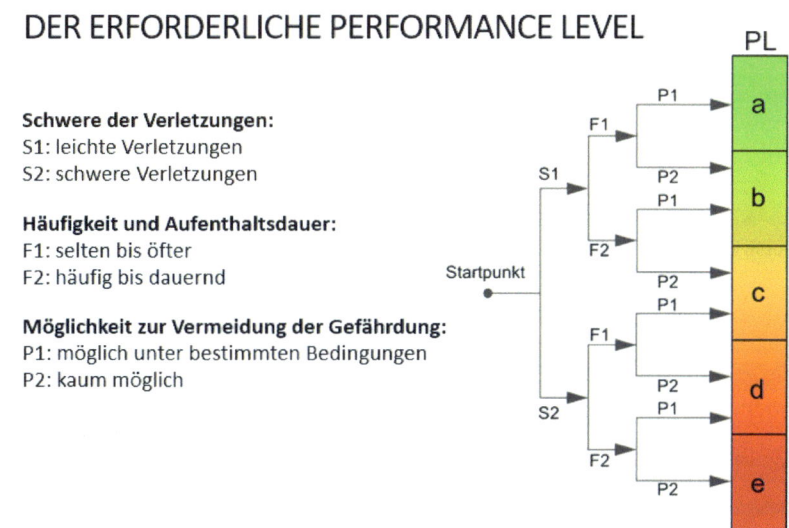

Abbildung 2.3 Ermittlung des erforderlichen PL nach EN ISO 13849

wäre, wenn der Roboter diese nicht hätte und auch keine weiteren Schutzmechanismen vorliegen. Folgt man dann dem Risikograph in Abbildung 2.3, so bekommt man den Performance Level (PL), den eine Sicherheitsfunktion, welche diesem Risiko entgegenwirken soll, aufweisen muss. Theoretisch besteht immer die Möglichkeit, dass eine Sicherheitsfunktion aufgrund einer Fehlfunktion versagt und dies dann zu einem gefahrbringenden Ereignis führen kann. Wie wahrscheinlich eine solche Fehlfunktion ist, hängt von verschiedenen Parametern ab und wird im Rahmen des erreichten Performance Levels berechnet und ausgedrückt.

- **Der erreichte Performance Level**
  Der erreichte Performance Level ist sozusagen die Zuverlässigkeit einer Sicherheitsfunktion. Er gibt an, wie gering die Wahrscheinlichkeit eines Versagens der Sicherheitsfunktion ist. Die Ermittlung des erreichten Performance Levels wird bei Robotern in der Regel von einer anerkannten Prüfstelle (notified body) wie z. B. einer TÜV-Institution vorgenommen. Welche möglichen anerkannten Prüfstellen es in welchen EU-Staaten gibt, findet man auf der Webseite der Europäischen Kommission im sogenannten Nando-Register. Sollten Sie einen Roboter ins Auge gefasst haben, welcher keine Zertifizierung einer solch unabhängigen Prüfstelle vorweisen kann, sollten Sie einen Kauf genauestens überdenken und gegebenenfalls Rücksprache mit einem Fachmann halten. Die Berufsgenossenschaften können Sie hier beispielsweise oft gut beraten. Auch unabhängige Sicherheitsdienstleister wie z. B. die Firma Sick können hier Sie bei Ihrer Kaufentscheidung sicherlich unterstützen.

Der erreichte Performance Level basiert in seiner Berechnung auf drei entscheidenden Charakteristika:

- dem $MTTF_d$-Wert (Mean Time To Failure Dangerous – dt.: der mittleren Auftrittswahrscheinlichkeit eines gefahrbringenden Fehlers)
- dem DC (Diagnostic Coverage – dt.: Diagnosedeckungsgrad)
- der Systemarchitektur

Bei der Berechnung ist es wichtig zu verstehen, dass alle drei Charakteristika im gleichen Maße zum Erreichen eines gewissen Performance Levels beitragen. Dies bedeutet z. B., dass zwei Sicherheitsfunktionen mit gleicher Systemarchitektur, bei welcher die eine einen hohen $MTTF_d$-Wert und einen mittleren Diagnosedeckungsgrad und die andere einen mittleren $MTTD_d$-Wert und einen hohen Diagnosedeckungsgrad hat, gleichwertig sind und in Summe den gleichen Performance Level erreichen werden. Dies mag zwar auf den ersten Blick etwas verwirrend wirken, jedoch bei genauerer Betrachtung erkennt man die Logik hinter diesem System. Im genannten Beispiel verwendet zwar das zweite System Bauteile mit geringerer Güte, was schneller bzw. öfter zu einem gefahrbringenden Ereignis führen kann, jedoch hat es eine bessere Diagnostik, welche solche Fehler dann wiederum erkennt und Gegenmaßnahmen einleiten kann. Das erste System hat dagegen die bessere Güte in den Bauteilen, was zu weniger möglichen Fehlfunktionen führt, jedoch ist die prozentuale Erkennung der dann auftretenden Fehler wiederum geringer. Das gleiche Gedankenspiel kann man hierbei auch mit der Systemarchitektur vornehmen. Allerdings ist hier ein weit verbreiteter Irrglaube, dass die Systemarchitektur der einzig bestimmende bzw. der dominierende Faktor für die Sicherheit ist. Dies geht meist daraus hervor, dass der Anwender sich auf das Verständnis einer alten und bereits lange zurückgezogenen Norm stützt.

Die ISO 954-1 aus dem Jahr 1997 hat nämlich die Sicherheit eines Systems ausschließlich nach dessen Aufbau, also der Systemarchitektur, bewertet. Damals gab es noch keine Einbeziehung des $MTTF_d$-Werts oder des Diagnosedeckungsgrades. 2007 wurde die ISO 954-1 dann jedoch durch die ISO 13849 ersetzt, welche in ihrer aktuellen Fassung aus dem Jahr 2015 Stand der Technik ist und den $MTTF_d$-Wert sowie den Diagnosedeckungsgrad in die Berechnung des erreichten Performance Levels mit einbezieht. Leider ist das Denken in Systemarchitekturen speziell in der älteren Generation so verankert, dass es sicherlich noch eine Zeit lang dauern wird, bis das Umdenken in diesem Bereich abgeschlossen ist.

Ein weiterer wichtiger Punkt in Bezug auf den erreichten Performance Level ist, dass dieser in der Regel nicht für ein komplettes System angegeben wird, sondern sich nur auf eine einzelne Sicherheitsfunktion bezieht. Wenn Sie also einen Roboter mit der Aussage präsentiert bekommen, dass dieser einen gewissen Performance Level besitzt, dann sollte die darauf folgende Frage gleich sein, für welche Sicherheitsfunktionen des Roboters denn dieser PL gilt. Ebenso sollte im Zertifikat der unabhängigen Prüfstelle der PL für jede Sicherheitsfunktion einzeln aufgelistet werden. Achten Sie besonders darauf, dass die für Sie relevante Sicherheitsfunktion auch den PL aufweist, welchen Sie zur Risikominderung einer speziellen Gefahr über den Risikographen in Abbildung 2.3 als erforderlichen Performance Level ermittelt haben.

 Achten Sie bei der Wahl Ihres Roboters immer darauf, dass alle von Ihnen für die Applikation benötigten Sicherheitsfunktionen als solche ausgewiesen sind, einen entsprechenden Performance Level haben und dieser von einer unabhängigen Prüfstelle (z. B. TÜV) zertifiziert wurden. ∎

2.1.2.2 Safety Integrity Level

Alternativ zum Performance Level kann ein System auch anhand eines sogenannten SIL bewertet werden. SIL steht hierbei für Safety Integrity Level und ist in der IEC 62061 definiert. Sowohl eine Bewertung nach Performance Level als auch nach Safety Integrity Level können in der Praxis gefunden werden, wobei sich jedoch die Bewertung anhand eines PL in den vergangenen Jahren sehr stark etabliert und durchgesetzt hat, da der PL anders als die Bewertung nach SIL auch mechanische Komponenten des Systems mit in die Betrachtung einbezieht. Dadurch ist speziell im Maschinenbau und der Automatisierungstechnik der Performance Level nach der ISO 13849 die bevorzugte Bewertung der Sicherheitstechnik.

2.1.3 Geschwindigkeit

Für manche Interessenten eines kollaborativen Robotersystems sind die möglichen Geschwindigkeiten oft noch ein wichtiger Parameter. Dies ist oft etwas fragwürdig, da die Geschwindigkeit sich oft äquivalent zu einem möglichen kollaborativen Einsatz verhält. Die Kraftwirkung bei einer Kollision steigt mit der Bewegungsgeschwindigkeit und der Masse des Roboters. Wir werden aber später noch sehen, dass das eine das andere nicht immer unbedingt ausschließt und man auch Applikationen mit hohen Geschwindigkeiten kollaborativ gestalten kann (siehe Abschnitt 8.6).

Bei den Geschwindigkeiten, die ein Roboter erreichen kann, unterscheidet man zwischen der TCP-Geschwindigkeit, welche als lineare Geschwindigkeit in mm/s oder m/s angegeben wird, und der Gelenkgeschwindigkeit, welche sich in °/s definieren lässt. Ist eine hohe Geschwindigkeit für einen Kauf eines Robotersystems entscheidend, so sollte man sich auf die Gelenkgeschwindigkeiten konzentrieren, da sich die lineare TCP Geschwindigkeit aus diesen ergibt. Oft wird für die TCP-Geschwindigkeit eine Geschwindigkeit angegeben, welche bei einer näheren Betrachtung etwas fragwürdig erscheinen.

Nehmen wir einen 6-Achs-Knickarm-Roboter, welcher sich mit allen Gelenken mit 180°/s bewegen kann (z. B. der UR5e von Universal Robots). Bringt man diesen Roboter in seine maximale Auslage und bewegt ihn dann mit seiner maximalen Geschwindigkeit in seinem Basisgelenk, dann beschreibt der TCP eine Kreisbahn mit dem Radius der maximalen Reichweite der Roboters. Der Umfang eines Kreises wird mit $U = 2\pi r$ berechnet. Bei 180°/s bewegt sich der TCP allerdings nur über die Hälfte des Umfangs. Daher kann die, in einer Sekunde, zurückgelegte Strecke für den TCP, bei diesem Beispiel mit $s = \frac{U}{2} = \pi r$ berechnet werden. Bei Robotern mit beispielsweise 800 mm Reichweite, würde der Roboter dann also in einer Sekunde eine TCP-Bahn von 0,8 m × 3,14 ≈ 2,5 m abfahren. Daraus würde sich dann eine TCP-Geschwindigkeit von 2,5 m/s ergeben. Bewegt sich der TCP jedoch weiter in Richtung Basisgelenk, verringert sich die maximal erreichbare Geschwindigkeit für den TCP bei der Bewegung um die Basis. Bei einer Entfernung von 300 mm zur Basis wäre hier bei dieser Bewegung z. B. nur noch ≈ 0,75 m/s möglich. Dies zeigt, dass die maximale TCP-Geschwindigkeit, welche von den Herstellern oft angegeben wird, gar nicht wirklich aussagekräftig ist und die Gelenkgeschwindigkeit für den Anwender die eigentlich interessantere Information ist.

In Tabelle 2.2 wird ersichtlich, dass es starke Unterschiede in den maximal möglichen Geschwindigkeiten gibt. Die Spanne in der Tabelle bewegt sich von 75°/s bis hin zu 1000°/s. Da jedoch bei einem tatsächlich kollaborierenden Einsatz meist keine hohen Geschwindigkeiten gefahren werden, sollte man auf die Parameter nur dann ein Augenmerk legen, wenn der Roboter entweder in einer traditionellen Roboterzelle Anwendung findet oder in Kombination mit einem Laserscanner verwendet wird. Im letzteren Fall muss aber auch hier wieder einiges beachtet werden, um sicherzustellen, dass der Roboter bei solch hohen Geschwindigkeiten rechtzeitig zum Stehen kommt, da die Nachlaufwege und Nachlaufzeiten sich proportional zu den Geschwindigkeiten verhalten. Auch bei der Kraft- und Leistungsbegrenzung ist die Geschwindigkeit ein entscheidender Faktor, da sie sich auch proportional zur Transferenergie verhält, welche bei einer Kollision in die getroffene Körperregion übertragen wird. Da der zweite entscheidende Faktor sowohl im Bezug auf den Nachlauf als auch bei der Kollision die Masse ist, sollten Sie sich den Zusammenhang von Robotermasse und möglicher Geschwindigkeit vor Augen halten, wenn sie einen Roboter für Ihre Applikation auswählen. Je höher die Masse des Roboter bei kollaborierenden Anwendungen, desto langsamer wird die maximal mögliche Geschwindigkeit.

 In kollaborierenden Anwendungen muss die maximale Geschwindigkeit umgekehrt proportional zur Robotermasse gewählt werden! Kleine Roboter mit weniger Masse können schnellere Geschwindigkeiten fahren als große und massenreiche Roboter. ∎

Tabelle 2.2 Maximale Gelenkgeschwindigkeiten verschiedener Roboter

Hersteller	Produkt	J1	J2	J3	J4	J5	J6	J7
ABB	Yumi	180°/s	180°/s	180°/S	400°/s	400°/s	400°/s	180°/s
Aubo	I3	180°/s	180°/s	180°/s	180°/s	180°/s	180°/s	–
	I5	150°/s	150°/s	150°/s	180°/s	180°/s	180°/s	–
	I7	180°/s	180°/s	150°/s	180°/s	180°/s	180°/s	–
	I10	180°/s	180°/s	150°/s	180°/s	180°/s	180°/s	–
Doosan	M0609	150°/s	150°/s	180°/s	225°/s	225°/s	225°/s	–
	M0617	100°/s	100°/s	150°/s	225°/s	225°/s	225°/s	–
	M1013	120°/s	120°/s	180°/s	225°/s	225°/s	225°/s	–
	M1509	150°/s	150°/s	180°/s	225°/s	225°/s	225°/s	–
Fanuc	CR7	1000°/s	1000°/s	1000°/s	1000°/s	1000°/s	1000°/s	–
	CR7L	1000°/s	1000°/s	1000°/s	1000°/s	1000°/s	1000°/s	-
	CR14IAL	500°/s	500°/s	500°/s	500°/s	500°/s	500°/s	–
Franka Emika	Panda	150°/s	150°/s	150°/s	150°/s	180°/s	180°/s	180°/s
Hanwha	HCR3	180°/s	180°/s	180°/s	360°/s	360°/s	360°/s	–
	HCR5	178°/s	178°/s	178°/s	180°/s	180°/s	180°/s	–
	HCR12	130°/s	130°/s	200°/s	200°/s	200°/s	200°/s	–
Kassow	KR810	225°/s	225°/s	225°/s	225°/s	225°/s	225°/s	225°/s
	KR1205	225°/s	225°/s	225°/s	225°/s	225°/s	225°/s	225°/s
	KR1410	170°/s	225°/s	225°/s	225°/s	225°/s	225°/s	225°/s
	KR1805	170°/s	225°/s	225°/s	225°/s	225°/s	225°/s	225°/s
Kuka	LBR IIWA7	98°/s	98°/s	100°/s	130°/s	140°/s	180°/s	180°/s
	LBR IIWA14	85°/s	85°/s	100°/s	75°/s	130°/s	135°/s	135°/s
Techman	TM5 700	180°/s	180°/s	180°/s	225°/s	225°/s	225°/s	–
	TM5 900	180°/s	120°/s	180°/s	225°/s	225°/s	225°/s	–
	TM12	120°/s	120°/s	180°/s	180°/s	180°/s	180°/s	–
	TM14	120°/s	120°/s	180°/s	150°/s	150°/s	180°/s	–
Universal Robots	UR3e	180°/s	180°/s	180°/s	360°/s	360°/s	360°/s	–
	UR5e	180°/s	180°/s	180°/s	180°/s	180°/s	180°/s	–
	UR10e	120°/s	120°/s	180°/s	180°/s	180°/s	180°/s	–
	UR16e	120°/s	120°/s	180°/s	180°/s	180°/s	180°/s	–
Yaskawa	HC10	130°/s	130°/s	180°/s	180°/s	250°/s	250°/s	–
	HC20[3]	80°/s	80°/s	120°/s	130°/s	180°/s	180°/s	–

Dies gilt für alle Arten der kollaborierenden Applikationen, da Masse und Geschwindigkeit hier immer gleichermaßen einen Einfluss haben. Bei Handführung, Geschwindigkeits- und Abstandsüberwachung und sicher überwachtem Halt beeinflussen diese beiden Parameter

---

[3] Zum Erscheinungsdatum des Buches noch nicht auf dem europäischen Markt erhältlich.

die Dynamik im Anhalteverhalten des Roboters. In der Kraft- und Leistungsbegrenzung zeigt sich die Beeinflussung darin, dass die in der Bewegung gespeicherte kinetische Energie abhängig von Masse und Geschwindigkeit ist. Je größer die Bewegungsenergie, umso größer ist die Krafteinwirkung auf eine Person, die mit dem Roboter kollidiert.

2.1.4 Schnittstellen

Bereits bei der Planung einer Roboterapplikation sollten Sie sich überlegen, welche Peripheriegeräte Sie an den Roboter anschließen möchten, wie Sie mit dem Roboter kommunizieren wollen und wie die Kommunikation zwischen dem Roboter und anderen Anlagenteilen stattfinden soll. Hier reicht die Spanne der Kommunikationsmöglichkeiten der unterschiedlichen Robotertypen von digitalen I/0 s bis hin zu Feldbussen wie Profinet oder Ethernet/IP. Sollten Sie aus dem Bereich der traditionellen Robotik kommen, so sollte Ihnen jedoch von vorneherein klar sein, dass viele der aktuell auf dem Markt vertretenen Hersteller von kollaborierenden Robotern oft ein anderes Spektrum an Schnittstellen anbieten als bei herkömmliche Industrierobotern. Da es sich hierbei um eine neue Generation von Robotern handelt, hat sich die Innovation auch oft auf die Schnittstellen ausgewirkt. Alte Feldbussysteme werden hier oft durch neuartige Echtzeitschnittstellen ersetzt. Dies ist prinzipiell eine gute Entwicklung, die jedoch bei den Integrationsmöglichkeiten in bestehende Anlagenteile und dem gewohnten technischen Ansatz der Programmierer und Anwender manchmal negativ wahrgenommen wird. Speziell neu auf dem Robotermarkt in Erscheinung tretende Hersteller müssen hier und da erst die Erfahrung machen, dass Gewohnheit und Kompatibilität häufig einen höheren Stellenwert als Innovation haben. Informieren Sie sich daher vor der Entscheidung für einen bestimmten Roboter darüber, welche Schnittstellen und Anbindungsmöglichkeiten Ihnen dieser Roboter bietet.

■ 2.2 Programmierung und Bedienung

Geht man auf die Suche nach einem kollaborierenden Leichtbauroboter, so wird man sehr schnell feststellen, dass es bei diesen Systemen eine sehr große Bandbreite unterschiedlicher Programmieransätze gibt. Die Hersteller von traditionellen Industrierobotern wie KUKA, FANUC, ABB, Yaskawa usw. haben in der Vergangenheit bei der Programmierung oft auf ihre altbewährte Art und Weise der Programmierung gesetzt. Dies rührte meist daher, dass die bestehenden Integratoren dieser Hersteller sich mit dem vorhandenen Programmierwissen schnell mit dem neuen Robotertyp vertraut machen konnten und diesen dann auch schnell und gut einsetzen konnten. Auch wenn die Programmierung für einen Laien oder neu in die Robotik eingetauchten Automatisierer oft sehr schwierig zu verstehen ist, macht es für den bereits in der Programmierwelt des jeweiligen Herstellers eingearbeiteten Integrator das Leben leichter. Auch der Hersteller profitiert hier oft, da er baugleiche oder leicht abgewandelte Steuerungen und Bediengeräte wie für deren herkömmliche Industrieroboter verwenden kann. Bei KUKA-Robotern gibt es hier z. B. die sogenannte KR-C4-Steuerung und das Smartpad als Bediengerät, welche durch die komplette Bandbreite der verschiedenen Robotertypen des Herstellers gehen.

Abbildung 2.4 KUKA KR C4 und Smartpad (Quelle: Kuka.com)

Neue Hersteller auf dem Markt gehen dagegen oft komplett neue Wege in der Art und Weise, wie ihre Roboter programmiert werden. Das bekannteste Beispiel an dieser Stelle ist hier sicherlich die Firma Universal Robots, welche mit ihrer grafischen Programmieroberfläche wohl ein absoluter Vorreiter und Innovator im Bereich der einfachen Programmierbarkeit ist. Dem Beispiel von Universal Robots sind dann in den vergangenen Jahren viele andere neu auf dem Markt erschienene Hersteller von Robotern gefolgt und haben ebenfalls neue und einfachere Arten der Programmierung aufgegriffen. Hier sind Techman, Aubo und Doosan unter anderem einige, welche man an dieser Stelle nennen kann. Auch haben wieder andere „Neulinge" auf dem Markt noch einmal andere Wege beschritten. So hat Franka Emika z. B. in diesem Sektor ebenfalls wieder neue Innovationen und Ideen in die Programmierbarkeit mit hineingebracht, welche sich bis dato aber leider noch nicht wirklich effektiv durchsetzen konnten.

Sicherlich kann man in den nächsten Jahren im Bereich der Vereinfachung der Programmierbarkeit noch einiges erwarten. So gibt es bereits erste Ansätze, bei denen der Roboter beispielsweise einem Menschen bei einer Tätigkeit zuschaut und diese selbstständig erlernt. Die Kombination aus KI und Robotik wird in diesem Bereich in den nächsten Jahren sicherlich noch viele interessante und innovative Neuerungen hervorbringen und die Programmierung und Verwendung von Robotern immer einfacher machen. Mittlerweile haben hier auch teilweise die alteingesessenen Hersteller von Industrierobotern diesen Trend erkannt und setzen bei ihren neuen Produkten in diesem Segment ebenfalls auf andere Programmieransätze als in ihren traditionellen Robotern. So hat zum Beispiel der KUKA Iisy sowie auch der FANUC CRX eine Programmieroberfläche erhalten, welche sehr stark von deren bisherigen Programmierweisen abweicht. Auch diese Roboter verfügen nun über eine stark vereinfachte Programmierbarkeit und können nun auch von Personen programmiert werden, die sich selbst nicht als Roboterspezialist bezeichnen würden. Die Richtung geht also klar weg von der traditionellen Art der Programmierung hin zu neuen Herangehensweisen, die uns die Einbindung eines Roboters immer einfacher machen werden. Machen Sie sich bewusst, dass die Jugend von heute von klein auf mit neuen Technologien wie

Smartphones und vernetzten Geräten aufwächst. Die Programmierung von Robotern wird sich dahin gehend entwickeln, dass sie mehr und mehr intuitiv und leicht erlernbar für jemanden ist, der mit neuen Technologien aufgewachsen ist. Irgendwann wird die Programmierung oder die Verwendung eines Roboters so selbstverständlich wie die Bedienung Ihres DVD-Players sein.

■ 2.3 AddOns und Zusatzgeräte

Da eine Applikation immer mehr Komponenten als nur den Roboter verwendet, ist bei der Auswahl des Roboters sicherlich auch ein entscheidender Faktor, wie groß das Portfolio an möglichen Zusatzgeräten und AddOns ist. Die meisten Roboterapplikationen benötigen z. B. einen Greifer oder Ähnliches. Da es immer zusätzlichen Aufwand bedeutet, wenn man für seine jeweilige Applikation die Zusatzgeräte selbst designen und bauen muss, ist es von Vorteil, wenn es viele Standardkomponenten auf dem Markt gibt, welche sich mit dem Roboter möglichst einfach kombinieren lassen. Auch an dieser Stelle muss man wohl noch einmal auf den Marktführer Universal Robots zu sprechen kommen. Dieser hat im Jahr 2018 deren sogenanntes UR+ Konzept eingeführt. Universal Robots hat hier anderen Firmen, wie beispielsweise den Herstellern von Greifern und Kamerasystemen, eine Möglichkeit geschaffen, eine Art Treiber (ähnlich wie ein Druckertreiber auf einem Windows-PC) für die Bedienung ihrer Produkte bereit zu stellen. Ist dieser „Treiber" auf dem Roboter installiert, bindet sich die Hardwarekomponente in die Programmieroberfläche ein und kann ebenso einfach über die gegebene Oberfläche programmiert werden wie der Rest des Roboters. Universal Robots arbeitet hier mit einer Vielzahl an Drittfirmen wie z. B. Schunk, Robotiq, OnRobot, Sick, Canon und vielen mehr zusammen und stellt den ihren Vorgaben entsprechenden Produkten eine Plattform auf deren Homepage zur Verfügung. Hier findet man zurzeit weit über 200 unterschiedliche Produkte, welche in Kombination mit einem ihrer Roboter eingesetzt werden können. Man findet dort eine Vielzahl an Greifern, Kameras, Software, siebte Achsen, Schnittstellenerweiterungen und noch vieles mehr. Die Einführung dieses Konzepts vor einigen Jahren war sicherlich ein wichtiger Punkt, um deren Marktpräsenz zu festigen und zu stärken. Aber auch andere Hersteller haben dieses Konzept schnell für gut befunden und in ihr Portfolio integriert. Techman bietet hier z. B. unter dem Begriff „TM Plug & Play" seit längerem bereits ein ähnliches Konzept an.

Etwas kritischer muss man Zusammenhang der AddOns beispielsweise den Bosch Apas betrachten. Dieser hat ein besonderes Sicherheitskonzept, welches mit einem speziellen System am Toolflange einhergeht. An diesem können die meisten Standardkomponenten nicht einfach adaptiert werden. Dies schränkt die möglichen Anwendungen dieses Roboters oft stark ein.

Überlegen Sie sich im Vorfeld bereits, welche Zusatzkomponenten Sie eventuell für Ihre Anwendung benötigen, und schauen Sie, welche Roboter Ihnen eine gute Kompatibilität mit diesen Komponenten anbieten. Wenn hier bereits Standardkomponenten verfügbar sind, vereinfacht Ihnen dies die Integration und spart Ihnen Zeit und auch Geld bei der Umsetzung Ihrer Applikation. Darüber hinaus, können Sie Probleme und Fehler bei der Integration minimieren, wenn Sie solche, bereits mehrfach mit dem Roboter getesteten Systeme verwenden.

3 Der kollaborierende Roboter in der Normung

 Fragen, die dieses Kapitel beantwortet:

- Wie ist die rechtliche Grundlage bei der Erstellung einer Roboterapplikation?
- An was muss man sich halten und was ist freiwillig anwendbar?
- Welche Normen gibt es und muss ich diese einhalten?
- Warum empfiehlt es sich eine Norm einzuhalten?
- Was gibt es außer den Normen noch und wie ist da die rechtliche Stellung?
- Was ist eine technische Spezifikation in der Normung?
- Wie sieht eine Risikobeurteilung aus und was beinhaltet diese?

Ein Thema, mit welchem man sich bereits VOR der Planung und Integration einer kollaborierenden, aber auch einer traditionellen Roboteranwendung beschäftigen sollte, ist die Normenlage. Hier ist immer öfter eine große Wissenslücke bei Integratoren und Anwendern vorhanden, was auch sehr stark an der Vereinfachung der Programmierung liegt, die es mittlerweile fast jedem ermöglicht, einen Roboter im Rahmen einer Automatisierungslösung einzusetzen. Dieses Buch kann hoffentlich ein wenig dazu beitragen, etwas Licht ins Dunkel zu bringen, und hilft dem ein oder anderen Anwender und/oder Integrator Roboter so einzusetzen, wie es die jeweilige Norm vorsieht bzw. dass die Applikation auch dementsprechend sicher ist und keine Gefahr für den Anwender besteht.

Doch mit welchen Normen und rechtlichen Grundlagen muss man sich bei der Integration eines Roboters überhaupt beschäftigen? Und wo muss ich eine Norm überhaupt rechtlich einordnen? Ist eine Norm eine Vorgabe, die es zwingend einzuhalten gilt? Oder kann auch davon abgewichen werden? Man kann hier die Liste an Fragen sicherlich noch ewig lange fortführen, doch wollen wir uns hier lieber auf die Antworten konzentrieren.

Bevor wir in diesem Buch über die verschiedenen Normen sprechen, welche bei einer kollaborierenden Roboterapplikation maßgebend sind, müssen wir uns zuerst mit der Rechtsstellung einer Norm und anderer Dokumente beschäftigen. Um hierbei das große Ganze am besten zu verstehen, empfiehlt es sich, ganz oben anzufangen.

■ 3.1   CE-Richtlinien

In der Europäischen Union werden von der EU-Kommission EU-Richtlinien und EU-Verordnungen erlassen. Wobei es sich bei beiden um sogenannte rechtsverbindliche Rechtsverordnungen handelt. Der Unterschied zwischen einer EU-Verordnung und einer EU-Richtlinie liegt darin, dass eine Richtlinie sofort nach Erlass durch die EU auch im nationalen Recht wirksam wird, während eine EU-Verordnung erst durch die nationalen Parlamente in das jeweils nationale Recht übernommen werden muss. Hierbei kann es durchaus zu einigen Verzögerungen bei der Umsetzung kommen und Verordnungen können somit teilweise national mit einem hohen zeitlichen Versatz in den einzelnen Mitgliedsstaaten wirksam werden.

Natürlich hegt die Europäische Union einen sehr ausgeprägten Regulierungseifer, was sehr viele europäische Richtlinien und Verordnungen zur Folge hat. Angefangen von der Verordnung 2257/94/EG, welche die Festsetzung für Qualitätsnormen für Bananen beinhaltet und unter anderem beschreibt, dass Bananen mindestens 14 cm lang und mindestens 27 mm dick sein müssen, bis hin zur Richtlinie 2014/87/EURATOM, welche die Sicherheit von Kernkraftwerken behandelt, ist alles europaweit in solchen Richtlinien und Verordnungen geregelt. In mitten dieser großen Ansammlung an Richtlinien gibt es gewisse Richtlinien, welche für Hersteller von Produkten wichtig sind. In der europäischen Verordnung 765/2008/EG wurde im Jahr 2008 im Rahmen des sogenannten New Legislative Framework festgelegt, welche Produkte unter gewisse europäische Richtlinien fallen und dass die Einhaltung dieser Richtlinie letztlich durch ein einheitliches Zeichen kenntlich gemacht wird. Hierbei handelt es sich um die sogenannten CE-Richtlinien und das damit verbundene CE-Kennzeichen.

Es gibt eine Vielzahl an CE-Richtlinien, die Hersteller einhalten müssen. Allerdings ist eine solche Richtlinie nicht immer auf jedes Produkt anwendbar. Eine kurze Auflistung einiger CE-Richtlinien macht dies schnell sichtbar. So gibt es unter anderem folgende CE-Richtlinien:

- Maschinenrichtlinie (2006/42/EG)
- Richtlinie über einfache Druckbehälter (2014/29/EU)
- Richtlinie über Aufzüge (2014/33/EU)
- Ökodesign-Richtlinie (2009/125/EG)
- Spielzeug-Richtlinie (2009/48/EG)
- Medizinprodukte (93/42/EWG)
- Sportboote-Richtlinie (2013/53/EU)
- RoHS-Richtlinie (2011/65/EU)
- Niederspannungsrichtlinie (2014/35/EU)
- EMV Richtlinie (2014/30/EU)
- und viele mehr

Es ist wahrscheinlich jedem klar, dass die Sportboote-Richtlinie für Roboterapplikationen relativ unbedeutend ist. Bei anderen Richtlinien dagegen ist oft nicht von vorneherein klar, ob diese Richtlinie nun auf das jeweilige Produkt anzuwenden ist. Hierzu enthält jede Richtlinie (aber auch jede Norm) am Anfang einen sogenannten Scope (engl. für Anwendungsbereich).

In diesem wird klar aufgelistet, auf welche Produkte und in welchen Fällen die jeweilige Richtlinie anzuwenden ist. Darüber hinaus findet man nach dem Anwendungsbereich in einer Richtlinie auch einen sogenannten Ausschlussbereich. In diesem werden spezielle Unterarten eines Produkts oder spezielle Situationen, auf welche die Richtlinie gemäß Anwendungsbereich eigentlich anzuwenden wäre, wieder ausgeschlossen. Ein einfaches Beispiel aus der Maschinenrichtlinie sind hier z. B. verschiedene Gerätschaften bei der Bundeswehr. Zwar ist. z. B. auch ein Maschinengewehr eine Maschine, wie der Name schon sagt, jedoch würde es keinen Sinn machen diese Maschine gemäß den in der Anlage I der Richtlinie genannten allgemeinen Sicherheits- und Gesundheitsschutzanforderungen zu bauen. Ein Maschinengewehr, welches niemanden verletzen kann, verfehlt beim Militär wahrscheinlich seinen Zweck. Aus diesem Grund findet man im Ausschlussbereich der MRL den Punkt:

„Maschinen, die speziell für militärische Zwecke oder zur Aufrechterhaltung der öffentlichen Ordnung konstruiert und gebaut wurden"

Prüfen Sie immer ganz genau, ob eine Richtlinie auf ein bestimmtes Produkt anzuwenden ist oder nicht. Lesen Sie sich hierzu stets als erstes den Anwendungs- und Ausschlussbereich einer Richtlinie durch.

Gleiches gilt hier übrigens auch für Normen. Auch diese zeigen am Anfang einen solchen Anwendungs- und Ausschlussbereich auf. Hier kann es auch schnell zu Problemen kommen, wenn versucht wird eine Norm auf ein nicht dafür vorgesehenes Produkt anzuwenden.

Im Bereich der kollaborativen Robotik können wir von den oben genannten Richtlinien bis zu vier Richtlinien identifizieren, welches es in der Regel anzuwenden gilt:

- die Maschinenrichtlinie (2006/42/EG)
- die RoHS-Richtlinie (2011/65/EU)
- die Niederspannungsrichtlinie (2014/35/EU)
- die EMV-Richtlinie (2014/30/EU)

Wobei dieses Buch sich im Weiteren hauptsächlich mit der Maschinenrichtlinie und deren Anwendung beschäftigen wird. Es soll jedoch zumindest einmal erwähnt sein, dass auch die anderen der genannten Richtlinien bei Robotern Anwendung finden. Die sogenannte neue Maschinenrichtlinie (2006/42/EG) aus dem Jahr 2006 hat seiner zeit die alte Maschinenrichtlinie aus dem Jahre 1998 abgelöst und ist seitdem gültig.[1] Die Umsetzung im nationalen deutschen Recht findet sich hierbei in der 9. Verordnung des Produktsicherheitsgesetzes. Die Maschinenrichtlinie (kurz MRL) ist hierbei eine der sogenannten CE-Richtlinien. Das Problem bei diesen Richtlinien ist jedoch, dass die einzelnen Anforderungen an ein Produkt oft nur sehr allgemein spezifiziert sind. Bleibt man bei der MRL, kann man überspitzt sagen, dass die genannten Anforderungen in etwa „Baue die Maschine so, dass sie niemanden verletzt." entsprechen. Eine spezifische Anleitung, was der Entwickler einer Maschine jetzt beachten sollte und wie er seine Maschine genau bauen muss, damit sie dann auch tatsächlich sicher ist und den Anforderungen der MRL entspricht, sucht man in solchen Richtlinien jedoch oft vergebens. An dieser Stelle greifen nun sogenannte harmonisierte Normen. Diese werden durch die Organisationen CEN, CENELEC und ETSI im Auftrag der Europäischen Kommission und der EFTA (Europäische Freihandelsassoziation) erarbeitet

---

[1] Aktuell arbeitet man in der Europäischen Kommission an einer neuen Fassung der Maschinenrichtlinie. Die aktuell gültige 2006/42/EG soll in naher Zukunft von einer neuen Maschinenverordnung abgelöst werden.

und konkretisieren die Anforderungen einer Richtlinie. Man kann quasi sagen, dass eine solche harmonisierte Norm ein How-To-Guide (eine Bauanleitung) ist, welcher dem Hersteller eines Produkts erklärt, was er tun muss, um die Anforderungen einer CE-Richtlinie zu erfüllen. Die harmonisierten Normen werden dabei im Amtsblatt der EU veröffentlicht und an eine CE-Richtlinie gekoppelt. Ein Hersteller für ein gewisses Produkt prüft nun zuerst, welche CE-Richtlinien er erfüllen MUSS. Anschließend KANN er dann hierzu die jeweiligen harmonisierten Normen als Hilfe heranziehen. Die Großschreibung der Wörter „MUSS" und „KANN" ist hierbei beabsichtigt und zeigt nochmals auf, dass es sich bei einer CE-Richtlinie um eine rechtsverbindliche Rechtsverordnung handelt, welche erfüllt werden muss. Dagegen handelt es sich bei den harmonisierten Normen um sogenannte technische Regeln, welche nur Hilfestellungen dafür sind, die Anforderungen der jeweiligen Richtlinie zu erfüllen. Meist gibt es auch andere Möglichkeiten, um die Anforderungen der Richtlinie zu erfüllen. Die harmonisierten Normen zeigen einem oft nur einen oder wenige von vielen möglichen Wegen. Jedoch hat der Weg, welcher in einer harmonisierten Norm beschrieben ist, einen sehr entscheidenden Vorteil! Kommt es zu einem Schadensfall und der Hersteller hat sein Produkt nach harmonisierter Norm entworfen und gebaut, so liegt die Beweislast bei der Anklage. Man geht davon aus, dass mit Erfüllung der Norm das Produkt auch den europäischen Anforderungen der jeweiligen Richtlinie entspricht. Hat man dagegen eine andere technische Lösung für sein Produkt gewählt, weil man eventuell davon überzeugt war, dass dieser Weg vergleichbar sicher oder sogar noch sicherer ist als die Vorgabe der Norm, so kehrt sich die Beweislast um. Der Hersteller muss nun im Schadensfall nachweisen, dass sein Produkt den zu erwartenden Sicherheitsvorgaben der Richtlinie entspricht.

■ 3.2   Die Maschinenrichtlinie

Im Anwendungsbereich der Maschinenrichtlinie findet man zwei Punkte, welche für eine Roboterapplikation wichtig sind. Nämlich zum einen wird diese Richtlinie auf vollständige und zum anderen auf unvollständige Maschinen angewendet. Da aber beide in verschiedenen Bereichen der MRL unterschiedlich gehandhabt werden, ist es wichtig zu verstehen, was denn nun die vollständige Maschine von der unvollständigen Maschine unterscheidet. Was ist ein Roboter? Ist er eine vollständige Maschine? Hier empfiehlt sich zu prüfen, ob die Maschine eine bestimmungsgemäße Verwendung, also eine spezifische Aufgabe hat. Ein Roboter für sich alleine kann wahrscheinlich erst einmal noch gar keine Aufgabe erfüllen wenn Sie ihn gerade aus seiner Verpackung geholt haben.Ihm fehlt zumindest einmal das Programm, welches ihn steuert und dafür sorgt, dass er das tut, was Sie von ihm erwarten. Darüber hinaus haben Roboter in der Regel keinen Endeffektor, der zum Beispiel ein Greifer, ein Schrauber, eine Kamera oder ähnliches sein kann. Ohne diesen Endeffektor ist es ebenfalls sehr schwierig, dem Roboter eine spezifische Aufgabe zuzuordnen. Der Roboter für sich alleine hat daher keine bestimmungsgemäße Verwendung und fällt aus diesem Grund unter den Begriff einer unvollständigen Maschine.

Eine Roboterapplikation, in welcher nun ein Roboter z. B. mit einem Greifer versehen wurde und dann so programmiert wird, dass er beispielsweise Bauteile von einem Fließband herunternimmt und auf eine Palette setzt, hat dagegen eine bestimmungsgemäße Verwendung und ist somit eine vollständige Maschine.

Der Unterschied zwischen vollständiger und unvollständiger Maschine nach MRL ist wichtig, weil die Handhabung beider gemäß der Richtlinie unterschiedlich ist. So liefert der Inverkehrbringer einer vollständigen Maschine eine sogenannte CE-Konformitätserklärung gemäß Anlage II Teil A der MRL mit, während der Inverkehrbringer einer unvollständigen Maschine eine sogenannte Einbauerklärung gemäß Anlage II Teil B der MRL liefert. Hierbei ist der Inverkehrbringer immer derjenige, welcher ein Produkt erstmalig auf dem europäischen Markt bereitstellt (entweder zur Nutzung oder zum Verkauf). Dies bedeutet, dass sowohl ein Integrator der eine Roboterapplikation für einen Kunden baut und an diesen verkauft, als auch eine Firma, welche den Roboter für eine eigene Applikation kauft und in eine Applikation einbringt, in der Verantwortung als Inverkehrbringer einer Roboterapplikation, also einer vollständigen Maschine, stehen und somit die CE-Konformität erklären müssen.

 Jeder, der eine Roboterapplikation entwirft und baut, gleich ob Integrator oder Endnutzer selbst, muss die CE-Konformität dieser Applikation erklären. ∎

Unter anderem muss bei der CE-Konformität erklärt werden, dass die Maschine allen einschlägigen Bestimmungen der MRL entspricht. Da jedoch bereits zu Beginn des Kapitels erläutert wurde, dass Richtlinien wie die MRL Sicherheitsanforderungen nur sehr allgemein nennen, kann hier auf die harmonisierten Normen verwiesen werden, welche für das jeweilige Produkt anwendbar sind und auch erfüllt wurden. Bei der Erstellung einer kollaborierenden Roboterapplikation sind dies unter anderem, jedoch nicht ausschließlich, die

- EN ISO 12100:2011 – Sicherheit von Maschinen – Allgemeine Gestaltungsleitsätze
- EN ISO 13849-1:2016 – Sicherheitsbezogene Teile von Steuerungen – Allgemeine Gestaltungsleitsätze
- EN ISO 10218-1:2011 – Sicherheitsanforderungen für Robotersysteme im industriellen Umfeld[2]
- EN ISO 10218-2:2011 – Robotersysteme und Integration[3]

Darüber hinaus existiert zur zeit noch ein sehr wichtiges weiteres Dokument für den Bereich der kollaborierenden Roboterapplikationen. Die ISO TS 15066 – Kollaborierende Roboterapplikationen wurde 2016 als Hilfestellung vom gleichen Gremium, welches unter anderem auch die ISO 10218:2011 erarbeitet hat, veröffentlicht. Die bis heute in der Normung noch aktuelle Version der EN ISO 10218:2011 befasst sich unglücklicherweise nur sehr rudimentär mit dem Thema kollaborierender Robotersysteme, weswegen die ISO TS 15066 zu einem unabdingbaren Dokument in diesem Bereich geworden ist. Allerdings handelt es sich bei diesem Dokument um eine technische Spezifikation, welche nicht durch die zuständige Kommission (CEN) harmonisiert wurde. Aus Sicht der MRL existiert dieses Dokument daher nicht. Es ist nicht harmonisiert und einer CE-Richtlinie, wie der MRL zugeordnet. Unter diesem Gesichtspunkt sehen einige Experten kollaborierende Roboterapplikationen als

---

[2] Diese Norm befindet sich aktuell in der Überarbeitung und soll nach derzeitigem Stand 2022 in einer neuen Fassung veröffentlicht werden.

[3] Diese Norm befindet sich aktuell in der Überarbeitung und soll nach derzeitigem Stand 2022 in einer neuen Fassung veröffentlicht werden.

nicht konform mit der MRL an. Dieser Ansicht kann man jedoch durchaus widersprechen und dies soll nachfolgend begründet werden.

Die Maschinenrichtlinie fordert, dass der Inverkehrbringer einer Maschine diese sicher konstruiert und baut. Hierzu soll der Stand der Technik herangezogen werden, um einen Anwender vor Gefährdungen oder gar Verletzungen durch die Maschine zu schützen. Bei dem Begriff „Stand der Technik" handelt es sich, wie auch bei dem Begriff der anerkannten Regel der Technik, um einen sogenannten unbestimmten Rechtsbegriff. Dies bedeutet, es ist eigentlich keine Definition in einem Gesetz vorhanden, welche diese Begriffe genauer erläutert. Aus diesem Grund müssen wir uns hier bei der Definition anderweitig behelfen. Es gibt hierzu beispielsweise eine DIN Mitteilung aus dem Jahre 1984 in welcher folgende Erläuterung zu diesen Begrifflichkeiten zu finden ist:

„Der Stand der Technik ... ist der zu einem bestimmten Zeitpunkt erreichte Stand technischer Einrichtungen, Erzeugnisse, Methoden und Verfahren ... Eine anerkannte Regel der Technik ist die von der Mehrheit der Fachleute als zutreffend erachtete Beschreibung des Standes der Technik zum Zeitpunkt der Veröffentlichung."[4]

Aus diesem Text lassen sich drei Dinge ableiten:

1. Es gibt eine gewisse Reihenfolge! Zuerst hat man den Stand der Technik, dann kann daraus eine anerkannte Regel der Technik werden.

2. Um eine anerkannte Regel der Technik zu erhalten, muss eine Mehrheit der anerkannten Experten auf diesem Gebiet der Auffassung sein, dass die zu dem Moment noch als Stand der Technik angesehenen Einrichtungen, Erzeugnisse, Methoden und Verfahren gut sind und sie als Experten dahinterstehen.

3. Anerkannte Regeln der Technik werden veröffentlicht. Es handelt sich hier also um Dokumente, in denen der von den Experten als gut erachtete Stand der Technik wiedergegeben wird.

In einem Normungsgremium, wie z. B. dem Gremium, welches die ISO 10218 als weltweit anerkannte Produktnorm für Industrieroboter geschrieben hat, sitzen mehr als 50 Experten von Roboterherstellern, Universitäten, öffentlichen Stellen, Anwendern und Integratoren. Die Meinung eines solchen Gremiums kann daher durchaus als die Auffassung einer Mehrheit der anerkannten Experten auf diesem Gebiet angesehen werden. Daher kann man eine Norm, wie es die ISO 10218 ist, auch als anerkannte Regel der Technik verstehen. Und gemäß dem ersten Aufzählungspunkt in den vorgenannten Ableitungen beinhaltet eine anerkannte Regel der Technik den Stand der Technik. Wird also in der MRL die Einhaltung des Stands der Technik gefordert, dann kommt man dieser Forderung nach, wenn man die jeweiligen Normen als anerkannte Regeln der Technik anwendet.

Die ISO TS 15066 ist nun zwar keine Norm wie es die ISO 10218 ist, jedoch wurde sie vom gleichen Gremium erarbeitet. Auch hier kann man daher davon sprechen, dass eine Mehrheit der anerkannten Experten auf diesem Gebiet, den Inhalt dieser Technischen Spezifikation als Stand der Technik ansehen und es sich bei der ISO TS 15066 um eine anerkannte Regel der Technik handelt. Baut nun also ein Integrator eine Roboterapplikation nach ISO TS 15066, so ist dies auch ohne Harmonisierung der TS konform mit der Maschinenrichtlinie, weil

---

[4] DIN-Mitteilung Jg. 1984 Nr. 5 – „Zur Bedeutung Technischer Regeln in der Rechtssprechungspraxis der Richter"

der Integrator eine anerkannte Regel der Technik und damit auch den Stand der Technik anwendet.[5]

Kommt wir nun zurück zur Konformitätserklärung. Sie haben mit vorgenannter Erläuterung bereits erfahren, wie Sie den einschlägigen Bestimmungen der Maschinenrichtlinie folgen können, wenn Sie eine kollaborierende Roboterapplikation planen oder bauen. Auch wurden nun bereits schon auf verschiedene technische Regelwerke wie die EN ISO 10218 und die ISO TS 15066 verwiesen. Jedoch gehört zu der Erklärung der CE-Konformität natürlich auch ein gewisser Ablauf bzw. ein Verfahren. In der Maschinenrichtlinie werden in Artikel 12 drei Verfahren zur Konformitätsbewertung genannt:

1. eine interne Fertigungskontrolle
2. ein EG-Baumusterprüfverfahren mit interner Fertigungskontrolle
3. ein Verfahren der umfassenden Qualitätssicherung

Da bei 2. und 3. immer eine anerkannte Prüfstelle (wie z. B. der TÜV) hinzugezogen werden muss, was zusätzliche Kosten erzeugt, ist man als Integrator meist darauf bedacht die Konformität anhand einer internen Fertigungskontrolle durchzuführen. Dies ist jedoch nicht immer möglich, sondern ist an gewisse Bedingungen geknüpft (siehe Abbildung. 3.1).

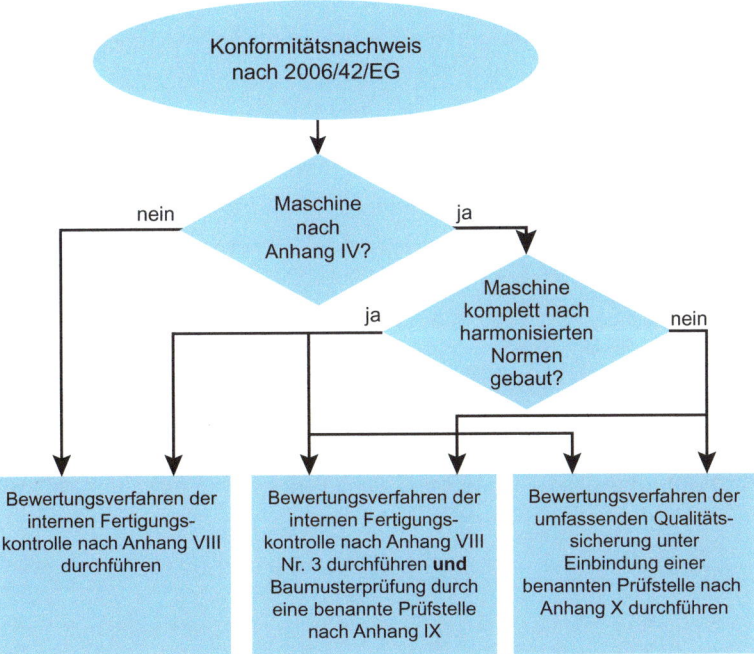

Abbildung 3.1 Auswahl des Konformitätsbewertungsverfahrens nach MRL

Bei den in Abbildung 3.1 genannten Maschinen nach Anhang IV der MRL handelt es sich um sogenannte gefährliche Maschinen. Hierzu zählen unter anderem

---

[5] Der Inhalt der ISO TS 15066 wird bei der geplanten Neufassung der ISO 10218 mit in den Teil 2 der Norm eingearbeitet. Sofern auch diese Norm durch CEN harmonisiert wird, liegt dann auch der Inhalt der jetzigen ISO TS 15066 als harmonisierte Norm vor.

- Hobelmaschinen,
- Handkettensägen,
- Fräsmaschinen,
- Pressen,
- Spritzgussmaschinen,
- Bandsägen mit Handbeschickung oder -entnahme
- und viele mehr.

Roboter und Roboterapplikationen gehören jedoch hier nicht dazu. Auch wenn man dies bei einem 1to-Roboter, welcher ein ganzes Fahrzeug von A nach B wuchten kann, nicht immer ganz nachvollziehen kann. Daher landet man beim ersten Entscheidungszweig in Abbildung 3.1 bereits meistens automatisch in dem Strang, welcher eine einfache interne Fertigungskontrolle als Konformitätsbewertungsverfahren ermöglicht. Aber was ist nun eine solche interne Fertigungskontrolle?

Die interne Fertigungskontrolle nach MRL

Das Konformitätsbewertungsverfahren mit einer internen Fertigungskontrolle ist im Anhang VIII der MRL aufgeführt. Hierbei muss der Hersteller die im Anhang VII der MRL genannten technischen Unterlagen erstellen und muss sicherstellen, dass das Produkt letztlich auch mit diesen technischen Unterlagen übereinstimmt. Die im Anhang VII genannten technischen Unterlagen umfassen dabei

- eine allgemeine Beschreibung der Maschine,
- eine Übersichtszeichnung der Maschine und die Schaltpläne der Steuerkreise sowie Beschreibungen und Erläuterungen, die zum Verständnis der Funktionsweise der Maschine erforderlich sind,
- vollständige Detailzeichnungen, eventuell mit Berechnungen, Versuchsergebnissen, Bescheinigungen usw., die für die Überprüfung der Übereinstimmung der Maschine mit den grundlegenden Sicherheits- und Gesundheitsschutzanforderungen erforderlich sind,
- die Unterlagen über die Risikobeurteilung, aus denen hervorgeht, welches Verfahren angewandt wurde; dies schließt ein:
  - eine Liste der grundlegenden Sicherheits- und Gesundheitsschutzanforderungen, die für die Maschine gelten,
  - eine Beschreibung der zur Abwendung ermittelter Gefährdungen oder zur Risikominderung ergriffenen Schutzmaßnahmen und gegebenenfalls eine Angabe der von der Maschine ausgehenden Restrisiken,
- die angewandten Normen und sonstigen technischen Spezifikationen unter Angabe der von diesen Normen erfassten grundlegenden Sicherheits- und Gesundheitsschutzanforderungen,
- alle technischen Berichte mit den Ergebnissen der Prüfungen, die vom Hersteller selbst oder von einer Stelle nach Wahl des Herstellers oder seines Bevollmächtigten durchgeführt wurden,

- ein Exemplar der Betriebsanleitung der Maschine,

- gegebenenfalls die Einbauerklärung für unvollständige Maschinen und die Montagean-leitung für solche unvollständigen Maschinen,

- gegebenenfalls eine Kopie der EG-Konformitätserklärung für in die Maschine eingebaute andere Maschinen oder Produkte,

- eine Kopie der EG-Konformitätserklärung.

Wie aus vorangegangener Auflistung ersichtlich wird, ist also im Rahmen dieser internen Fertigungskontrolle eine Risikobeurteilung für die jeweilige Roboterapplikation zu erstellen. Wie eine solche Risikobeurteilung durchzuführen ist, wird in der für Maschinen geltenden Grundnorm der EN ISO 12100 erläutert.

■ 3.3 Die Risikobeurteilung nach EN ISO 12100

Bei der Risikobeurteilung handelt es sich um einen iterativen Prozess mit mehreren Schritten (siehe Abbildung 3.2). Am Ende stellt man entweder fest, dass das jeweilige Produkt bzw. hier

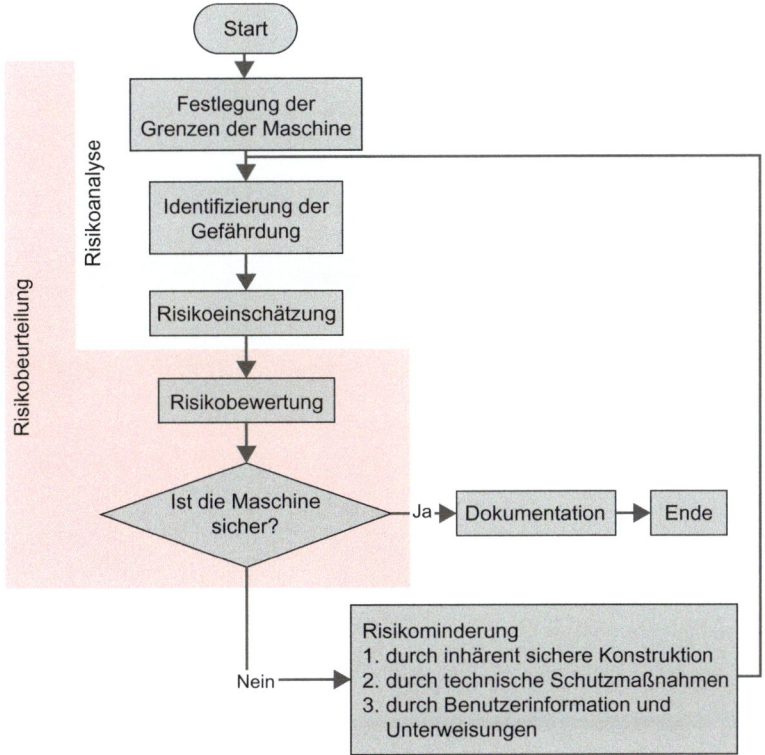

Abbildung 3.2 Der iterative Prozess der Risikobeurteilung

die Roboterapplikation ausreichend sicher ist oder das noch ein zu hohes Risiko besteht. Im letzteren Fall werden dann Maßnahmen zur Risikoreduzierung getroffen und dann im Nachgang der Prozess erneut durchlaufen.

Die Risikobeurteilung selbst besteht aus der Risikoanalyse und der Risikobewertung. Die Risikoanalyse besteht wiederum aus der Festlegung der Maschinengrenzen, der Risikoidentifizierung und der Risikoeinschätzung. Des Weiteren gehört, bei negativer Bewertung der Sicherheit noch die Risikominderung mit zu dem genannten Prozess. Bei der Risikominderung ist es wichtig, die Maßnahmen, welche hier durchgeführt werden in einer gewissen Reihenfolge anzugehen. Geht von einer Maschine ein Risiko aus, so muss in einem ersten Schritt immer erst geprüft werden, ob dieses Risiko durch eine inhärent sichere konstruktive Maßnahme reduziert werden kann. Gibt es z. B. bewegende Teile an einer Maschine, in die jemand hineingreifen kann, muss erst geprüft werden, ob es hier möglich ist konstruktiv nachzubessern und beispielsweise eine mechanische Abdeckung über die sich bewegenden Teile montiert werden kann. Ist dies nicht möglich, weil an dieser Stelle der Maschine im Prozess etwas zugeführt werden muss, dann greifen die möglichen Optionen von externen Schutzmaßnahmen wie z. B. einem Laserscanner, welcher den Bereich um die Maschine auf in den Gefahrenbereich eintretende Personen überwacht. Sind die Optionen inhärent sichere Konstruktion und externe Schutzmaßnahmen komplett ausgeschöpft und es verbleiben immer noch Restrisiken, dann und wirklich erst dann können zur Risikominderung persönliche Schutzausrüstung, Unterweisung und Warnhinweise herangezogen werden.

Auf die einzelnen Bestandteile des oben dargestellten Prozesses einer Risikobeurteilung soll nun in den folgenden Abschnitten detaillierter eingegangen werden. Haben Sie keine Angst vor der Durchführung einer Risikobeurteilung. Es ist zwar ein umfangreicher Prozess, wenn man sie ordentlich und gewissenhaft durchführt, sie ist aber mit einer etwas logischen Herangehensweise und etwas technischem Verständnis auch von jedem machbar. Wichtig ist aber, dass Sie sich mit der Thematik befassen und diesen wichtigen Teil der Produktherstellung nicht stiefmütterlich behandeln.

3.3.1 Grenzen der Maschine

Beginnt man eine Risikobeurteilung für eine Roboterapplikation oder auch ganz allgemein einer Maschine, ist der erste Schritt erst einmal einige Parameter der Applikation festzulegen bzw. festzuschreiben. Was soll die Maschine überhaupt tun? Wofür ist sie nicht vorgesehen? Wie funktioniert sie? Was gehört alles zu der Maschine? Wie kann sie untergliedert werden? Und auch vieles mehr sind Themen, welche es in diesem Bereich der Risikobeurteilung zu klären und zu dokumentieren gilt. Um Ihnen an dieser Stelle einen besseren Einstieg in die Risikobeurteilung zu ermöglichen, finden Sie nachstehend eine Auflistung mit Punkten, die Sie hier abarbeiten und niederschreiben sollten:

- Produktname, Typ, Baujahr, Zeitpunkt der Bereitstellung auf dem Markt
- Produktaufbau: Hauptbestandteile, Baugruppen ...
- Produktfunktionen mit
  - bestimmungsgemäßer Verwendung
  - nicht bestimmungsgemäßer Verwendung im Sinne einer vorhersehbaren Fehlanwendung

- – Funktionsweise
- – Betriebszustände: Einrichten, Normal, Automatik (Welche Sicherheitsfunktionen sind in welchem Betriebszustand aktiv?)
- – …

- Weiteres zum Produkt und seiner Umgebung
  - – technische Daten
  - – Lebensdauer vom Produkt selbst und eingesetzter Teile.
  - – Verpackung und Transportmittel
  - – Versorgungsanschlüsse
  - – Schnittstellen
  - – …

- Produktlebensphasen (Jede Produktlebensphase sollte für sich selbst betrachtet werden, da jede Produktlebensphase andere Risiken mit sich bringt.)
  - – Transport: Anheben, Be- und Entladen …
  - – Lagerung: Auspacken …
  - – Aufstellung: Montieren, Anschließen …
  - – Inbetriebnahme: Einrichten, Überprüfen …
  - – Bedienung: Befüllen, Überwachen …
  - – Demontage: Abbau, Entsorgung …
  - – …

Die vorgenannten Punkte sollen Ihnen hierbei einen ersten Eindruck von Themen geben, welche im Rahmen der Festlegung der Maschinengrenzen angeschaut und im besten Falle auch gleich dokumentiert werden sollten. Achten Sie hier besonders darauf, dass Sie alle Produktlebensphasen dokumentieren, weil Sie diese in der folgenden Risikoanalyse je für sich betrachten sollten. Ein oft gemachter Fehler in einer Risikobeurteilung ist, dass diese sich nur der Produktlebensphase des normalen Betriebs annimmt. Zum Beispiel beim Einrichten der Maschine treten aber oft Gefährdungen durch überbrückte Sicherheitsfunktionen auf, die im späteren Betrieb dann nicht mehr vorhanden sind. Gerade in Phasen des Einrichtens einer Maschine passieren auch die meisten Unfälle. Daher sollten Sie zwingend alle Risiken, welche in dieser Phase auftreten können, abklären, bewerten und im besten Fall reduzieren. In dieser Phase sind zwar oft keine Minderungen durch inhärent sichere Konstruktion oder externe Schutzeinrichtungen möglich, weil genau diese beim Einrichten oft noch fehlen oder teilweise gebrückt werden müssen. Jedoch sollten Sie hier explizit darauf achten, dass die an der Maschine arbeitenden Personen auf Risiken hingewiesen werden und ihnen genaue Handlungsanweisungen gegeben werden.

 Das Leben und die Gefahren einer Maschine starten nicht erst bei „Schlüsselüber-gabe". Achten Sie bei Ihrer Risikobeurteilung darauf, dass Sie die möglichen Risiken aller unterschiedlichen Produktlebensphasen betrachten und das Risiko hier überall ausreichend mindern!

3.3.2 Identifizierung der Gefährdung

In diesem Abschnitt wird das Produkt oder im Falle einer Roboterapplikation die gesamte Applikation auf mögliche Risiken untersucht. Hier können je nach Applikation die verschiedensten Gefahrenstellen identifiziert werden. Mögliche Gefährdungen sind in Abbildung 3.3 dargestellt. Darüber hinaus kann natürlich noch eine Vielzahl weiterer Gefahren existieren, welche in diesem Teil der Risikoanalyse alle ebenfalls identifiziert werden sollten.

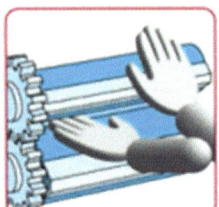

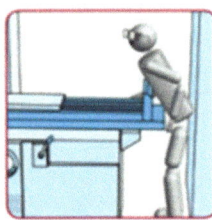

Durchschlagen, Einstich, Scheren, Abschneiden   Erfassen, Aufwickeln, Einziehen, Fangen   Stoß   Quetschen

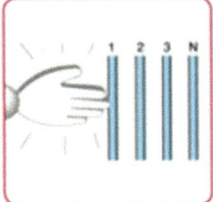
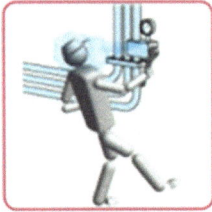
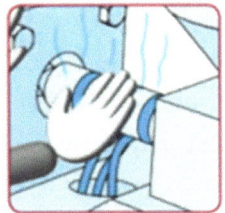

Elektrischer Schlag   Kontakt mit gefährlichen Substanzen   Verbrennungen

Abbildung 3.3 Beispiele für Gefährdungen bei Maschinen

Bei den Gefährdungen sollten Sie darauf achten, dass es in den verschiedenen Produktlebensphasen, welche Sie hoffentlich im Abschnitt 3.3.1 identifiziert haben, auch unterschiedliche Gefährdungen geben wird. Verknüpfen Sie also am besten eine Gefährdung immer mit der jeweiligen Produktlebensphase. Ebenso können sich die Gefährdungen mit den Betriebszuständen (wie z. B. Automatik oder Manuell) verändern. Auch hier sollten Sie darauf achten, dass Sie dadurch keine Gefährdung übersehen und die identifizierten Gefährdungen einem Betriebszustand zugeordnet werden. Dies verschafft Ihnen im weiteren Vorgehen eine bessere Übersicht und hilft Fehler zu vermeiden.

Bei kollaborierenden Roboterapplikationen sind natürlich erst einmal der Stoß und die Quetschung die Gefährdungen, auf die meist das Hauptaugenmerk gelegt wird (vor allem bei kollaborierenden Anwendungen mit Kraft- und Leistungsbegrenzung – siehe Kapitel 6). Hierbei ist es im Nachgang besonders wichtig, diese beiden unterschiedlichen Gefährdungen auch unterschiedlich zu validieren. Zu der Validierung der beiden Gefährdungen kommen wir jedoch erst im folgenden Abschnitt 3.3.3. Wichtig ist jedoch, dass Ihnen klar ist, dass ein Stoß im freien Raum meist relativ unkritisch ist. Problematisch bzw. applikationsbegrenzend sind meist die Klemmungen, welche im Arbeitsbereich des kollaborierenden Robotersystems auftreten können. Aus diesem Grund sollte bereits in der Planungsphase der Applikation darauf geachtet werden, dass

- mögliche Klemmstellen auf das Notwendigste reduziert werden und

- Kontaktflächen bei Klemmungen großflächig, abgerundet und/oder gepolstert sind.

Wenn Sie diese Punkte bereits frühzeitig beachten, sind die Aussichten auf eine schnelle und Ihren Vorstellungen nach positiv abgeschlossene Risikobeurteilung um ein Vielfaches größer, als wenn Sie erst am Ende ihrer Applikation über diese Dinge stolpern. Überlegen Sie daher bereits zu Beginn, wo der Roboter aufgestellt wird und ob es an dieser Stelle vermeidbare Klemmstellen gibt. Eventuell kann die Klemmstellen auch durch sichere Begrenzungsfunktionen des Roboters ausgeschlossen werden. Achten Sie hierbei darauf, dass der gewählte Roboter diese Sicherheitsfunktionen mitbringt und die jeweilige Sicherheitsfunktion dazu auch den erforderlichen Performance Level aufweist. Um zu bestimmen, welchen Performance Level Sie benötigen, nutzen Sie einen Gefährdungsgraphen, wie in Abschnitt 2.1.2.1 beschrieben. Ihre erste Wahl sollte aber dennoch stets sein, die Klemmmöglichkeit gar nicht erst im Bewegungsbereich des Roboters zu haben. Nicht nur, weil es in erster Linie sicherer ist, wenn die Klemmstelle erst gar nicht vorhanden ist, statt diese über eine sichere Begrenzungsfunktion auszuschließen, sondern auch, weil die bereits in Abbildung 3.2 aufgezeigte abgestufte Reihenfolge für Risikominderungsmaßnahmen dies gebietet. An erster Stelle sollte hier immer die Variante „inhärent sicheres Design" stehen. Erst wenn diese ausgeschöpft ist, sollten Sie interne und externe Sicherheitsfunktionen in Betracht ziehen. Ist eine Klemmstelle weder durch sichere Konstruktion, noch durch sichere Begrenzungsfunktionen wegzubekommen, so zieht man bei kollaborierenden Robotersystemen das letzte Ass aus dem Ärmel: die Kraft- und Leistungsbegrenzung sowie die Geschwindigkeitsbegrenzung. Mit diesen Sicherheitsfunktionen von kollaborierenden Robotersystemen können Kollisionen zwar stattfinden, jedoch kann das „Schadensausmaß" begrenzt werden. Durch Begrenzung der maximal vom Roboter aufgebrachten Kraft sowie der maximal möglichen Geschwindigkeit kann die Kraftwirkung in einer Klemmsituation begrenzt werden. Zusätzlich sollte hier darauf geachtet werden, dass die Kollisionsfläche am Roboter (aber auch auf der Gegenseite) möglichst groß ist. Beachten Sie, dass es beispielsweise nicht hilft, wenn Sie den Roboter polstern und mit großen Flächen ausstatten, wenn auf der Gegenseite ein Nagel aus der Wand schaut. Die Klemmung Ihrer Hand zwischen der Wand mit dem Nagel und Ihrem gepolsterten Roboter ist ebenso schmerzhaft, wie eine Klemmung zwischen einer Wand ohne Nagel und einem Roboter mit einem spitzem Gegenstand wie z. B. einem Nagel. Zusammengefasst sollten Ihre Riskominderungsmaßnahmen bei Klemmungen die folgende Reihenfolge aufweisen:

1. Prüfen, ob die potenzielle Klemmstelle möglicherweise entfernt werden kann ⇒ inhärent sichere konstruktive Maßnahme.

2. Wenn die Klemmstelle nicht entfernt werden kann, prüfen Sie einen Ausschluss einer Klemmsituation durch sichere Begrenzungsfunktionen wie z. B. virtuelle Raumgrenzen. ⇒ interne Sicherheitsfunktion.

3. Kann die Klemmstelle nicht ausgeschlossen werden, weil die Klemmstelle z. B. zum Prozess gehört (beispielsweise Anfahrt an ein Bauteil zum Greifen), minimieren Sie das „Schadensausmaß" bei der möglichen Klemmung.

    (a) Gestalten Sie die Kontaktflächen großflächig.

    (b) Polstern Sie die möglichen Kontaktflächen.

(c) Nutzen Sie die Sicherheitsfunktionen der Kraft- und Leistungsbegrenzung und der Geschwindigkeitsbegrenzung, um die Kraft bei einer Klemmung in einem akzeptablen Rahmen zu halten.

Beachten Sie, dass Sie alle am Ende noch möglichen Klemmsituationen validieren müssen. Dies bedeutet, Sie müssen bewerten, ob die hier auftretenden Kräfte und Drücke zu einer Verletzung führen könnten und ob das Risiko akzeptiert werden kann oder zu hoch ist und weitere Risikominderungsmaßnahmen getroffen werden müssen. Hierbei steigen wir aber bereits in den nächsten Teil der Risikobeurteilung ein. Wir gehen damit nahtlos in den Teil der Risikoeinschätzung über.

3.3.3 Risikoeinschätzung

Bei der Risikoeinschätzung geht es darum, ein identifiziertes Risiko zu bewerten. Wichtig hierbei ist, dass ein Risiko nicht nur aus der Schwere des Schadens, sondern auch aus der Auftrittswahrscheinlichkeit ermittelt wird. Ein Grundsatz, der im Rahmen von Risikobeurteilungen an kollaborierenden Robotersystemen oft außer Acht gelassen wird. Dies ist ein sehr wichtiger Punkt und sollte eigentlich noch einmal explizit herausgestellt werden. Warum? In der Praxis beachten bei MRK-Anwendungen viele die Auftrittswahrscheinlichkeit gar nicht. Hier wird eine Applikation, die 24/7 mit einem Menschen Seite an Seite arbeitet, oft gleichgesetzt mit einer Applikation, bei welcher nur alle paar Stunden ein Mensch in die Nähe des Roboters tritt (z. B. beim Wechsel eines Trays bei einer Maschinenbestückung). Leider kommt es zu oft vor, dass durch solche Fehlinterpretationen mögliche MRK-Applikationen erst gar nicht umgesetzt werden oder dass mit zusätzlichen externen Sicherheitsgeräten, welche wiederum zusätzliche Kosten bedeuten, gearbeitet wird. Bereits in der Maschinenrichtlinie ist in der Anlage I – allgemeine Sicherheits- und Gesundheitsschutzanforderungen das Risiko wie folgt definiert:

„1.1.1. Begriffsbestimmungen

Im Sinne dieses Anhangs bezeichnet der Ausdruck

…

e) „Risiko" die Kombination aus der Wahrscheinlichkeit und der Schwere einer Verletzung oder eines Gesundheitsschadens, die in einer Gefährdungssituation eintreten können;

… "

Ebenfalls findet man in diesem Teil der Maschinenrichtlinie auch die Definition einer Gefährdung. Diese lautet:

„1.1.1. Begriffsbestimmungen

Im Sinne dieses Anhangs bezeichnet der Ausdruck

…

a) „Gefährdung" eine potenzielle Quelle von Verletzungen oder Gesundheitsschäden;

… "

Beide Definitionen sind im Nachfolgenden noch wichtig und sollten daher verinnerlicht werden.

Bei der Risikoeinschätzung von MRK-Anwendungen gibt es derzeit ein Dokument, welches hier von entscheidender Bedeutung ist und von allen Risikobeurteilenden als Grundlage herangezogen wird. Es handelt sich hierbei um die ISO TS 15066.[6] Diese technische Spezifikation wurde 2016 veröffentlicht. Ausgearbeitet wurde dieses Dokument vom gleichen Gremium, welches auch die gängigen Normen für Sicherheit in der industriellen Robotik verfasst. Es wurde hier als Erweiterung für die ISO 10218-2 – Integration von Industrierobotern erarbeitet, da in dieser Norm das Thema kollaborative Robotik nur sehr wenig behandelt wird.

Diese ISO TS 15066 enthält unter anderem einen informativen Anhang, in welchem Druck- und Kraftwerte für verschiedene Körperregionen aufgelistet sind. Diese Werte werden im Markt fälschlicherweise als „Grenzwerte" bezeichnet. Aber sind diese Werte tatsächlich Grenzwerte? Erst einmal ist es ja ein informativer und kein normativer Anhang, in welchem diese Werte zu finden sind. Kann man sie daher überhaupt als Grenzwerte bezeichnen? Schaut man in diesen Anhang, so findet man dort eine Tabelle mit den Kraft- und Druckwerten. In der Kopfzeile dieser Tabelle steht die Bezeichnungen „max. Kraft" und „max. Druck". Dies erweckt schon den Eindruck, dass es sich hierbei um maximal zulässige Werte handelt. Aber in einem informativen Anhang? Sie sollten sich daher klar machen, woher dieser Anhang stammt und aus was er entstanden ist. Der Anhang A der ISO TS 15066 ist nämlich eine Eins-zu-Eins-Kopie des Ergebnisses einer Studie der Universität Mainz. Dort hat der arbeitsmedizinische Fachbereich der Universität in Versuchen ermittelt, bei wie viel Druck- und wie viel Kraftausübung auf eine bestimmte Körperregion Schmerz empfunden wird. Diese Werte wurden dann in dieser Studie veröffentlicht. Es handelt sich bei den Werten in der Tabelle daher um die maximale Kraft und den maximalen Druck, welcher auf eine bestimmte Körperstelle ausgeübt werden kann, ohne dass die jeweilige Person hierbei Schmerz empfindet. Aus diesem Kontext heraus macht auch die Beschriftung in der Kopfzeile „max. Kraft" und „max. Druck" durchaus Sinn. Es ist der maximal Druck und die maximale Kraft bevor Schmerz eintritt. Es sollte auch dazu gesagt werden, dass die Werte in dieser Tabelle sehr konservative Schmerzeintrittsgrenzen darstellen. Sie zeigen vor allem aber KEINE Verletzungseintrittsgrenzen! Schaut Sie nun noch einmal in die Definition einer Gefährdung in der Maschinenrichtlinie! Eine Gefährdung ist eine potentielle Quelle von Verletzungen! Beim überschreiten der Schmerzeintrittwerte sind Sie nicht sofort im Bereich einer Verletzung, sondern erst einmal in den Bereich des Schmerzes. Ihnen sollte klar sein, dass ein Überschreiten der Werte nicht gleich Problem im Sinne der Maschinenrichtlinie und auch nicht im Sinne der Arbeitsschutzrichtlinen darstellt. Eine Überschreitung bedeutet noch keine Gefährdung!

Nun kann man sich vielleicht fragen, wo denn dann überhaupt der Sinn einer solchen Tabelle in der ISO TS 15066 liegt, wenn nicht zwingend unterhalb dieser Werte geblieben werden muss. Die Frage ist durchaus berechtigt, jedoch auch einfach zu beantworten. Wenn Ihnen einen Topf Wasser hingestellt würde und Sie gefragt werden, bis zu welcher Wassertemperatur Sie Ihren Finger für eine Sekunde ins Wasser halten könnten, ohne sich eine Brandverletzung zuzuziehen, dann würden Sie vermutlich aus dem Bauch heraus eine grobe Abschätzung geben. Sie würden aus dem Bauchgefühl heraus eine Temperatur nennen und diese Temperatur würde auch mit Sicherheit in der Nähe des tatsächlich möglichen

---

[6]   Der Inhalt der ISO TS 15066 wird in der nächsten Revision der ISO 10218 (geplante Veröffentlichung 2021/22) in den zweiten Teil der Norm (der ISO 10218-2 – Integration von Industrierobotern) eingearbeitet sein.

Werts liegen. Wir können dies relativ gut abschätzen, weil wir tagtäglich mit Temperaturen zu tun haben. Wir wissen, was 30 °C Außentemperatur bedeutet, wir wissen, dass Wasser bei 100 °C kocht, wir kennen unsere Körpertemperatur von ca. 37 °C und wissen, dass unser Badewannenwasser etwa 40 °C hat. Wir können also Werte im Temperaturbereich sehr gut und schnell mit etwas verknüpfen und Vergleiche ziehen. Dies hilft uns bei der Einschätzung und sorgt dafür, dass wir eine etwaige Einschätzung für unsere Finger-in-den-Topf-Frage aus dem Bauch heraus geben können. Wenn man Sie aber nun fragen würde, bis wie viel Newton Kraft oder bis wie viel Newton pro cm^2 Druck man einmal mit einer Dachlatte auf Ihre Hand schlagen darf, würde Ihr Bauchgefühl sicherlich nicht gleich eine Antwort und einen Wert für Sie haben. Mit Kraft- und Druckwerten kommen wir nämlich im Allgemeinen weniger in Berührung. Was wiederum dazu führt, dass wir keine Vergleichsmöglichkeiten haben. Und genau an dieser Stelle kommen die Kraft- und Druckwerte in der Anlage A der ISO TS 15066 ins Spiel. Sie sollen Ihnen eine Hilfestellung dabei sein, einen gemessenen Kraft- oder Druckwert (wie diese Werte gemessen werden, wird in einem späteren Abschnitt behandelt) einzuschätzen. Also ob ein Kraftwert von 120 N bei einer Kollision zwischen dem Arm eines Menschen und einem kraft- und leistungsbegrenzten Roboter dem Menschen ein müdes Lächeln abverlangt oder ob der andere Arm des Menschen schon einmal nach dem Handy greifen sollte, um den Notruf zu wählen. Die Tabelle in der Anlage A der ISO TS 15066 soll dem Anwender also das geben, was er für Temperaturen schon lange hat – sie soll Vergleichs- und Referenzwerte liefern. Wenn Sie dadurch nun wissen, dass beispielsweise bei 140 N langsam der Schmerz eintritt, dann können Sie auch abschätzen, dass bei 150 N nicht gleich der Tod eintritt. Im Gegenteil, in dem Fall würde bei 150, 160, 170 N noch nicht einmal eine Verletzung eintreten, da zwischen Schmerzeintritt und Verletzungseintritt auch noch eine sehr große Lücke liegt. Und genau an dieser Stelle müssen wir nun zur Auftrittswahrscheinlichkeit eines Risikos kommen, um dieses richtig einschätzen zu können.

Stellen Sie sich einmal zwei unterschiedliche Applikationen vor:

Applikation 1:
Der Roboter unterstützt einen Menschen in einem Montageprozess. Mensch und Roboter arbeiten hier also 24/7 Seite an Seite und teilen sich einen Arbeitsraum. In Abschnitt 1.2.2 haben Sie bereits die in der Praxis gerne verwendete Unterscheidung von MRK-Anwendungen nach möglicher Kontaktsituation kennengelernt. In dieser Differenzierung hätten wir mit dieser Applikation dann eine echte kollaborative Anwendung (siehe Abbildung 1.2).

Applikation 2:
Hier haben wir eine klassische Maschinenbeladung, in welcher der Roboter ein Rohteil aus einem Tray mit 50 Teilen heraus nimmt, es in die Maschine einlegt und nach der Bearbeitung der Maschine (Bearbeitungsdauer 3 min) wieder aus dieser herausnimmt und in einem zweiten Tray ablegt. Wenn das eine Tray leer bzw. das zweite Tray voll ist, kommt nun ein Mitarbeiter und wechselt das Tray aus. Bei einer Bearbeitungszeit von 3 min pro Teil und 50 Teilen im Tray, wäre dies nun etwa alle 2,5 Stunden.

Nehmen Sie nun an, dass Sie in beiden Applikationen einen theoretisch möglichen Kollisionspunkt zwischen Mensch und Roboter haben, für welchen Sie das Risiko ermitteln müssen. Sie messen hierzu in beiden Applikationen die Kraft und den Druck, welche in diesem Kollisionsszenario auftreten würden, und in beiden Applikationen messen Sie die gleichen Werte. Dann wäre das Risiko in der ersten Applikation trotz gleicher Messwerte für diese Kollision weit höher als für die Kollision in der zweiten Applikation, da bei der Montageapplikation ja ein solcher Zusammenstoß zwischen Mensch und Roboter weit öfters vorkommen kann als bei der Maschinenbeladung, bei der sich Mensch und Roboter nur alle 2,5 Stunden einmal für einen kurzen Moment begegnen. Das Risiko ergibt sich dabei aus der Schwere einer potenziell möglichen Verletzung und der Wahrscheinlichkeit des Auftretens dieser potenziellen Gefährdung. Im Umkehrschluss kann man also in der zweiten Applikation höhere Kräfte und Drücke zulassen als in der ersten, da dort eine geringere Wahrscheinlichkeit für die Kollision besteht. Mit höheren Kräften bei der zweiten Applikation und höherer Wahrscheinlichkeit einer Kollision bei der ersten Applikation würde man dann ein annähernd identisches Risiko erhalten.

Da bereits die Maschinenrichtlinie das Risiko über die Schwere des möglichen Schadens und die Wahrscheinlichkeit des Eintretens definiert, sollte eigentlich klar sein, dass die beiden vorgenannten Applikationen auch über diese beiden Faktoren bewertet werden. Leider ist der in der Praxis zu sehende Alltag jedoch ein anderer. Hier werden viel zu oft für beide Applikationen die gleichen Obergrenzen für Druck und Kraft herangezogen. Viele nehmen die Werte der Anlage A der ISO TS 15066 als absolute Obergrenzen und lassen hier kein Spiel zu. Man sollte hierbei nicht nur bedenken, dass mit dieser Vorgehensweise die Wahrscheinlichkeit des Auftretens für einen möglichen Schaden völlig außer Acht gelassen wird, sondern auch, dass es sich bei den Werten in der Anlage A nicht um Verletzungseintrittswerte, sondern Schmerzeintrittsschwellen handelt. Im Sinne der Maschinenrichtlinie besteht also beim Überschreiten eigentlich noch gar kein Risiko, da ein Risiko als eine potenzielle Quelle von Verletzungen oder Gesundheitsschäden definiert ist. Verschiedene Studien (unter anderem eine Studie des Fraunhofer Instituts IFF in Magdeburg haben gezeigt, dass der Verletzungseintritt bei einem Stoß um ca. einen Faktor 2–4 höher liegt (je nach Körperstelle) als der Schmerzeintritt [1]. Ein Vorgehen, welches hier sinnvoller sein könnte, wäre der Ansatz Kräfte und Drücke in einer Bandbreite zwischen den Schmerzeintrittsschwellen, welche in der genannten Anlage A der ISO TS 15066 gelistet sind, und dem doppelten Wert zu akzeptieren. Der jeweilige Faktor zwischen 1 und 2 sollte hierbei abhängig von der Wahrscheinlichkeit einer Kollision zwischen Mensch und Roboter sein. Mit diesem Vorgehen könnten Applikationen, bei welchen Mensch und Roboter 24 Stunden am Tag Seite an Seite arbeiten und ein Zusammenstoß der beiden quasi jederzeit passieren könnte, so ausgelegt werden, dass man definitiv unterhalb der Schmerzeintrittsschwellen bleibt. Man möchte schließlich keinem Mitarbeiter 10-mal, 20-mal oder mehrmals am Tag Schmerzen aufgrund einer Kollision mit einem Roboter zuführen. Hierbei sollte es dann auch egal sein, dass sich der Mitarbeiter bei diesen mehrfachen Kollisionen vielleicht nicht verletzt. Applikationen mit hohen Kollisionswahrscheinlichkeiten sollten sich immer unterhalb der Schmerzeintrittsschwelle bewegen. Hat man jedoch eine Applikation die im Grunde für sich alleine arbeitet und bei der nur alle paar Stunden ein Mensch an den Roboter heran kommt, weil eventuell eine Palette entfernt, ein Tray gewechselt oder ein Magazin aufgefüllt werden muss, dann ist damit die Wahrscheinlichkeit einer Kollision weit geringer. Dazu ist der Roboter bei solchen Applikationen im Moment des Eingriffs eines Menschen oft sowieso gerade prozessbedingt im Stillstand. Meist ist der Bedarf eines menschlichen Handelns in diesen Applikationen erforderlich, wenn keine Teile mehr vorhanden sind oder z. B. eine Palette voll ist und gegen eine neue leere Palette getauscht werden muss. Der Roboter kann aus diesem Grund oft sowieso nicht weiter arbeiten und kann erst wieder aktiv werden, wenn der Mensch seine Teilaufgabe an dieser Applikation erfüllt hat. Ein Zusammentreffen zwischen Mensch und sich bewegendem Roboter kommt also im vorgesehenen Arbeitsprozess nicht vor. Natürlich ist es theoretisch möglich, dass jemand in den Arbeitsbereich des Roboters herein tritt, während er in Bewegung ist. Die Wahrscheinlichkeit ist jedoch um ein Vielfaches geringer als in einer 24/7-Mensch-Roboter-Kollaboration wie in vorgenannter Applikation 1. Aus diesem Grund sollten hier auch höhere Kräfte möglich sein, da das Risiko auf der anderen Seite durch die geringere Wahrscheinlichkeit reduziert wird.

> Das zu ermittelnde Risiko ergibt sich aus zwei Faktoren, welche es beide zu berücksichtigen und zu bewerten gilt. Es errechnet sich aus der Schwere einer Verletzung oder eines Gesundheitsschadens, welche in einer Gefährdungssituation auftreten können und aus der Wahrscheinlichkeit, dass diese Gefährdungssituation eintreten kann.

Nachdem bereits viel über die Auslegung der Werte in der ISO TS 15066 gesprochen wurde, müssen wir uns nun jedoch auch einmal dem Inhalt und der Anwendung der genannten Anlage A zuwenden. Das Verständnis dieser Anlage ist nämlich essenziell für die Risikoeinschätzung einer kollaborativen Applikation mit Kraft- und Leistungsbegrenzung. Stellen Sie sich hierzu eine Applikation vor, bei welcher ein Roboter mit Kraft- und Leistungsbegrenzung Dosen aus einer Kiste auf ein Fließband setzt (siehe Abbildung 3.4).

In der in Abbildung 3.4 skizzierten Applikation können verschiedene Gefährdungen, welche von der Bewegung des Roboters ausgehen, identifiziert werden. Auch wenn die Applikation mit einem Roboter, der über eine Sicherheitsfunktion mit Kraft- und Leistungsbegrenzung verfügt, geplant wird, so muss zuerst einmal das Eingangsrisiko betrachtet werden. Dies bedeutet, es muss überlegt werden, wie hoch das Risiko bei dieser Applikation ist, wenn ein nackter Roboter ohne jegliche Sicherheitsfunktionen vorliegen würde. Dieses Vorgehen dient dazu, um daraus den notwendigen Performance Level (siehe Abschnitt 2.1.2.1) für die jeweilige Sicherheitsfunktion (in diesem Fall die Kraft- und Leistungsbegrenzung) zu ermitteln. In den meisten Fällen landen Sie dabei über den Risikograph bei einem PLd. Haben Sie also nun eine Kraft-und Leistungsbegrenzung an dem geplanten Roboter welcher über diesen Performance Level bei der Sicherheitsfunktion Kraft- und Leistungsbegrenzung verfügt, so können Sie mit dieser Funktion das Eingangsrisiko mindern. Nach der Risikominderungsmaßnahme prüfen Sie dann erneut die Risiken, welche durch Kollisionen mit dem Roboter auftreten können. Bitte beachten Sie, dass in den meisten Applikationen, Kollisionen mit dem Roboter nur einen Teil der Gefährdungen ausmachen. In diesem Buch werden wir uns jedoch auf diese begrenzen.

In unserer Beispielapplikation möchten wir nun exemplarisch zwei mögliche Gefährdungssituationen herausstellen und Ihnen verdeutlichen, wie Sie mit diesen umgehen müssen. Die zwei möglichen Gefährdungen sind in den nachfolgenden beiden Abbildungen 3.5 und 3.6 veranschaulicht.

Die beiden gezeigten Situationen sind hierbei zwei völlig unterschiedlich zu betrachtende Kollisionsszenarien. Wir haben hier einmal eine Klemmsituation in Abbildung 3.5, bei welcher die Hand des Menschen auf den Dosen in der Kiste aufliegt. Diese Situation könnte beispielsweise auftreten, weil der Arbeiter festgestellt hat, dass eine Dose nicht korrekt sitzt und diese nur schnell gerade hinsetzten möchte, damit es in der Applikation zu keiner Störung kommt. Hierbei müssen verschiedene Aspekte zur Ermittlung der Wahrscheinlichkeit

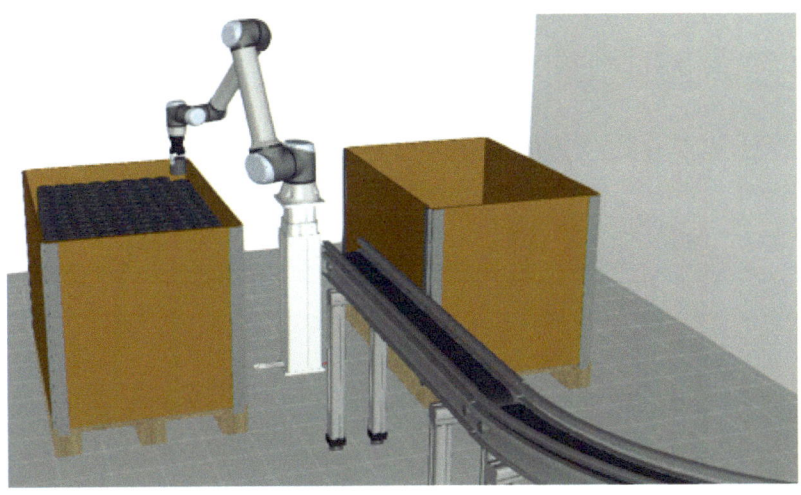

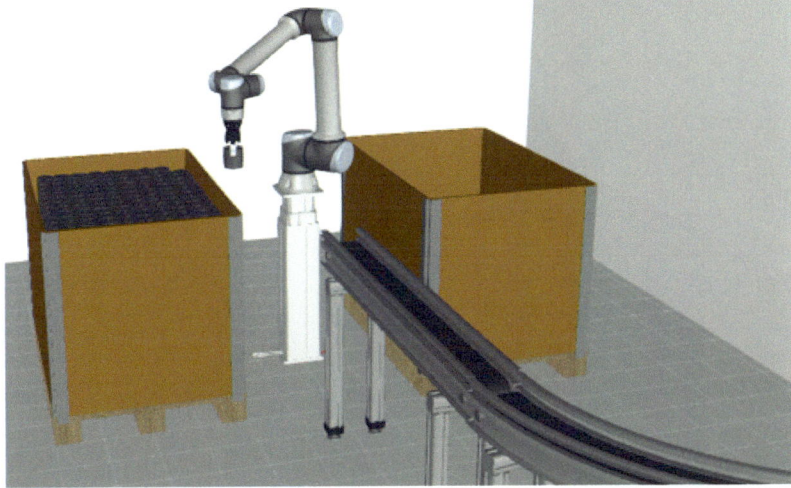

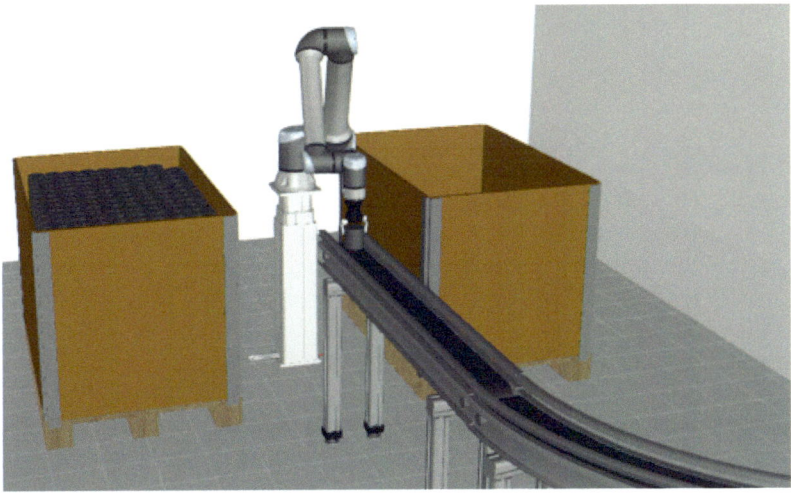

Abbildung 3.4 Beispiel für eine schutzzaunlose Applikation

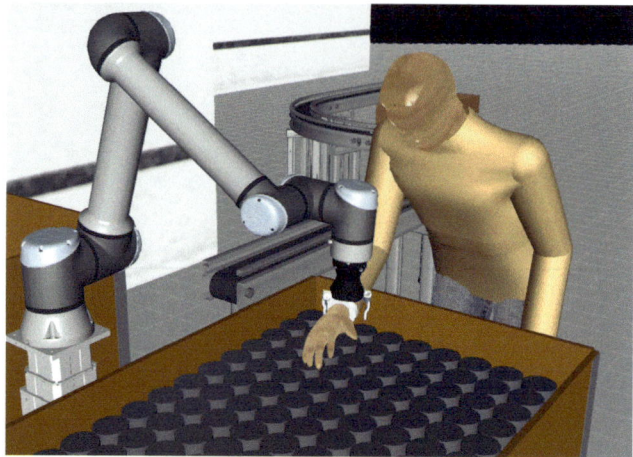

Abbildung 3.5 Gefährdung durch eine Klemmung

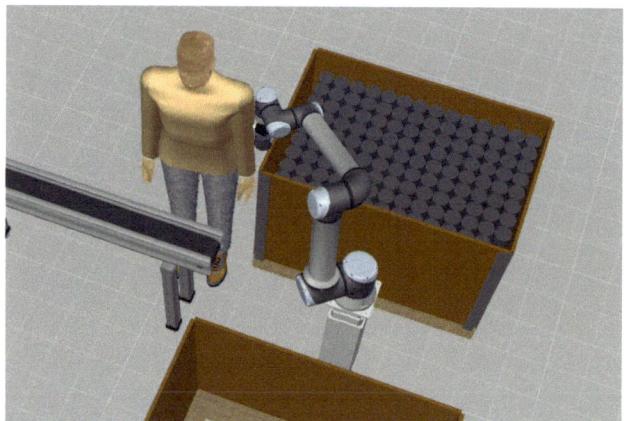

Abbildung 3.6 Gefährdung durch einen Stoß

dieser Gefährdungssituation betrachtet werden. Auf diese werden wir etwas später noch einmal eingehen. Zuerst einmal wollen wir uns die Auswirkung auf den Menschen betrachten. Wie wir im Bild sehen können setzt in diesem Szenario der Greifer auf der Handoberfläche auf. Da die Kraft- und Leistungsbegrenzung als Sicherheitsfunktion des Roboters verwendet wird, erkennt der Roboter die Kollision und die Bewegung und damit die Kraftwirkung auf die Hand wird beendet bzw. begrenzt. Aber wie hoch ist hier die Kraft? Und wie verteilt sich diese Kraft über die Kollisionsfläche? Wie groß ist also der Druck, den der Mitarbeiter in diesem Fall auf der Hand spürt? Und sind die Kraft und der Druck in einem Rahmen den man akzeptieren kann? All dies muss nun ermittelt werden. Wie dies im Einzelnen ermittelt wird, erfahren Sie später im Buch im Abschnitt 6.1.

Durch die messtechnische Ermittlung der Werte für Kraft und Druck kann dann das Schadensausmaß für die in Abbildung 3.5 dargestellte Kollisions-Situation bestimmt werden. Liegt der gemessene Wert sowohl für den Druck als auch für die Kraft unterhalb der in der ISO TS 15066 genannten Werte, so ist ein Schadensausmaß nicht einmal vorhanden, da die Kollision nicht nur unterhalb des Verletzungseintritts, sondern gar unterhalb des Schmerzeintritts liegt. Liegen die Werte etwas darüber, so disqualifiziert das Messergebnis die Applikation auch nicht sofort. Hier muss nun erst einmal ein Auge auf die Auftrittswahrscheinlichkeit dieser Situation geworfen werden. In die Wahrscheinlichkeit, dass diese Situation so auftritt, fließen dabei drei Faktoren ein:

- die Wahrscheinlichkeit, dass die Person in die Kiste greifen muss/wird,
- die Dauer, für die sie in die Kiste greifen wird, und
- ob sie die Gefahr, also den sich annähernden Roboter, kommen sehen kann und daher noch Reaktionsmöglichkeiten hat.

In der ISO 12100 werden die vorgenannten Punkte als

- Gefährdungsexposition,
- Eintritt eines Gefährdungsereignisses,
- Möglichkeit zur Vermeidung oder Begrenzung des Schadens

aufgelistet und definiert. Leider wird gerade bei kollaborativen Applikationen viel zu oft überhaupt kein Augenmerk auf eben diese Auftrittswahrscheinlichkeit geworfen und das Risiko daher nicht richtig bestimmt. Dies machen wir in allen anderen Lebenslagen und -situationen. Wir setzen uns alle in Flugzeuge, um von A nach B zu fliegen. Ein Risiko, dass das Flugzeug abstürzt, ist immer vorhanden. Und das Schadensausmaß wäre dabei meist tödlich. Trotzdem tun wir es. Und dies eben weil die Wahrscheinlichkeit sehr gering ist. Aber würden Sie sich noch in einen Flieger setzen, wenn jeder zehnte, hundertste oder tausendste Flieger abstürzt? Viel zu häufig hört man im Maschinenbau die Begründung: „Wenn eine Gefährdung da ist, dann ist es ganz egal, ob die Gefährdung 1-mal oder 100-mal am Tag auftritt." Bei schweren oder irreversiblen Verletzungen kann man aus Sicht des Arbeitgebers

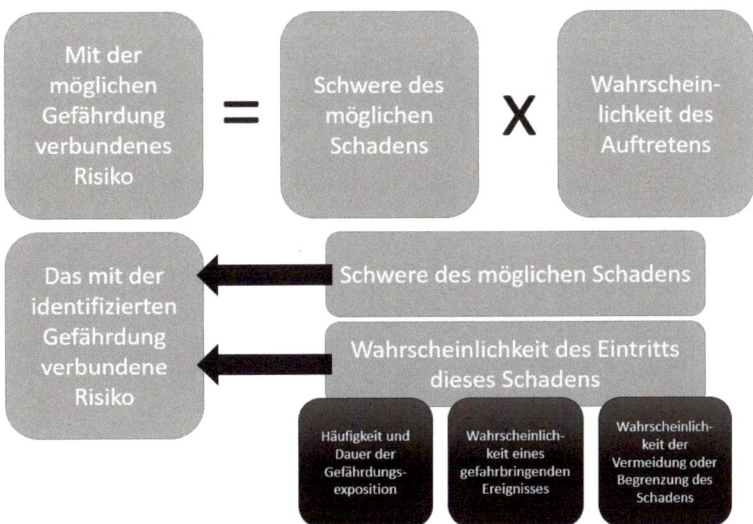

Abbildung 3.7 Faktoren zur Bestimmung des Risikos

dieser Argumentation vielleicht noch folgen. Immerhin treffen wir selbst die Entscheidung, ob wir in ein Flugzeug steigen, aber der Arbeitgeber trifft für uns die Entscheidung, an welchen Maschinen wir tagtäglich arbeiten. Bei leichten Verletzungen sollte man aber dann doch damit anfangen auch die Auftrittswahrscheinlichkeit mit in die Berechnung des Risikos einzubeziehen.

Was beeinflusst nun eine solche Eintrittswahrscheinlichkeit? Dies soll in Tabelle 3.1 an einigen Punkten verdeutlicht werden.

Tabelle 3.1 Einfluss verschiedener Punkte auf die Eintrittswahrscheinlichkeit einer Gefährdung

	Höhere Wahrscheinlichkeit	Niedrigere Wahrscheinlichkeit
Häufigkeit und Dauer	Der Mitarbeiter muss regelmäßig die Kiste überprüfen, um sicherzustellen, dass die darin befindlichen Dosen ordentlich aufeinander stehen und der Roboter diese so greifen kann. Hierbei muss er verrutschte Dosen eventuell gerade setzen. Dies tut er, während der Roboter Dosen aus der gleichen Kiste entnimmt.	Der Roboter wechselt lageweise die Kiste. Er entnimmt die obere Lage der linken Kiste und anschließend die obere Lage der rechten Kiste. Durch grünes und rotes Signallicht an den Kisten bekommt der Mitarbeiter signalisiert, an welcher Kiste der Roboter gerade arbeitet. Der Mitarbeiter prüft dann die Lage der Dosen in der anderen Kiste.
Wahrscheinlichkeit eines gefahrbringenden Ereignis	Die Dosen in den einzelnen Lagen stehen oft so, dass sie vom Mitarbeiter korrigiert werden müssen. Es kommt häufig vor, dass mehr als die Hälfte der Lage richtig gesetzt werden muss.	Dass eine Dose nicht richtig sitzt und korrigiert werden muss, kommt selten vor.
Wahrscheinlichkeit der Vermeidung	Die Position des Mitarbeiters beim Korrigieren der Lagen ist so, dass er den Roboter gar nicht oder nur bedingt kommen sieht. Dadurch hat er nur begrenzte Möglichkeiten zu reagieren und seine Hand wegzuziehen.	Die Position des Mitarbeiters beim Korrigieren der Lagen ist so, dass er den Roboter stets im Blick hat und dadurch frühzeitig sieht, dass der Roboter die Kiste anfährt, in welcher er gerade die Lage korrigiert.

In den Abbildungen 3.8 bis 3.10 sehen Sie das in Tabelle 3.1 bereits beschriebe Problem der Werkerposition. Idealerweise positioniert sich der Werker beim Arbeiten in der Kiste so, dass er den Roboter wie in Abbildung 3.8 immer im Blick hat und sofort sieht, wenn der Roboter sich in seine Richtung bewegt. So ist es ihm leicht möglich, die Gefährdung rechtzeitig zu erkennen und seine Hand aus der Kiste zu nehmen. Anders sieht es aus, wenn sich der Werker wie in Abbildung 3.9 positioniert und den Roboter in seinem Rücken hat. Ein Annähern des Roboters kann hier erst spät bemerkt werden. Um hier dem Werker nicht die Möglichkeit zu geben, sich wie in Abbildung 3.9 zu positionieren, zeigt die Abbildung 3.10 eine Möglichkeit zur Risikominimierung. In diesem Bild wurde der Bereich zwischen den Kisten komplett zugebaut. Somit kann sich niemand zum Korrigieren der Lagen in den Kisten zwischen die beiden Kisten stellen. Es wird damit einer Position forciert, in welcher der Mitarbeiter den Roboter im Blick hat.

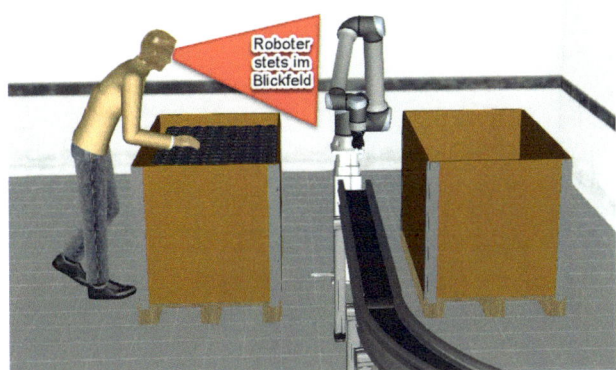

Abbildung 3.8 Möglichkeit zur Vermeidung: Roboter beim Arbeiten in der Kiste immer im Blickfeld ⇒ hohe Möglichkeit zur Vermeidung

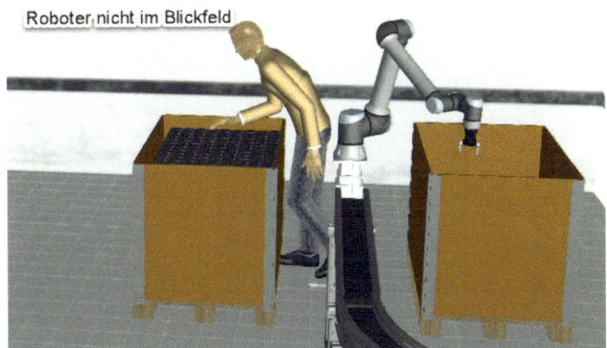

Abbildung 3.9 Möglichkeit zur Vermeidung: Roboter beim Arbeiten in der Kiste nicht im Blickfeld ⇒ geringe Möglichkeit zur Vermeidung

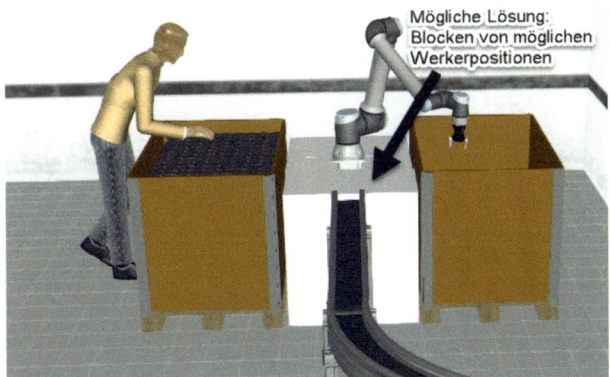

Abbildung 3.10 Möglichkeit zur Vermeidung: Denkbare Lösung ⇒ Ausschluss von Werkerpositionen

Zu den Abbildungen 3.8 bis 3.10 gilt es anzumerken, dass die Abbildung 3.10 eigentlich schon einen Schritt über die Risikoeinschätzung hinaus geht und schon eine Risikominderung aufzeigt. Die Abbildungen 3.8 und 3.9 gehören dagegen noch zur Risikoeinschätzung. Hier stellen wir als einen Teil der Auftrittswahrscheinlichkeit fest, wie hoch die Möglichkeit der Vermeidung der Gefährdung ist. In Abbildung 3.9 stellen wir fest, dass es Möglichkeiten für den Mitarbeiter gibt, sich so zu positionieren, dass er die Gefahr eventuell nicht kommen sehen kann. Kommt Sie am Ende zum Schluss, dass das Risiko für die Klemmsituation in der Kiste als Kombination aus Schwere der Verletzung und Wahrscheinlichkeit der Auftretens zu hoch ist, müssen Sie Maßnahmen treffen um das Risiko zu minimieren. Abbildung 3.10 zeigt Ihnen eine denkbare Maßnahme die im Rahmen der Risikominimierung unter anderem getroffen werden könnte. Das Thema Risikominderung wird in Kapitel 8 an verschiedenen Beispielapplikationen noch einmal etwas weiter betrachtet.

4 Der sichere überwachte Halt

Fragen, die dieses Kapitel beantwortet:

- Was ist der sichere überwachte Halt?
- Wie ist das Funktionsprinzip des sicheren überwachten Halts?
- Welchen Teil übernimmt die funktionale Steuerung und welchen die Sicherheitssteuerung?
- Worauf muss ich achten?
- Welche Punkte müssen bei der Risikobeurteilung betrachtet werden?
- Wie gehe ich mit Stoppzeiten und Stoppwegen um?

Wie bereits in Abschnitt 1.2 beschrieben, definiert die EN ISO 10218-1 /-2 vier Arten der Kollaboration. Eine dieser Kollaborationsarten ist der sogenannte sichere überwachte Halt. Diese Kollaborationsart ist wohl die Variante, bei der sich sehr viele Experten uneinig sind, ob man hier überhaupt von Kollaboration zwischen Mensch und Maschine sprechen kann, da die Definition von Kollaboration eigentlich ist, dass Personen oder Teams parallel gemeinsam an einem Teil des Endergebnisses arbeiten. Die Kollaborationsart „sicherer überwachter Halt" (engl.: safety rated monitored stop) erfüllt diese Definition erst einmal nicht, da hier nicht parallel sondern eher sequentiell zusammengearbeitet wird. Bei dieser Art der Zusammenarbeit zwischen Mensch und Maschine wird nämlich der Arbeitsraum des Roboters mit einem zusätzlichen Sicherheitsgerät überwacht. Dies kann z. B. ein Laserscanner sein, welcher das Eintreten einer Person in den Arbeitsbereich des Roboters erkennt und diese Information sicher an den Roboter weitergibt, sodass dieser dann dementsprechend reagieren kann. In dem Fall eines sicheren überwachten Halts bedeutet dies, dass der Roboter seine Bewegung stoppt und in der jeweiligen Position verharrt, bis der Laserscanner den Bereich wieder als frei meldet und der Roboter seine Arbeit wieder aufnehmen kann. Wichtig dabei ist, dass der Roboter während des Stillstands kontinuierlich seinen Stillstand überwacht. Das Anhalten selbst wird dabei nicht vom Sicherheitssystem durchgeführt, sondern lediglich von diesem überwacht. Soll heißen, dass Sicherheitssystem UND das normale Kontrolsystem des Roboters erhalten beide die Information der Stoppanforderung. Das Kontrollsystem wird darauf hin tätig und stoppt den Roboter. Tut es dies nicht oder nicht schnell genug, so greift das Sicherheitssystem und stoppt den Roboter selbst. Letzteres ist dann meist ein etwas unsanfterer Stopp. Wie der Name „sicherer überwachter Halt" schon sagt, wird also der vom Kontrollsystem durchgeführte Halt hierbei vom Sicherheitssystem überwacht. Ist der Roboter im Stillstand und bewegt sich plötzlich wieder während die Stoppanforderung noch anliegt, sorgt das Sicherheitssystem ebenfalls umgehend für einen Stopp der Kategorie 0 oder 1. Zusammengefasst bedeutet dies, dass im Normalfall das Kontrollsystem des Roboters einen Stopp der Kategorie 2 gemäß EN IEC 60204 vollzieht. Ein Fehler, sprich ein nicht Stoppen oder plötzliches wieder Anlaufen des Roboters, verursacht dann einen Stopp der Kategorie 0 oder 1, welcher vom Sicherheitssystem ausgeführt wird.

Erläuterung der verschiedenen Stopparten gemäß EN IEC 60204
- **Stopp Kategorie 0**
  Der Antrieb wird stromlos geschaltet und läuft langsam aus. Eventuell wird er dabei mechanisch gebremst.
- **Stopp Kategorie 1**
  Der Antrieb wird zuerst elektrisch heruntergebremst und anschließend stromlos geschaltet. In der Regel garantiert diese Variante ein schnelleres Anhalten als die Kategorie 0.
- **Stopp Kategorie 2**
  Der Antrieb wird elektrisch heruntergebremst und in den Stillstand gebracht. Nach Stillstand wird jedoch nicht die Spannung vom Antrieb genommen, sondern dieser wird weiter bestromt (z. B. ein Servomotor, der in Position gehalten wird).

Aus diesem Zusammenspiel ergibt sich dann, dass in einem gewissen Arbeitsraum immer nur einer arbeitet. Entweder der Mensch oder der Roboter. Der Roboter führt also seine programmierte Tätigkeit so lange aus, bis eine Person in diesen Bereich eintritt, und unterbricht dann seine Arbeit. Er pausiert in seiner Bewegung, bis der Mensch den Bereich wieder verlassen hat, und führt dann seine Aufgabe fort.

Auch wenn sich die Expertenkreise nicht wirklich darauf verständigen können, ob hier jetzt eine Art der Kollaboration vorliegt oder nicht, ist diese Variante eine sehr weit verbreitete und wird mit am meisten angewendet. Umso wichtiger ist es, dass das Funktionsprinzip verstanden wird und klar ist, auf was es zu achten gilt.

Die Steuerung eines jeden Roboters beinhaltet zwei Hauptkomponenten. Zum Einen eine funktionale Steuerung, welche die Bewegung des Roboters steuert und auf der das eigentliche Roboterprogramm abläuft. Zum Anderen eine Sicherheitssteuerung, welche überwacht, dass der Roboter nur das tut, was er gemäß eingestellten Sicherheitsparametern auch tatsächlich tun darf. So kann z. B. im Programm des Roboters eine Bewegung mit 2 m/s programmiert werden und die funktionale Steuerung des Roboters wird dies ausführen. Wurde jedoch in der Sicherheitssteuerung eine maximale Geschwindigkeit von 1 m/s eingestellt, so wird das Sicherheitssystem Maßnahmen ergreifen, sobald der Roboter in seiner tatsächlichen Bewegung über die 1 m/s hinausgeht. In der Regel wird dies ein sofortiger Stopp des Roboters sein, da hier ein Sicherheitsparameter verletzt wurde. Viele Roboter arbeiten auch mit einem Override auf die programmierte Geschwindigkeit. Bei Universal Robots könnte man im beschriebenen Fall von programmierten 2 m/s und sicherheitstechnisch zugelassenen 1 m/s beobachten, dass bei der Bewegung im unteren Bereich des Teach Panels ein Prozentbalken auf 50 % herunter wandert. Dies bedeutet die programmierte Geschwindigkeit wird an dieser Stelle dann um 50 % auf eben die zulässigen $1\,\frac{m}{s}$ reduziert. Allerdings wird dies jedoch ebenfalls vom funktionalen Teil der Steuerung übernommen und ist nicht sicherheitsgerichtet. Eigentlich arbeiten alle Sicherheitssysteme in Robotern auf diese Art und Weise. Es sind überwachende Sicherheitssysteme. Die eingestellten Sicherheitsparameter sind sowohl der funktionalen, als auch der Sicherheitssteuerung bekannt. Während die funktionale Steuerung regelnd eingreift, sobald Befehle die eingestellten Parameter überschreiten, kennt das Sicherheitssystem dagegen nur Null oder Eins. Entweder der Roboter bewegt sich in den vorgegebenen Sicherheitsparametern und das Sicherheitssystem muss nicht einschreiten, oder der Roboter überschreitet einen Parameter und das Sicherheitssystem greift sofort ein, indem es den Roboter stoppt (Stopp der Kategorie 0 oder 1). Ein in Abschnitt 2.1.2 beschriebener Performance Level bezieht sich also nicht auf diese Geschwindigkeitsreduzierung! Erst wenn der Override des funktionalen Systems nicht richtig funktioniert und aus diesem Grund die sicherheitstechnisch eingestellte Geschwindigkeit überschritten wird, greift das Sicherheitssystem und stoppt den Roboter mit einem Stopp der Kategorie 0. Dies bedeutet, der Antrieb wird stromlos geschaltet und die mechanischen Bremsen fallen ein. Auf dieses Eingreifen und die dazugehörige Überwachung bezieht sich dann auch der Performance Level, welcher für die Geschwindigkeitsüberwachung angegeben ist.

Aber warum ist dieses Verständnis nun wichtig für den sicheren überwachten Halt? Weil eben auch hier gewisse Dinge von der funktionalen und nicht sicherheitsgerichteten Steuerung getätigt werden und das Ganze von der Sicherheitssteuerung überwacht wird. Stellen Sie sich eine Applikation vor, bei welcher ein Roboter Teile von einem Fließband nimmt und in eine Kiste wirft. Da der Roboter eine gewisse Taktzeit erfüllen soll, bewegt er sich so schnell, dass bei einer Kollision Kräfte und Drücke auftreten würden, die weit über den in Tabelle 6.1 aufgezeigten Schmerzeintrittsschwellen liegen. Daher wird der Zutritt zum Roboter mittels eines Laserscanners überwacht. Der Laserscanner erkennt, wenn sich eine Person in den Bereich des Roboters bewegt, und gibt diese Information sicherheitsgerichtet (dies bedeutet in der Regel zweikanalig) an den Roboter. Der Roboter muss nun auf diese Information reagieren. Die Information, dass der Arbeitsbereich des Roboters nun nicht mehr frei ist, liegt im Roboter sowohl der funktionalen als auch der Sicherheitssteuerung vor. Die funktionale Steuerung geht nun sofort dazu über den Roboter zu bremsen und in den Stillstand zu bringen. Die Sicherheitssteuerung überwacht dies. In Abbildung 4.1 ist das Zusammenspiel von funktionaler Steuerung und Sicherheitssteuerung beim sicheren überwachten Halt einmal anschaulich dargestellt. In den drei Graphen sehen Sie eine blaue Linie, welche die tatsächliche Robotergeschwindigkeit darstellt. Diese wird von der funktionalen Steuerung kontrolliert. Des Weiteren sehen Sie eine rote Linie, welche den von der Sicherheitssteuerung maximal zulässigen Bereich darstellt. Sie sehen eine Bewegung mit einer gewissen Geschwindigkeit und dass zu einem gewissen Zeitpunkt (mit einem Pfeil dargestellt) jemand in den Arbeitsbereich des Roboters eintritt. Nach dem Eintreten vergeht eine gewisse Reaktionszeit, bis der Roboter in die Entschleunigung übergeht, jedoch bremst er dann die Bewegung kontinuierlich ab. Solange die tatsächliche Bewegung des Roboters zu jedem Zeitpunkt unterhalb der maximal zulässigen Geschwindigkeit bleibt, ist die Bewegung und das Stoppen des Roboters ausschließlich von der funktionalen Steuerung beeinflusst. Erst wenn die tatsächliche Bewegung die maximal zulässige Geschwindigkeit verletzt, greift das Sicherheitssystem ein. In der Grafik ist im oberen Bereich ein Diagramm dargestellt, bei welchem der Roboter wie erwartet stoppt. Im mittleren Bereich ist eine Situation dargestellt, bei welcher der Roboter nicht schnell genug abbremst. Dies könnte zum Beispiel dadurch verursacht werden, dass die Nutzlast, die der Roboter aktuell trägt, nicht richtig angegeben ist. Befindet sich der Roboter in einer Abwärtsbewegung und trägt

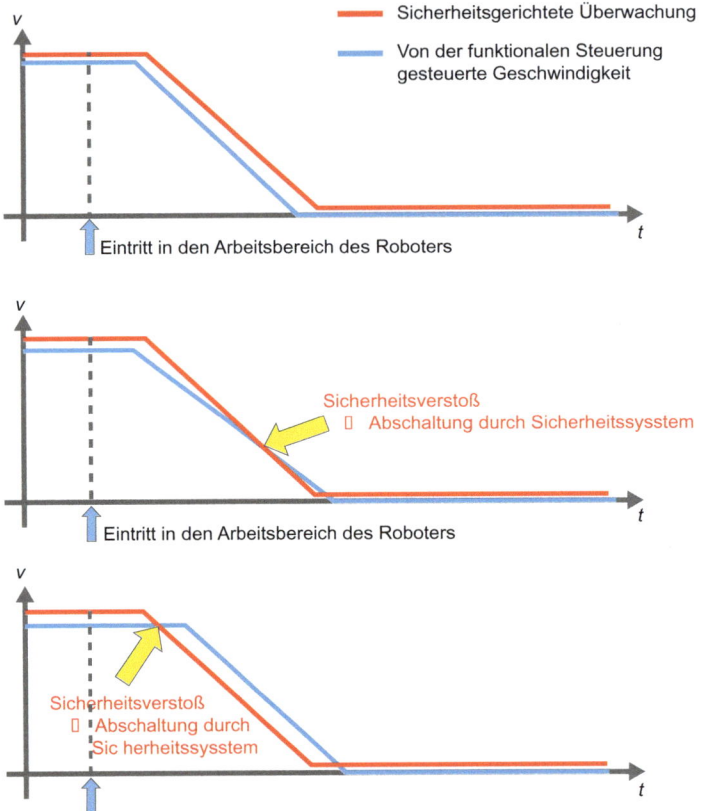

Abbildung 4.1 Funktionsprinzip des sicheren überwachten Halts

5 kg Nutzlast, im System sind jedoch nur 3 kg angegeben, so kann dies dazu führen, dass die berechneten Bremsströme nicht ausreichen und der Roboter daher zu langsam abbremst. In diesem Fall greift das Sicherheitssystem an dem Punkt ein, an welchem sich die rote und blaue Linie kreuzen. Im unteren Graphen dagegen reagiert das funktionale System zu langsam und startet den Bremsvorgang zu spät. Auch in diesem Fall greift das Sicherheitssystem im Moment der Kreuzung der beiden Linien.

Im Fall des oberen Graphen in Abbildung 4.1 stoppt der Roboter mit der Stoppkategorie 2. Dies bedeutet, die Gelenke des Roboters stehen zwar still, werden jedoch weiter bestromt. Meist handelt es sich dann hier um Servomotoren, welche sich in der Regelung befinden und die Position halten. Würde sich nach dem erreichten Stillstand doch noch eines der Gelenke plötzlich wieder bewegen, würde dadurch auch wieder eine Kreuzung der roten und blauen Linie entstehen, was dann wiederum zu einer Abschaltung durch das Sicherheitssystem führen würde. Verläuft jedoch alles wie erwartet und die in den Arbeitsbereich eingetretene Person verlässt diesen wieder, so führt der Roboter seine Bewegung weiter fort. Beide Linien steigen dann wieder an.

Im Falle einer Sicherheitsverletzung, also bei einer Kreuzung der Linien, wird vom Sicherheitssystem ein Stopp der Kategorie 0 durchgeführt. Dies bedeutet, dass die Antriebe sofort stromlos geschaltet werden und die mechanischen Bremsen einfallen. Ihnen muss hierbei bewusst sein, dass der Bremsweg eines Stopps der Kategorie 0 immer länger ist, als der bei einer geregelten Bremsung bei einem Kategorie-1 oder 2-Stopp. Vergleichen Sie dies gerne mit einer Bremsung Ihres Autos. Eine Vollbremsung ohne ABS-Regelung und einer Vollbremsung, bei der Ihr ABS dafür sorgt, dass die Räder nicht blockieren. Wahrscheinlich hat jeder bereits in der Fahrschule gelernt, dass das Bremsen mit blockierten Rädern ungeregelt einen längeren Bremsweg verursacht. Der Roboter verhält sich da ähnlich. Wird also einfach nur die Spannung weg genommen und mit der mechanischen Bremse gebremst, so sind Bremsweg und Bremszeit weit größer, als wenn die Gelenke mit Strom herunter gebremst werden. Dies müssen Sie unbedingt bei Ihrer Risikobeurteilung im Hinterkopf behalten.

■ 4.1 Betrachtung der Stoppzeiten und Stoppwege

Was bei der Verwendung von „kollaborativen Robotern" in Applikationen mit sicherem überwachten Halt (wie z. B. bei einem Einsatz eines Laserscanners) oft vergessen wird ist, dass es nicht ausreicht, den Laserscanner als Risikominderungsmaßnahme hinzu zu nehmen. Es muss in der Applikation auch nachgewiesen werden, dass der Laserscanner den Roboter und auch eventuell andere bewegliche Teile der Applikation schnell genug bremsen und stillsetzen kann. Bei CE-Erklärungen und Risikobeurteilungen, welche eher von Laien erstellt wurden, stellt man in der Praxis sehr oft fest, dass eine Risikominderungsmaßnahme nicht ausreichend validiert wurde. Ein Laserscanner, welcher den Roboter beim Eintreten einer Person in den Arbeitsbereich eines nicht inhärent sicheren Roboters stillsetzen soll, weil der Roboter im Rahmen der Risikoeinschätzung als mögliche Gefahrenquelle gesehen wird, ist eine solche Risikominderungsmaßnahme. Was muss also hier geprüft werden?

Zuerst einmal müssen wir verschiedene Möglichkeiten voneinander unterscheiden.

In einer Applikation mit sicherem überwachten Halt bewegt sich der Roboter meist in einem bestimmten Bereich. Nimmt der Roboter etwas von einem Fließband und wirft es in eine Kiste, so ist der Arbeitsbereich des Roboters in der Applikation in der Regel der Bereich vom Fließband bis zur Kiste. Meist haben Roboter jedoch von ihrem Aufbau her das Potenzial einen weit größeren Bereich zu erreichen. Hier gibt es nun zwei Möglichkeiten:

1. Auch wenn der Roboter sich nur in dem Bereich zwischen Fließband und Kiste bewegt, muss der theoretisch komplett mögliche Arbeitsbereich so betrachtet werden, als würde der Roboter sich auch durch diese, innerhalb der Applikation eigentlich gar nicht verwendeten Arbeitsbereiche bewegen. Es muss hier immer der Bereich betrachtet werden, welcher am nächsten zum möglichen Eintrittsbereich einer Person in den Überwachungsradius des Laserscanners liegt. Auch wenn der Roboter praktisch ausschließlich rechts seiner Basis arbeitet, der Eintritt einer Person aber von links der Basis stattfindet, so muss angenommen werden, dass sich der Roboter auch auf der zum Eintritt hingewandten Seite bewegt.

2. Der Roboter oder die Robotersteuerung verfügt über die Möglichkeit den Arbeitsbereich des Roboters **sicher** einzugrenzen. Dies kann zum Beispiel über ausreichend stark konzipierte mechanische Anschläge an den Gelenken oder durch eine Sicherheitssteuerung,

in welcher Achsen und/oder Räume softwaretechnisch begrenzt werden können, erfolgen. In diesem Fall muss für diese Funktion ein ausreichender Performance Level nachgewiesen werden (siehe Abschnitt 2.1.2.1).

Wurde der Arbeitsbereich des Roboters auf diese Weise begrenzt, so muss nur der Bereich, in dem der Roboter sich sicherheitstechnisch bewegen kann, betrachtet werden. Auch hier muss der am nächsten zu einem theoretischen Eintritt liegende Bereich innerhalb dieses eingeschränkten Bereichs als Worst-Case-Szenario für die weitere Betrachtung herangezogen werden.

Für das weitere bessere Verständnis werden folgende Begriffe definiert. Diese sind angelehnt an die Definitionen der EN ISO 10218.

- **Maximaler Raum**
  ist der Raum, welcher von beweglichen Teilen des Roboters inklusive seines Greifers und seines Werkstücks oder anderen am Roboterarm montierten Teilen erreicht werden kann.

- **Eingeschränkter Bereich**
  ist ein Teil des maximalen Raums, welcher mittels Sicherheitsfunktionen eingeschränkt (verkleinert) wurde (z. B. durch sichere Raumbegrenzungen). Dies bedeutet, der Roboter kann sich nur noch in einem Teil seines maximalen Raumes bewegen.

- **Operationsbereich**
  ist ein Teil des eingeschränkten Bereichs, in welchem sich der Roboter innerhalb seines Programms bewegt.

- **Sicherheitsbereich**
  ist der Bereich, in welchem entweder Sicherheitsgeräte aktiv sind (z. B. der Überwachungsbereich eines Laserscanners) oder in dem Zäune und andere Zugangsbeschränkungen für Schutz von Personen sorgen.

Nachdem nun einige Grundlagen erläutert wurden, kommen wir nun zu der Betrachtung der Applikation. Zuerst einmal muss klar sein, dass die Anbringung eines Laserscanners alleine eine mögliche Gefahr nicht ausschließt. Zumindest solange die Wirksamkeit des Laserscanners nicht ausreichend nachgewiesen wurde. Hierzu zählt, dass der Laserscanner auch tatsächlich den gesamten Bereich überwacht, in welchem sich eine Person aufhalten könnte (Sicherheitsbereich), und es keine toten Winkel innerhalb des Bereichs gibt. Ebenso muss aber auch überprüft werden, dass eine in den Bereich eintretende Person schnell genug erkannt wird und der Roboter zum Stillstand kommt, **bevor** die eintretende Person den Roboter erreicht. Stellen Sie sich einen Roboter vor, welcher sich mit einer Geschwindigkeit von 2 m/s durch seinen Arbeitsbereich bewegt und im Fall einer Stoppanforderung mit einer Entschleunigung von 5 m/s² abgebremst wird. Eine Person, welche in den Bereich des Scanners eintritt, wird hierbei gemäß der EN Norm EN ISO 13855 mit einer Eintrittsgeschwindigkeit von 1,6 m/s angenommen. Liegt der Überwachungsbereich des Roboters einen Meter vom Roboter entfernt, so würde die Person somit $\frac{1\,\mathrm{m}}{1,6\,\frac{\mathrm{m}}{\mathrm{s}}} = 0,625\,\mathrm{s}$ benötigen, um den Roboter zu erreichen. Die Frage die man sich hier stellen muss: Hat der Roboter bis dahin gestoppt hat?

Hierbei ist natürlich auch entscheidend, ob der Roboter einen eingeschränkten Bereich hat oder ob der Roboter theoretisch den gesamten maximalen Raum nutzen kann. In beiden Fällen muss für den jeweiligen Bereich der Teil betrachtet werden, welcher am nächsten an der Stelle liegt, über den der Zutritt einer Person erfolgt. Dies ist die Stelle, welche die in den

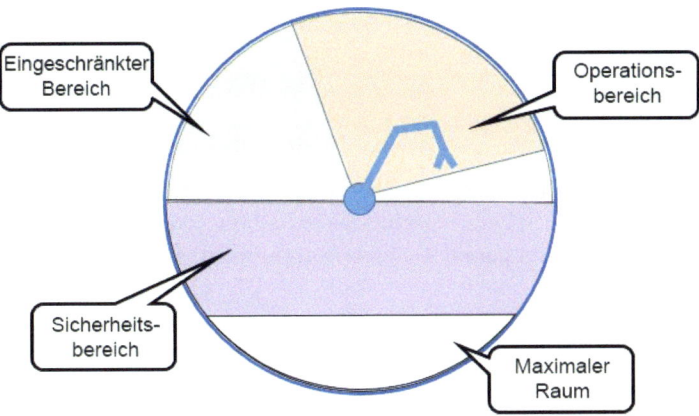

Abbildung 4.2 Visualisierung der unterschiedlichen Bereiche und Räume

Sicherheitsbereich eintretende Person mit 1,6 m/s in der Zeit x erreicht und an welcher der, mit seiner sicherheitstechnisch maximal möglichen Geschwindigkeit, bewegende Roboter in der Zeit $\leq x$ stoppen muss.

Wir beginnen hierzu beim Laserscanner selbst, welcher natürlich erst einmal eine gewisse Reaktionszeit aufweist. Herkömmliche Laserscanner liegen etwa in dem Bereich von ca. 50 ms. Hinzu kommt die Reaktionszeit des Sicherheitssystems des Roboters. Für dieses Beispiel nehmen wir einmal weitere 100 ms an. Gemäß Gleichung 4.1 würde der Roboter im oben genannten Beispiel mit $v = 2$ m/s und $a = 5$ m/s^2 weitere 0,4 s benötigen um zum Stillstand zu kommen. Der Roboter wäre also in 550 ms stillgesetzt während die eintretende Person 0,625 s benötigen würde, um den Roboter zu erreichen. Mit diesem Berechnungsbeispiel wäre nun nachgewiesen, dass die angewendete Risikominderungsmaßnahme wirksam ist und eine Entfernung von einem Meter zum Roboter für den Überwachungsbereich des Laserscanners mehr als ausreichend ist. Wir haben hiermit nun die Stoppzeiten betrachtet.

$$a = \frac{\triangle v}{\triangle t} \quad \Rightarrow \quad \triangle t = \frac{\triangle v}{a} \tag{4.1}$$

Weiter müssen wir nun die Stoppwege des Roboters betrachten. Schauen Sie sich bitte noch einmal Abbildung 4.2 an. In dieser Grafik sehen Sie einen Roboter, dessen maximaler Raum (weiß) eingeschränkt wurde und somit ein eingeschränkter Bereich (engl.: Restricted Space) entstanden ist. Des Weiteren gibt es einen Sicherheitsbereich (engl.: Safeguarded Space), welcher in unserem Beispiel von einem Laserscanner überwacht wird. Es könnte hier also eine Person im maximalen Raum des Roboters stehen (weiß), ohne dass der Laserscanner den Roboter stoppt, da die Person sich noch nicht im Sicherheitsbereich befindet. Versucht nun der Roboter z. B. aufgrund eines Programmierfehlers den eingeschränkten Bereich mit seiner maximal möglichen Geschwindigkeit zu verlassen, wird das Sicherheitssystem des Roboters sofort beim Erreichen der Grenze auslösen. Jedoch gibt es auch hier wieder Reaktionszeiten des Sicherheitssystems und Bremswege, welche aufgrund der Dynamik des Roboters in Kombination mit den Gesetzen der Mechanik nun einmal nicht ignoriert werden können. Der Roboter wird daher trotz Sicherheitssystem und sicher eingeschränktem Bereich über diese Grenzen hinaus gelangen. Die Frage ist hierbei: Erreicht ein bewegliches Teil des Roboters dabei den in Abbildung 4.2 weiß dargestellten Bereich, in welchem sich eine Person befinden könnte? Um dies zu berechnen benötigen, wir auch hier wieder die Reaktionszeit des Sicherheitssystems in Kombination mit dem Bremsweg des Roboters. Wir behalten hierbei weiter die Parameter $v = 2\,\text{m/s}$ und $a = 5\,\text{m/s}^2$, um ein Beispiel zu berechnen. Weiter nehmen wir auch hier wieder eine Reaktionszeit des Sicherheitssystems von 100 ms an.

Der Roboter bewegt sich also zuerst einmal für weitere 100 ms mit seinen $v = 2\,\text{m/s}$ aus seinem eingeschränkten Bereich heraus, bevor das Sicherheitssystem eine Bremsung einleitet. In dieser Zeit legt der Roboter gemäß Gleichung 4.2 eine Strecke von $s = 0{,}1\,\text{s} \times 2\,\frac{\text{m}}{\text{s}} = 0{,}2\,\text{m}$ zurück. Der Roboter bremst danach mit $a = 5\,\text{m/s}^2$ ab. Hieraus ergibt sich aus Gleichung 4.4 als Kombination von Gleichung 4.3 und Gleichung 4.1 der folgende Bremsweg:

$$s = \tfrac{1}{2} 5\,\frac{\text{m}}{\text{s}} \cdot \left(\frac{2\,\frac{\text{m}}{\text{s}}}{5\,\frac{\text{m}}{\text{s}^2}} \right)^2 = 0{,}4\,\text{m}$$

Der Roboter wird sich also, mit den im Beispiel gewählten Parametern, bis zu 0,6 m aus dem eingeschränkten Bereich herausbewegen. Da der Sicherheitsbereich im Beispiel so gewählt wurde, dass dieser den Raum einen Meter vor dem eingeschränkten Bereich überwacht, wäre damit auch der Stoppweg des Roboters im Rahmen dieser Beispielapplikation validiert und es ist festgestellt, dass es hier zu keiner Gefährdung kommen kann.

$$v = \frac{\triangle s}{\triangle t} \quad \Rightarrow \quad \triangle s = \triangle t \cdot v \tag{4.2}$$

$$s = \tfrac{1}{2}\,a \cdot t_a^2 \tag{4.3}$$

$$s = \tfrac{1}{2}\,a \cdot \left(\frac{\triangle v}{a} \right)^2 \tag{4.4}$$

■ 4.2 Berechnen oder Messen

Im Abschnitt 4.1 wurde ausführlich beschrieben, inwiefern die Stoppzeiten und Stoppwege in Applikationen mit sicherem überwachten Halt relevant sind und wie man sie berechnet. Neben der Möglichkeit der Berechnung, bei der man oft auf vom Hersteller angegebene Daten vertrauen muss, gibt es aber auch noch die Möglichkeit, Stoppwege und Stoppzeiten messtechnisch zu ermitteln.

Für die messtechnische Ermittlung der Stoppzeiten wird ein speziell dafür vorgesehenes Messgerät benötigt. Diese Messgeräte sind aber bei den meisten Integratoren nicht vorhanden. Hier muss der Service für eine solche Messung oft von externen Dienstleistern eingekauft werden. Dies kann sicherlich ein nicht unerheblicher Kostenfaktor sein. Speziell, wenn man die Messung in regelmäßigen Abständen wiederholen möchte, um eventuelle Veränderungen der Nachlaufzeiten festzustellen.

Das Funktionsprinzip dieser Messgeräte ist recht einfach. Ein Ausgang der Messapparatur triggert einen Stopp des Roboters. Ab diesem Moment wird die Strecke, welche der Roboter dann noch zurücklegt gemessen. Mechanische Messapparaturen nutzen hier z. B. eine kleine Seilwinde, deren Ende am Endeffektor des Roboters befestigt ist, um die nach der Triggerung zurückgelegte Strecke zu ermitteln. Modernere Geräte nutzen laser- oder kamerabasierte Wegeerfassung.

Auch wenn die Berechnung sicherlich die günstigere Variante ist und zusätzlich auch weniger Aufwand mit sich bringt, empfiehlt sich dennoch die Berechnung mindestens einmal mit einer Messung zu verifizieren. Sicherlich will niemand für einen Unfall aufgrund eines einfachen und eventuell dummen Rechenfehlers verantwortlich sein.

■ 4.3 Sicherheitsfunktionen für Stoppzeiten und Stoppwege

Mittlerweile gibt es einige Roboterhersteller, welche dieses Thema im Rahmen einer Sicherheitsfunktion aufgegriffen haben. Hier muss man zuerst einmal einige Dinge näher betrachten, um zu verstehen, was diese letztlich bewirken.

Die UR Roboter haben mit ihrer e-serie die Sicherheitsfunktionen „Stoppzeit" und „Stoppweg" eingeführt. Diese sollen Ihnen genau bei den in den Abschnitten 4.1 und 4.2 aufgeführten Problemen helfen und Ihnen Aufwände abnehmen. Aber kann eine Sicherheitsfunktion eine Stoppwegmessung ersetzen?

Führen Sie eine Stoppwegmessung durch, dann nutzen Sie ein zertifiziertes Messverfahren mit einem ebenso zertifizierten Messgerät um sicherzustellen, dass Ihre Messung korrekt ist und der Realität entspricht. Sicherheitsfunktionen wie die der UR e-series werden ebenfalls zertifiziert und damit sichergestellt, dass sie Ihren Zweck mit einer sehr hohen Zuverlässigkeit erfüllen. Die Bedeutung einer Zertifizierung mit einem bestimmten Performance Level wurde hierzu schon in Abschnitt 2.1.2.1 erläutert. Bei der Sicherheitsfunktion „Stoppweg" können Sie so z. B. eine maximale Strecke einstellen, welche der Roboter nach Triggerung des Stopps noch zurücklegen darf. Das Sicherheitssystem überwacht dabei bei jedem Stopp des Roboters, ob dieser maximale Weg auch tatsächlich nicht überschritten wird. Es führt also quasi bei jedem Stopp des Roboters eine Stoppwegmessung durch. Sie können die Funktion im Prinzip so verstehen, als wenn Sie ein im Roboter eingebautes Messgerät zur Verfügung haben, welches kontinuierlich bei jedem Stopp eine Messung durchführt. Hierzu wird dann jedoch zur Ermittlung der Wegstrecke keine Seilwinde, wie in Abschnitt 4.2 beschrieben, verwendet, sondern die Wegegeber des Roboters. Diese sind bereits für andere Sicherheitsfunktionen zweikanalig (mit einer Systemarchitektur Kategorie 3) ausgeführt und können der Messung daher sicher die genaue zurückgelegte Strecke nach Triggerung des Stopps übermitteln.

Auch wenn sich offizielle Stellen hier teilweise noch etwas schwer tun, diese Sicherheitsfunktion als gleichwertigen Ersatz für eine Stoppwegmessung anzuerkennen und auch Firmen, welche als externer Dienstleister Stoppzeitmessungen durchführen, gerne die Karte spielen, dass Sicherheitsfunktionen regelmäßig überprüft werden müssen, so besitzt diese Variante, bei welcher die Einhaltung der Stoppzeiten und Stoppwege bei jedem Stopp gemessen wird sicherlich eine höhere Sicherheit, als wenn einmal pro Jahr gemessen wird, dass der Roboter noch innerhalb der zulässigen Parameter zum Stillstand kommt. Ihnen sollte auf jeden Fall klar sein, dass bei der Stoppzeit und dem Stoppweg an dieser Stelle nur Zeit und Weg ab dem Triggern des Stoppeingangs enthalten ist. Zeiten und Wege, welche z. B. durch Signallaufwege oder die Reaktionszeit einer Lichtschranke hinzukommen, sind hier nicht enthalten. Diese müssten allerdings auch bei einer Stoppzeit-/Stoppwegmessung gemäß

Abschnitt 4.2 noch hinzu gerechnet werden. Allerdings muss dazu gesagt werden, dass diese zusätzlichen Zeiten und Wege nur einen sehr kleinen Teil ausmachen.

Wie können Sie nun diese Sicherheitsfunktionen in einer Applikation anwenden?

Nehmen wir hierzu einmal eine Beispielapplikation wie in Abbildung 4.3 dargestellt. Ein UR5e arbeitet hier innerhalb einer Zelle, da man gerne mit höheren Geschwindigkeiten fahren möchte, um die vorgegebenen Taktzeiten einzuhalten. Hierbei werden Teile von einem Fließband genommen und in eine Kiste/Tray gesetzt. Ist die Kiste voll, so wird sie von einem Mitarbeiter entnommen und durch eine leere Kiste ersetzt. Der Mitarbeiter greift hierbei durch ein Lichtgitter in die Zelle hinein. Das Lichtgitter triggert dabei den sicheren überwachten Halt des Roboters und bringt den Roboter zum Stillstand.

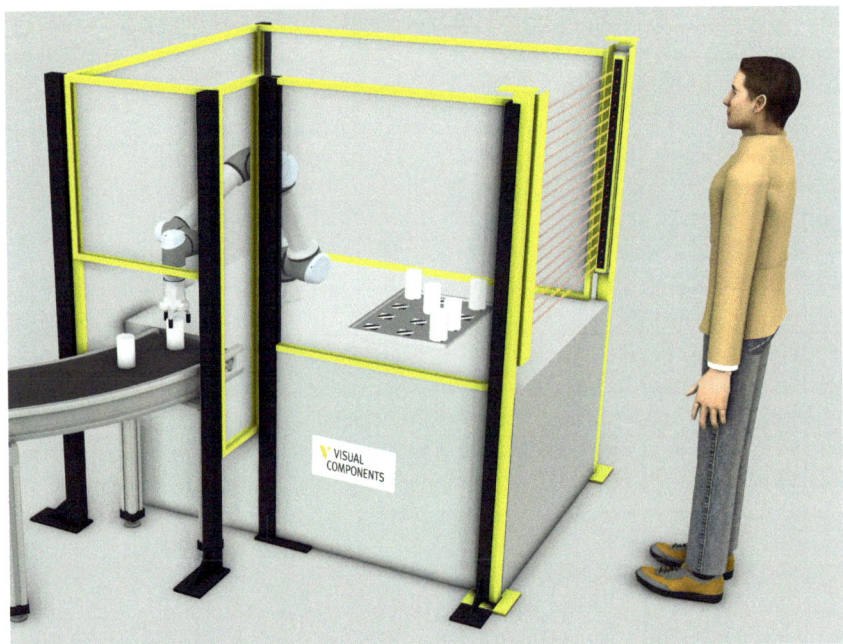

Abbildung 4.3 Beispielapplikation mit Lichtgitter und sicherem überwachten Halt

Wie müssen hier die Sicherheitsfunktionen „Stoppzeit" und „Stoppweg" des Roboters genutzt und eingestellt werden?

Zuerst einmal muss klar sein, dass der Roboter nicht sofort beim Eingriff in die Lichtschranke zum Stillstand kommt. Er hat eine gewisse Nachlaufzeit. Wenn Sie nun sicher sein wollen, dass von dem Roboter keine Gefahr ausgeht, dann müssen Sie sicherstellen, dass der Mitarbeiter, welcher in das Lichtgitter hineingreift, den Roboter erst dann erreicht, wenn er zum Stillstand gekommen ist. Hierzu müssen Sie berechnen, wie lange der Mitarbeiter mit seiner Hand und einer gewissen Eingriffsgeschwindigkeit v (Eingreifgeschwindigkeit gem. EN ISO 13855 = 2 m/s, Einschrittgeschwindigkeit gemäß EN ISO 13855 = 1,6 m/s) benötigt, um von der Lichtschranke zum Roboter zu gelangen. Betrachten Sie hierfür bitte den nächstgelegenen Punkt zur Lichtschranke als Position, wenn Sie die Berechnung durchführen. Idealerweise begrenzt man den Arbeitsraum des Roboters hierzu mit einer sicheren Ebene, die ebenfalls in den Sicherheitseinstellungen des UR5e definiert werden kann. Hieraus ergibt sich ein Raum zwischen Lichtschranke und der Arbeitsraumbegrenzung des Roboters mit einer Distanz s.

Berechnet man nun die Zeit, welche der Mitarbeiter benötigen würde, um von der Lichtschranke zum Roboter zu gelangen, mittels Gleichung 4.5 und setzt in unserem Beispiel eine Distanz s von 200 mm ein, so ergibt sich eine Stoppzeit von 100 ms. Stellen Sie nun diese errechnete Stoppzeit in den Sicherheitseinstellungen des UR5e ein, bewegt sich der Roboter nur noch so, dass er die vorgegebene Stoppzeit einhalten kann. Da die beiden entscheidenden Parameter für Nachlaufzeiten und Nachlaufwege Masse und Geschwindigkeit sind und die Masse des Roboters plus Greifer und Werkstück gegeben ist, reduziert der Roboter seine Bewegungsgeschwindigkeit auf einen Wert, bei dem sichergestellt ist, dass die Stoppzeit nicht überschritten wird.

$$t = \frac{s}{v} \tag{4.5}$$

In der Praxis würden Sie jedoch nun feststellen, dass der Roboter sich durch diese eingestellte Parameter nur noch sehr langsam bewegt und das eigentliche Ziel der Taktzeit nicht erreicht werden würde. Daher empfiehlt es sich, bei den UR Robotern noch eine weitere Ebene in die Applikation mit einzubinden, welche den Arbeitsbereich des Roboters in einen reduzierten und einen normalen Bereich unterteilt (siehe Abbildung 4.5). Somit können Sie eine weitere Berechnung gemäß Gleichung 4.5 anstellen und hier für die Distanz s die Strecke zwischen Lichtschranke und der „Umschalt"-Ebene annehmen. Mit dem so errechneten Wert kann der Roboter nun im hinteren Bereich der Zelle mit weit höherer Geschwindigkeit fahren, als im vorderen Bereich. Des Weiteren können Sie hier nun sicher sein, dass die so gesetzten Stoppzeiten nicht überschritten werden, da bei jedem Eingriff in die Zelle eine Messung durch das Sicherheitssystem durchgeführt wird. Übersteigt die Stoppzeit einmal den eingestellten Wert, so wird der Roboterarm durch das Sicherheitssystem von der Spannungsversorgung getrennt und Sie erhalten eine Fehlermeldung und die Information einer Sicherheitsverletzung.

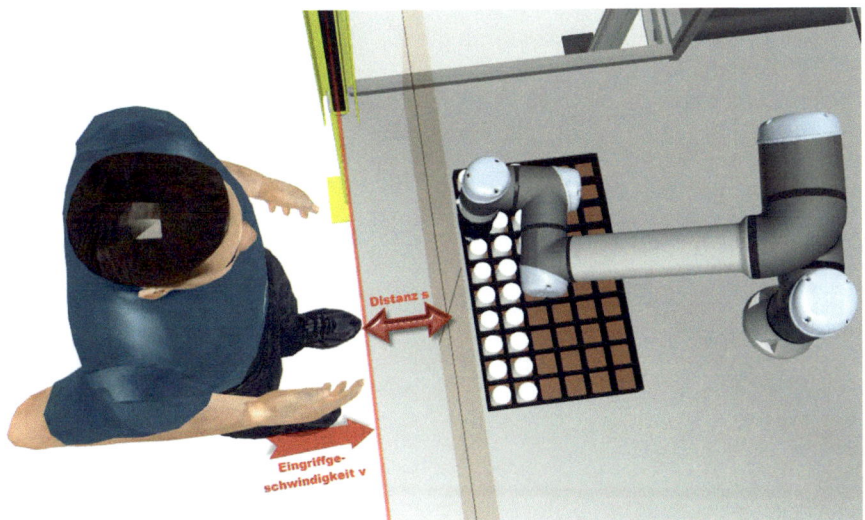

Abbildung 4.4 Beispielapplikation mit Lichtgitter und sicherem überwachten Halt (Draufsicht)

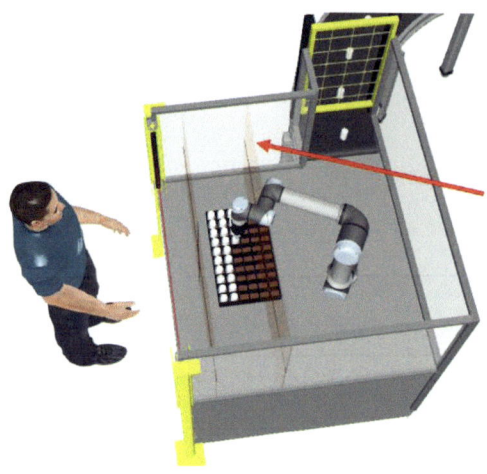

Eine Zweite Ebene schaltet den Roboter vom normalen in den reduzierten Modus, in welchem geringere Sicherheitsparameter aktiv sind.

Abbildung 4.5 Unterteilung des Arbeitsraums in normalen und reduzierten Bereich

Weiter haben Sie nun auch noch die Möglichkeit die Sicherheitsfunktion „Stoppweg" einzustellen. Der hier eingestellte Wert stellt sicher, dass der Weg, welchen der Roboter nach der Auslösung eines Stopps zurücklegt, den eingestellten Wert nicht übersteigt. Stellen Sie sich hierzu das folgende Worst-Case-Szenario vor:

- Ein Mitarbeiter beobachtet den Prozess des Ablegens in die Kiste.
- Um die Positionierung dabei möglichst genau zu beobachten, geht er ganz nah mit dem Kopf an das Lichtgitter heran.
- Aufgrund eines Fehlers fährt der Roboter plötzlich in Richtung des Lichtgitters und erreicht dabei die Sicherheitsebene zur Arbeitsraumbegrenzung.
- Die Sicherheitsebene löst einen Stopp aus, jedoch hat der Roboter ab dieser Ebene noch einen gewissen Nachlauf.
- Ist der eingestellte Wert für den Stoppweg kleiner als die Distanz s zwischen der Arbeitsraumbegrenzung und dem Lichtgitter, stoppt der Roboter, bevor er das Lichtgitter und damit auch den Kopf des Mitarbeiters hinter dem Lichtgitter erreicht.

Grenzwert	Normal		Reduziert	
Leistung	400	W	200	W
Impuls	12,0	kg m/s	8,0	kg m/s
Stopzeit	250	ms	100	ms
Stopweg	350	mm	200	mm
Werkzeuggeschwindigkeit	800	mm/s	400	mm/s
Kraft am TCP	150,0	N	100,0	N
Ellbogengeschwindigkeit	700	mm/s	500	mm/s
Kraft am Ellbogen	130,0	N	110,0	N

Abbildung 4.6 Sicherheitseinstellungen Stoppzeit und Stoppweg an einem UR5e

Der Wert, welcher in der Sicherheitsfunktion „Stoppweg" daher eingestellt werden sollte, muss also kleiner sein als die Distanz s in Abbildung 4.4. Auch hier können Sie dann gerne wieder zwei unterschiedliche Parametersätze verwenden, wenn Sie den Arbeitsraum wie oben beschrieben in einen normalen und einen reduzierten Bereich unterteilt haben.

5 Geschwindigkeits- und Abstandsüberwachung

Fragen, die dieses Kapitel beantwortet:

- Was ist die Geschwindigkeits- und Abstandsüberwachung?
- Worauf basiert dieses Sicherheitsprinzip?
- Was sind die Vor- und Nachteile?
- Wie könnte eine Applikation mit Geschwindigkeits- und Abstandsüberwachung umgesetzt werden?

Im Kapitel 4 wurde bereits deutlich, dass der Anhalteweg eines Roboters unter anderem abhängig von seiner Geschwindigkeit ist. Natürlich ist der Anhalteweg noch von anderen Faktoren, wie z. B. dem Bremsverhalten und der Masse des Roboters, abhängig. Jedoch ist die Geschwindigkeit eine variable Größe, die sich direkt auf die Anhaltezeit und den Anhalteweg des Roboters auswirkt. Das in Kapitel 4 beschriebene Konzept des sicheren überwachten Halts arbeitet nach dem Prinzip ganz oder gar nicht, also entweder befindet sich keine Person im Arbeitsbereich des Roboters, wodurch sich dieser daher uneingeschränkt bewegen kann, oder eine Person ist in den Arbeitsbereich eingetreten und der Roboter wird daher in den Stillstand gezwungen. Aus technischer Sicht haben wir hier ein digitales Sicherheitsverhalten mit NULL oder EINS. Dahingegen ist die Geschwindigkeits- und Abstandsüberwachung das analoge Sicherheitsverhalten. Hier wird durch externe Sicherheitsdevices jederzeit der Abstand zwischen Roboter und einer sich annähernden Person ermittelt. Der Abstand definiert dann den maximalen Anhalteweg, welchen der Roboter haben darf, und die maximale Zeit die bis zum vollständigen Stillstand des Roboters nicht überschritten werden sollte, falls sich die Person noch weiter nähert. Diese beiden Parameter definieren dann im Umkehrschluss die maximale Geschwindigkeit, mit welcher sich der Roboter bewegen darf. Eine Person, die sich dann im Bereich des Roboters befindet, beeinflusst damit kontinuierlich die Bewegungsgeschwindigkeit des Roboters. Ist die Person nah an den Roboter herangetreten fährt der Roboter langsamer, entfernt sie sich wieder, so erhöht der Roboter wieder seine Geschwindigkeit wieder. Dies kann stufenlos realisiert werden um dem Begriff des analogen Sicherheitsverhaltens ein besseres Bild zu geben. Man könnte dieses Konzept jedoch auch in verschiedenen Stufen anwenden. Bei Robotern von Universal Robots gibt es so zum Beispiel einen sogenannten Reduced Mode. Dies bedeutet, Sie haben neben den Sicherheitsparametern für den normalen Modus noch einen zweiten Sicherheitsparametersatz mit reduzierten Parametern, die entweder extern oder intern getriggert werden können. Wie könnte eine Anwendung unter der Verwendung des Reduced Mode aussehen?

Stellen Sie sich die Applikation aus Kapitel 4 vor. Hier hatten wir einen Roboter, welcher eine gewisse Aufgabe, wie z. B. das Greifen von Teilen auf einem Fließband und das Ablegen dieser Teile in eine Kiste, so lange getätigt hat, bis eine Person in den Überwachungsbereich des Laserscanners eingetreten ist. Der Roboter kam dann durch die eingetretene Person zum Stillstand und hat erst dann weitergearbeitet, als sich diese Person wieder entfernt hat. Die angenommene Geschwindigkeit des Roboters hatten wir dort mit $2\,\frac{m}{s}$ definiert, was schon sehr schnelle Bewegungen sind. Der Stopp des Roboters wurde mit Hilfe des Laserscanners ab 1 m vor dem eingeschränkten Bewegungsbereich des Roboters initiiert sobald eine Person den Sicherheitsbereich des Roboters betreten hat. Muss nun aber eine Person mehrmals pro Stunde in diesen Bereich eintreten, um in etwa 60 cm Entfernung zum Roboter eine gewisse Aufgabe zu erledigen, verliert der jeweilige Produktionsbetrieb durch die ständigen Stopps des Roboters wertvolle Produktionszeit. Sinnvoller wäre es hier, den Roboter nicht vollständig zu stoppen, sondern mit einer sicher überwachten langsameren Geschwindigkeit weiterarbeiten zu lassen, solange die Person in dem genannten Abstand zum Roboter steht. Die in Abschnitt 4.1 eingeführte dargestellte Abbildung 4.2 wird hier nun in Abbildung 5.1 um den reduzierten Bereich erweitert.

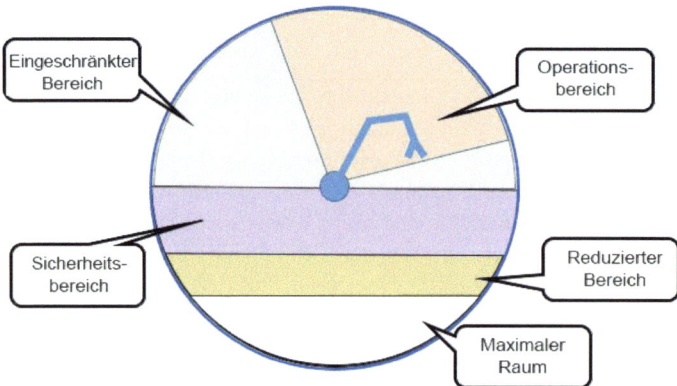

Abbildung 5.1 Visualisierung der unterschiedlichen Bereiche und Räume inklusive reduziertem Bereich

Tritt nun eine Person in den reduzierten Bereich ein, so wird der Roboter vom funktionalen und nicht sicherheitsgerichteten Teil des Systems heruntergebremst und bewegt sich ab sofort nur noch mit einer langsameren Geschwindigkeit (z. B. 0,4 m/s statt vorher 2 m/s. Gleichzeitig werden die Sicherheitsparameter für die Geschwindigkeit umgeschaltet. Das Sicherheitssystem stellt nach einer gewissen Transferphase sicher, dass nun die 0,4 m/s nicht mehr überschritten werden.

 Beachten Sie, dass die sicherheitsgerichtete maximale Geschwindigkeit immer etwas höher ist als die Geschwindigkeit, welche die funktionale Steuerung maximal zulässt. Wäre die sicherheitsgerichtete Maximalgeschwindigkeit gleich der tatsächlichen Maximalgeschwindigkeit, würden kleinste Geschwindigkeitspeaks aufgrund der Regelung schon zu einem Abschalten führen. ∎

Sowohl für die maximale Geschwindigkeit des Roboters bei keiner Person im Sicherheits- oder reduzierten Bereich als auch bei einer Person, die sich im reduzierten Bereich und noch nicht im Sicherheitsbereich befindet, müssen die Stoppzeiten und Stoppwege für die jeweilig maximal mögliche Geschwindigkeit ermittelt werden und die Grenzen der jeweiligen Zonen dann darauf abgestimmt werden.

In unserem Beispiel bewegt sich der Roboter im Normalbetrieb mit maximal $2\,\frac{m}{s}$ und geht beim Eintritt einer Person in den reduzierten Bereich über in seine reduzierten Parameter in welchen der Roboter sich mit maximal $0{,}4\,\frac{m}{s}$ bewegen kann. Es muss nun ermittelt werden wie weit die Grenzen der beiden Bereiche mindestens vom eingeschränkten Bereich des Roboters entfernt liegen müssen, damit die Applikation sicher ist. Wir berechnen hierzu erst einmal den Mindestabstand des reduzierten Bereichs. Also ab wann die reduzierte Geschwindigkeit des Roboters zu groß ist und der Roboter nicht mehr rechtzeitig anhalten kann.

Zusammenfassung Parameter Beispielapplikation:

Parameter	Bezeichnung	Wert	Erläuterung
Normalgeschwindigkeit	v_{Norm}	$2\,\frac{m}{s}$	Geschwindigkeit ohne Personen im Bereich
reduzierte Geschwindigkeit	v_{Reduce}	$0{,}4\,\frac{m}{s}$	Geschwindigkeit, wenn Personen im reduzierten Bereich
Einschreitgeschwindigkeit	$v_{Schritt}$	$1{,}6\,\frac{m}{s}$	Geschwindigkeit einer Person beim Einschreiten (EN ISO 13855)
Eingreifgeschwindigkeit	v_{Griff}	$2\,\frac{m}{s}$	Geschwindigkeit einer Person beim Hereingreifen (EN ISO 13855)
Reaktionszeit	$t_{Reaction}$	$0{,}1\,s$	Reaktionszeit des Safetykanals (Reaktionszeit Laserscanners plus Reaktionszeit Safety Roboter)
Entschleunigung	a_{Robot}	$5\,\frac{m}{s^2}$	Abbremsverhalten Roboter)

- Stoppzeit Roboter

$$t_{Stopp} = t_{Reaction} + \frac{\triangle v_{Reduce}}{a_{Robot}} = 0{,}1\,s + \frac{0{,}4\,\frac{m}{s}}{5\,\frac{m}{s^2}} = 0{,}18\,s$$

- benötigte Entfernung reduzierter Bereich, um Stoppzeit einzuhalten

$$s_{Stoppzeit} = t_{Stopp} \cdot v_{Griff} = 0{,}18\,s \cdot 2\,\frac{m}{s} = 0{,}36\,m^{[1]}$$

- Stoppweg Roboter

$$s_{Stoppweg} = s_{Reaction} + s_{Bremsen}$$
$$= t_{Reaction} \cdot v_{Reduced} + \frac{1}{2}a \cdot \left(\frac{v_{Reduced}}{a_{Robot}}\right)^2$$
$$= 0{,}1\,s \cdot 0{,}4\,\frac{m}{s} + \frac{1}{2} \cdot 5\,\frac{m}{s^2} \cdot \left(\frac{0{,}4\,\frac{m}{s}}{5\,\frac{m}{s^2}}\right)^2 = 0{,}056\,m$$

---

[1] Hier muss die Eingreifgeschwindigkeit gewählt werden, da sich die Person bereits in Greifreichweite des Roboters befindet.

Da hier nun $s_{\text{Stoppzeit}}$ mit 36 cm größer ist als die errechneten 5,6 cm von s_{Stoppweg}, setzt hier $s_{\text{Stoppzeit}}$ den Maßstab. Der Sicherheitsbereich in Abbildung 5.1 (Übergang von Sicherheitsbereich zu reduziertem Bereich) muss daher mindestens 36 cm vom Eingeschränkten Bereich des Roboters entfernt liegen. Nähert sich eine Person auf weniger als diesen Wert an, muss der Roboter stoppen.

Nun wird die gleichen Berechnungen für die normale Geschwindigkeit durchgeführt und damit den Abstand der Zone, in der sich eine Person aufhalten kann, während der Roboter seine Aufgabe in der normalen Geschwindigkeit von $2\,\frac{\text{m}}{\text{s}}$ erledigen kann.

- Stoppzeit Roboter

$$t_{\text{Stopp}} = t_{\text{Reaction}} + \frac{\triangle v_{\text{Normal}}}{a_{\text{Robot}}} = 0,1\,\text{s} + \frac{2\,\frac{\text{m}}{\text{s}}}{5\,\frac{\text{m}}{\text{s}^2}} = 0,5\,\text{s}$$

- Benötigte Entfernung überwachter Bereich, um Stoppzeit einzuhalten

$$s_{\text{Stoppzeit}} = t_{\text{Stopp}} \cdot v_{\text{Schritt}} = 0,5\,\text{s} \cdot 1,6\,\frac{\text{m}}{\text{s}} = 0,8\,\text{m}$$

- Stoppweg Roboter

$$s_{\text{Stoppweg}} = s_{\text{Reaction}} + s_{\text{Bremsen}}$$

$$= t_{\text{Reaction}} \cdot v_{\text{Normal}} + \frac{1}{2}\,a \cdot \left(\frac{v_{\text{Normal}}}{a_{\text{Robot}}}\right)^2$$

$$= 0,1\,\text{s} \cdot 2\,\frac{\text{m}}{\text{s}} + \frac{1}{2} \cdot 5\,\frac{\text{m}}{\text{s}^2} \cdot \left(\frac{2\,\frac{\text{m}}{\text{s}}}{5\,\frac{\text{m}}{\text{s}^2}}\right)^2 = 0,216\,\text{m}$$

Für das Setup der Applikation benötigen wir also einen eingeschränkten Bewegungsbereich des Roboters, ein sicherheitsgerichtetes Device, welches eine sich annähernde Person detektiert und einmal bei einer Entfernung von minimal 0,8 m zum Rand des eingeschränkten Bereichs den Roboter von seinen maximalen $2\,\frac{\text{m}}{\text{s}}$ auf maximal $0,4\,\frac{\text{m}}{\text{s}}$ umschaltet und den Roboter bei einer weiteren Annäherung auf minimal 0,36 m in den Stopp zwingt. Auf diese Weise können wir hier also eine einfache Stufe der Geschwindigkeits- und Abstandsüberwachung realisieren. Das Konzept beruht dabei auf dem Prinzip, dass die Geschwindigkeit so angepasst wird, dass bei der sicherheitsgerichtet maximal möglichen Geschwindigkeit der Anhalteweg kleiner ist als die minimal mögliche Entfernung zu einer Person und die Anhaltezeit des Roboters immer kürzer ist, als eine sich annähernde Person benötigt, um an die sich bewegenden Teile des Roboters zu gelangen.

Natürlich ist dies noch nicht der 100 %-Weg der Geschwindigkeits- und Abstandsüberwachung. Dieser wäre dann erreicht, wenn der Roboter seine Geschwindigkeit stufenlos zum Abstand zu einer Person anpasst. Dies muss in diesem Konzept jedoch sicherheitsgerichtet passieren. Die Geschwindigkeitsanpassung muss also einen Performance Level aufweisen. Zum Zeitpunkt, als dieses Buch geschrieben wurde, gab es jedoch keinen Roboter auf dem Markt, welcher diese Funktion geliefert hat. Aus technischer Sicht, ist dies in der Steuerung eines Roboters auch nicht wirklich einfach realisierbar. Daher wird es wohl auch in naher Zukunft eine „echte" Geschwindigkeits- und Abstandsüberwachung in analoger Form nicht geben und man wird weiter Konzepte mit bis zu zwei bis drei Geschwindigkeitsstufen in der Praxis einsetzen.

6 Kraft- und Leistungsbegrenzung

 Fragen, die dieses Kapitel beantwortet:

- Was steckt hinter dem Begriff der Kraft- und Leistungsbegrenzung?
- Wie ermittele ich Kräfte und Drücke bei einer potenziellen Kollision?
- Wie bewerte ich Kräfte und Drücke im Rahmen einer Risikobeurteilung?
- Wie kann mir die ISO TS 15066 hier helfen?
- Was muss bei der Umsetzung beachtet werden?

Neben dem im Kapitel 4 beschriebenen sicheren Halt ist wohl die am meisten verbreitete Kollaborationsart die sogenannte Kraft- und Leistungsbegrenzung, bei der es darum geht, zwar einen Kontakt zwischen Mensch und sich bewegendem Roboter zu erlauben, aber bei diesem Kontakt kräftemäßig innerhalb definierter Grenzen zu bleiben. Zwar ist die Kraft- und Leistungsbegrenzung sicherlich die bekannteste Kollaborationsart, aber sie ist mit Sicherheit auch die, bei der es am meisten zu beachten gilt und bei der in der Anwendung oft die meisten Fehler gemacht werden. Umso wichtiger ist es, dass Sie sich mit dem Erwerb und dem Lesen dieses Buches dazu entschlossen haben die bestehenden Lücken zu schließen und auch solche Applikationen in Zukunft sicher bewerten und umsetzen zu können.

Bereits in Abschnitt 3.3.3 haben wir zum Thema Risikoeinschätzung bei einer Applikation mit Kraft- und Leistungsbegrenzung etwas vorgegriffen. Hier wollen wir dieses Themengebiet jedoch noch einmal etwas genauer betrachten.

■ 6.1 Die ISO TS 15066 und ihre Anwendung

Wie bereits zu Beginn des Buches in Abschnitt 1.1 beschrieben, kamen die ersten Roboter mit der sogenannter Kraft- und Leistungsbegrenzung Mitte der 2000er auf den Markt. Zuerst hat das deutsche Unternehmen KUKA in Augsburg gemeinsam mit dem DLR seinen ersten LBR 3 verkauft, später kam dann das dänische Unternehmen Universal Robots mit seinem ersten UR5 dazu. Man muss dazu sagen, dass erst mit dem Markteintritt von Universal Robots das Konzept der Kraft- und Leistungsbegrenzung langsam Fahrt aufgenommen hat, da dieses Unternehmen seine Roboter zu einem weit attraktiveren Preis als KUKA die ersten

LBR verkauft hat. Der Hype um diese Applikationsarten und das damit verbundene völlig neuartig Schutzkonzept wurde dann in den darauf folgenden Jahren immer größer und Roboter dieser Art wurden immer mehr an den verschiedensten Produktionslinien weltweit eingesetzt. Die Kunden waren hierbei völlig unterschiedlich und gingen von Großkonzernen aus der Automobilindustrie bis hin zu kleinen 10-Mann-Unternehmen, die hiermit schnelle und einfache Automatisierungslösungen in ihren Produktionen schaffen konnten.

Allerdings trat hier zur damaligen Zeit schnell ein Problem auf. Denn die damalig gültige EN-Norm, welche sich mit der sicheren Integration von industriellen Robotern beschäftigte, die EN ISO 10218-2:2008, kannte dieses Schutzkonzept nicht. Es war darin einfach nicht vorgesehen. Keine gültige Norm heißt zwar nicht zwingend, dass man solche Applikationen nicht umsetzen kann und darf, jedoch waren hierdurch sehr viele erst einmal verunsichert. In der Folgefassung der genannten Norm, welche dann im Jahr 2011 erschien, hat man sich dann dem Thema der Kollaboration etwas mehr angenommen. Allerdings hat man in dem zuständigen ISO-Gremium damals schnell erkannt, dass das Thema der Kraft- und Leistungsbegrenzung ein sehr umfängliches Thema ist. Um eine Verzögerung der damals absolut notwendigen Neuauflage der Norm zu verhindern, wurde innerhalb der ISO 10218-2:2011 auf eine technische Spezifikation verwiesen, welche dann im Nachgang zu der Norm verfasst und darin das Thema der Kraft- und Leistungsbegrenzung ausführlich behandelt werden sollte. Diese technische Spezifikation, die ISO TS 15066, wurde dann jedoch leider erst im Februar 2016 fertig gestellt und veröffentlicht. Sicherlich war es mehr als unglücklich, mehr oder weniger fünf Jahre lang in einer Norm auf eine technische Spezifikation zu verweisen, die es noch gar nicht gab. Das größere Problem war jedoch, dass man bis Anfang 2016 als Integrator und Betreiber einer PFL-Applikation (**P**ower- and **F**orce **L**imiting) nach eigenem Bauchgefühl handeln musste. Es gab keine Anhaltspunkte, wie mit einer solchen Applikation umzugehen war. Dadurch waren Risikobeurteilungen für solche Applikationen sehr individuell. Was der eine Integrator als Risiko angesehen hat, wurde bei einem zweiten Integrator als unbedenklich erklärt. Und auch wenn die Risikobeurteilung nach besten Wissen und Gewissen durchgeführt wurde, konnte es trotzdem spannend werden, wenn z. B. ein Vertreter der Berufsgenossenschaften oder anderen öffentlichen Stellen die Applikation in Augenschein genommen haben. Denn auch hier gab es oft noch eine weitere Meinung, da eben keine gemeinsamen Referenzen vorhanden waren und jeder individuell eine Auffassung davon hatte, was nun sicher und was unsicher an solchen Applikationen sei. Erst mit der Einführung der ISO TS 15066, konnte ein Integrator eine Applikation bauen, diese gemäß der technischen Spezifikation validieren und war damit dann sicherer bei möglicher Kritik durch Dritte. Man muss jedoch auch sagen, dass viele Stellen in der ISO TS 15066 in ihrer Erst- und immer noch gültigen Fassung aus dem Jahr 2016, auch jetzt noch einigen Raum für Interpretationen offen lassen. Hierdurch können immer noch verschiedene Meinungen bei der Bewertung einer solchen Applikation auftreten. Eins der am meisten vertretenen Beispiele hierfür ist z. B. die Notwendigkeit eines Zustimmtasters in einer solchen Applikation. Auf dieses Thema gehen wir in diesem Buch aber noch in einem späteren Kapitel etwas genauer ein.

Zwar beschäftigt sich die ISO TS 15066:2016 mit allen vier Kollaborationsarten, jedoch ist sie für die meisten Anwender speziell wegen ihrem Anhang A interessant. In diesem wird nämlich beschrieben, wie eine PFL-Applikation zu validieren ist. Wann liegt eine mögliche Gefährdung vor und wann eben nicht? In diesem Anhang findet man mehrere Tabellen, die im weiteren Verlauf als Grundlage einer Bewertung dienen.

Das Institut für Arbeitsschutz der Johannes Gutenberg-Universität in Mainz unter der Leitung von Prof. Dr. med. Dipl.-Ing. Stephan Letzel hat 2010 im Auftrag der Berufsgenossenschaft untersucht, wie viel Kraft und wieviel Druck auf verschiedenste Körperstellen wirken können, ohne dass hierbei Verletzungen auftreten (siehe [3]). Bis dahin stand immer ein pauschaler Wert von 150 N maximaler Kraft im Raum, was seinerzeit wohl einmal aus einer Norm für Türen und Tore abgeleitet wurde. Eine Bustür z. B. darf beim Schließen maximal 150 N Kraft aufbringen, um eine eventuell dazwischen stehende Person nicht zu gefährden. Das Problem hierbei ist nur, das Tür- und Torkanten wie z. B. an Bussen von Ihrer Beschaffenheit auch sonst sehr klar definiert sind. So muss z. B. eine Bustür immer einen Puffer (z. B. Gummi) auf der Kante haben, wodurch sich die 150 N im Falle einer Einklemmung zwischen der Tür großflächiger verteilen. Im Bereich der Robotik können jedoch 150 N auf sehr kleine Flächen wirken, wenn man z. B. ein scharfkantiges Werkstück im Greifer transportiert oder eine Klebedüse am Roboter angebracht ist, die oft nur einen Durchmesser von < 1 cm aufweisen. Sollten Sie dieses Problem nicht nachvollziehen können, legen Sie ihre Hand einmal auf den Tisch und dieses Buch oben drauf. Dann üben Sie mit der anderen Hand eine gewisse Kraft auf das Buch aus. Die Kraft wird sich über das Buch großflächig auf die darunter liegende Hand verteilen. Nun nehmen Sie einen Bleistift oder Kugelschreiber und setzen diesen statt des Buches auf die auf dem Tisch liegende Hand. Erhöhen Sie langsam die Kraft mit welcher Sie den Stift auf ihre Hand drücken. Sie werden sehr schnell feststellen, dass bei gleicher Kraft und kleinerer Fläche sehr schnell ein Schmerzgefühl entsteht. Aus dieser Problematik heraus musste sehr schnell neben einer Definition einer kritischen Kraftschwelle auch eine Druckschwelle her. Darüber hinaus verhält sich nicht jede Körperregion wie die andere. Auch hier können Sie dies sehr einfach nachvollziehen, indem Sie den Versuch mit dem Stift einmal an Ihrem Handrücken und einmal an Ihrer Handinnenfläche ausprobieren. Die Handinnenfläche ist weicher als der Handrücken, bei welcher mehr oder weniger direkt unter der Haut der Knochen liegt. Der Druck auf der Innenseite der Hand wird besser im Gewebe verteilt, was dazu führt, dass dort mehr Druck ausgeübt werden kann bevor wir es als unangenehm empfinden. Es gab also einen weiteren Bedarf. Man brauchte unterschiedliche Werte, sowohl für die Kraft als auch für den Druck, für möglichst viele unterschiedliche Körperregionen.

Im Rahmen der Studie kam noch eine weitere Erkenntnis hinzu. Nämlich die, dass nicht nur Kraft, Druck und Körperregion ein Faktor sind, der in die Bewertung mit einfließen sollte, sondern auch die Zeit, in welcher die Kraft und der Druck ausgeübt wird. Nehmen Sie einmal Ihre Fingerknöchel und klopfen Sie damit auf den Tisch, als wenn Sie jemandem enthusiastisch applaudieren wollen. Wahrscheinlich werden Sie dabei nicht vor Schmerzen aufschreien! Nehmen Sie nun die Fingerknöchel und pressen Sie diese mit ungefähr der gleichen Kraft, mit der Sie gerade geklopft haben, auf den Tisch und halten dabei die Kraft etwa konstant. Sie werden sehr schnell feststellen, dass Sie hier einen Unterschied in Ihrem Empfinden verspüren. Aus dieser Erkenntnis heraus wurden daher zwei unterschiedliche Werte für Kraft und Druck benötigt. Einer für einen konstant wirkenden Druck bzw. eine konstante Kraft, welche im Folgenden als statischer Druck bzw. statische Kraft bezeichnet werden und einen Wert für einen kurzzeitigen Druck bzw. eine kurzzeitige Kraft, welche im Folgenden als transienter Druck bzw. transiente Kraft bezeichnet werden.

Es zeigt sich bereits jetzt, dass die Risikobeurteilung einer Applikation mit Kraft- und Leistungsbegrenzung nicht einfach sein wird, da sehr viele Parameter betrachtet werden müssen.

Tabelle 6.1 Schmerzschwellen gemäß der Studie des arbeitschutzmedzinischen Intituts der Johannes-Gutenberg-Universität Mainz [2]

	Körperregion	Kraft [N]	Druck $\left[\frac{N}{cm^2}\right]$	Transienter Faktor
1	Stirn	130	130	1
2	Schläfe	130	110	1
3	Gesicht	65	110	1
4	Nacken oben	150	140	2
5	Nacken unten	150	210	2
6	Schulter vorne	210	160	2
7	Unterer Rücken	210	210	2
8	Solar Plexus	140	120	2
9	Brustmuskel	140	170	2
10	Bauch	110	140	2
11	Becken	180	210	2
12	Schulter seitlich	150	190	2
13	Oberarm	150	220	2
14	Ellbogen	160	190	2
15	Unterarm	160	180	2
16	Finger	140	220 bis 300	2
17	Handballen	140	200	2
18	Handflächen	140	260	2
19	Handrücken	140	200	2
20	Oberschenkelmuskel	220	250	2
21	Knie	220	220	2
22	Schienbein	130	220	2
23	Wade	130	210	2

Aber wie geht man am besten vor, wenn man eine Applikation mit dieser Kollaborationsart plant?

Wir möchten an dieser Stelle mit einem Grundsatz beginnen, welchen Sie sich unbedingt einprägen sollten und auf dessen Grundlage Sie alle Schritte in Ihrem Roboterprojekt aufbauen sollten:

 Der Kollaborationsraum, also der Bereich, in welchem der Mensch auf den sich bewegenden Roboter treffen kann, sollte stets nur so groß wie nötig und so klein wie möglich sein! ∎

Bereits bei der Planung Ihrer Applikation sollten Sie überlegen, ob tatsächlich ein solcher Bereich notwendig ist, oder ob Sie vielleicht doch besser die Kollaborationsart des sicheren überwachten Halts aus Kapitel 4 oder die Geschwindigkeits- und Abstandsüberwachung aus Kapitel 5 wählen sollten. In manchen Fällen ist es aber tatsächlich notwendig oder zumindest hilfreich, einen solchen Kollaborationsraum zu haben, in welchem Mensch und Roboter interagieren können. In diesem Fall sollten Sie darüber nachdenken, ob dies tatsächlich der komplette Arbeitsbereich des Roboters sein muss, oder ob nur ein kleiner Teil des Arbeitsbereichs reichen würde. Wenn Sie dies bereits frühzeitig berücksichtigen, wird es Ihnen später bei der Risikobeurteilung viel Zeit und Kosten sparen.

Stellen Sie sich eine Applikation vor, bei welcher ein Roboter ein gewisses Produkt in ein dafür vorgesehenes Tray platziert. Der Arbeiter legt das Produkt vorher in eine Übergabeposition, nachdem er den letzten händischen Arbeitsschritt erledigt hat. Um einen gewissen Puffer zu haben und Leerlaufzeiten gering zu halten, gibt es hier zwei Übergabestationen, wobei diese immer im Wechsel angefahren werden. Im Bereich der Übergabeposition wäre somit ein Raum, in welchem der Mensch und der Roboter gleichzeitig Arbeitsschritte vollziehen können und es theoretisch möglich ist, dass der Mensch mit dem sich in Bewegung befindlichen Roboter kollidiert. Sie sollten nun darauf achten, dass dieser Bereich von dem restlichen Arbeitsbereich des Roboters separiert wird und ein Eingriff oder Eintritt einer Person in den Bereich, welcher nicht für die Kollaboration vorgesehen ist, einen Stopp des Roboters bewirkt.

Die meisten Robotertypen aus dem Bereich der kollaborativen Robotik können hier z. B. wie folgt eingesetzt werden:

1. Der Roboter wird auf drei von vier Seiten eingehaust (eingezäunt bzw. umbaut),

2. Der Bewegungsbereich des Roboters wird eingeschränkt, sodass die Umhausung dazu dient den Menschen außerhalb zu belassen und die Bewegungseinschränkung dafür sorgt, dass der Roboter innerhalb bleibt.

3. An der vierten Seite wird ein Lichtgitter angebracht, welches den Roboter in einen Stopp gemäß Kapitel 4 zwingt sofern jemand in das Lichtgitter hineingreift.

4. Dem Roboter wird eine Sicherheitsebene hinzugefügt, welche aus Sicht des Roboters ein paar Zentimeter vor dem Lichtgitter liegt. Die Ebene wird in den Sicherheitseinstellungen so definiert, dass er beim Durchfahren der Ebene in reduzierte Geschwindigkeits-parameter übergeht. Diese Funktion ist bei den unterschiedlichsten Herstellern (z. B. Dosaan, Yaskawa, Universal Robots) implementiert.

5. Alle Roboter die sich wie in 4. beschrieben zwischen zwei Parametersätzen umschalten lassen, besitzen auch einen sicheren Ausgang, welcher anzeigt, in welchem Parametersatz der Roboter sich gerade befindet. Mit diesem Ausgang und einem Sicherheitsrelais wird das Lichtgitter überbrückt, sodass der Roboter dieses durchfahren kann ohne sich dabei selbst zu stoppen.

6. Hinter dem Lichtgitter befindet sich nun der Kollaborationsraum mit den beiden Übergabestationen.

Sicherlich kann man Applikationen mit Kraft- und Leistungsbegrenzung auch anders umsetzen, jedoch werden Sie noch selbst erkennen, wo der Vorteil bei dieser Herangehensweise und insbesondere bei dem Grundsatz, den Kollaborationsraum möglichst klein zu halten, liegt.

Wenn Sie Ihre Applikation nun auf diese Art geplant, aufgebaut und umgesetzt haben, dann steht auch irgendwann das Thema der Risikobeurteilung vor Ihrer Tür. Hier haben Sie auch bereits erste Schritte und Maßnahmen getroffen ohne, dass Ihnen dies evtl. bewusst war. Sie haben sich z. B. für einen Roboter mit erweiterten Sicherheitsfunktion entschieden, weil Ihnen klar war, dass mit einem Standardindustrieroboter die Anforderung an Ihre

Übergabestation nicht erfüllt werden konnte, da hier dann die Gefahr einer Verletzung vorhanden wäre. Daher haben Sie sich für einen Roboter entschieden, der u. a. eine Kraft- und Leistungsbegrenzung besitzt. Damit im Falle eines Zusammentreffens von Mensch und Roboter innerhalb des Kollaborationsraumes der Roboter stoppt und den Menschen nicht verletzt. Sie setzen in diesem Moment die Kraft- und Leistungsbegrenzung als Risikominderungsmaßnahme ein. Erinnern Sie Sich bitte an den Abschnitt 3.3.3 in welchem bereits erläutert wurde, dass es ein Eingangsrisiko gibt, für welches Sie sich einen Roboter ohne jegliche Schutzfunktionen vorstellen müssen. Wie wahrscheinlich und wie schwer wäre nun eine Verletzung an dieser Übergabestation mit einem solchen Roboter? Dies definiert dann Ihre Anforderung an den Performance Level (PL) für die Sicherheitsfunktion der Kraft- und Leistungsbegrenzung. Erfüllt ihr gewählter Roboter dies PL, sind Sie schon einmal einen Schritt weiter.

Nun muss noch die Frage geklärt werden, ob dass Risiko durch die von Ihnen gewählte Maßnahme ausreichend gemindert wird. Also ob die Kraft- und Leistungsbegrenzung nun tatsächlich Verletzungen verhindert. Um dies zu verifizieren muss nun gemessen werden wie hoch die Kräfte und Drücke an den möglichen Kontaktstellen theoretisch sein könnten. Die gemessenen Werte werden dann mit den Werten der, weiter vorne im Abschnitt erwähnten, Studie der Johannes Gutenberg Universität Mainz verglichen, da diese Studie die Grundlage für den Anhang A der ISO TS 15006 bildet. Und dann müssen Sie für sich bewerten, ob die Applikation in Ihren Augen sicher ist, oder ob Sie nochmal nachjustieren müssen. Jedoch werden wir bis zu diesem Punkt noch einige Fragen klären müssen!

- Wie messe ich Kraft und Druck?
- Wo messe ich?
- Wie bewerte ich meine Messung?

■ 6.2   Messung der physikalischen Parameter

6.2.1   Kraft- und Druckmessung

Für die Messung von Kraft und Druck bieten mittlerweile unterschiedliche Hersteller Lösungen in verschiedenen Preisklassen an. Einer der Ersten, die sich in diesem Markt positioniert haben, war die Firma GTE aus Viersen. Diese hat schon vor dem Zeitalter der kollaborativen Robotik Kraftmessgeräte für Türen und Tore hergestellt und hatte somit schon Erfahrung in diesem Bereich. Mittlerweile bietet die Firma ihre Kraftmesssysteme für kollaborierende Robotersysteme in einer eigenen Sparte an und ist in diesem Bereich sicherlich einer der Marktführer. Aber was unterscheidet ein Kraftmessgerät für die kollaborative Robotik von einem Kraftmessgerät, welches für die Ermittlung der Klemmkraft an einem Garagentor verwendet wird?

Die am Anfang des Kapitels erwähnte Studie der Johannes Gutenberg-Universität in Mainz hat nicht nur Kräfte und Drücke ermittelt, bei welchen es eventuell weh tun könnte, sondern auch festgestellt, dass der Kollisionspunkt am menschlichen Körper, auf welchen der

Tabelle 6.2 Federkonstanten verschiedener Körperstellen [2]

	Körperregion	Federkonstante $\left[\frac{N}{mm}\right]$
1	Stirn	150
2	Schläfe	75
3	Hals	50
4	Rücken und Schulter	35
5	Brustkorb	25
6	Bauch	10
7	Becken	25
8	Oberarme und Ellbogen	30
9	Unterarme und Handgelenke	40
10	Hände und Finger	75
11	Oberschenkel und Knie	50
12	Unterschenkel	60

Roboter bei einem Zusammenstoß trifft, sich wie ein Feder-Dämpfungs-Element verhält. Weicheres Gewebe, wie z. B. der Bauch, dämpft dabei erst einmal die Kollision ab und hält dann wie eine Feder dagegen. Jede Körperstelle hat dabei eine eigene Feder- und eine eigene Dämpfungskonstante. Misst man also an einer gewissen Stelle in der Applikation, bei der davon ausgegangen wird, dass dort wohl möglich eine Kollision mit dem Handrücken stattfinden könnte, so benötigt das Messgerät eine andere Feder und eine andere Dämpfung, als wenn man an der gleichen Stelle in der Applikation von einer Kollision mit dem Bauch ausgeht. Tabelle 6.2 zeigt die verschiedenen Federkonstanten für die verschiedenen relevanten Körperstellen. Dadurch, dass die in Tabelle 6.2 genannten Werte ebenso in die ISO TS15066 eingeflossen sind, war die Anforderung an Messgeräte für diesen Bereich, dass die Kraftmessung mit diesen Federkonstanten durchgeführt werden konnte. Die Messgeräte für kollaborierende Robotersysteme sind daher so konzipiert, dass die verwendete Feder, je nach angenommenem Kollisionspunkt am menschlichen Körper, ausgetauscht werden kann. Darüber hinaus werden diesen Messsystemen auch verschiedene Dämpfungselemente hinzugefügt, welche ebenfalls dem Kollisionspunkt angepasst auf das Messgerät aufgelegt werden.

Neben der Anforderung an spezielle Federkonstanten und Dämpfungselemente sind aber noch weitere Dinge wichtig. Wie bereits in der Einführung dieses Kapitels erläutert, werden statische und transiente Kräfte und Drücke unterschieden. Bei dieser Unterscheidung treten transiente Kräfte und Drücke kurzzeitig auf und der Mensch kann daher höhere Werte aushalten. Statische Kräfte und Drücke sind dagegen solche, die lang andauernd auftreten (z. B. bei einer Klemmung). Kräfte und Drücke in dieser Kategorie schmerzen uns schon bei geringeren Werten. Wenn wir noch einmal mit unseren Fingerknöcheln auf den Tisch klopfen, jedoch anschließend die Knöchel nicht wieder vom Tisch anheben, sondern mit einem konstanten Druck gegen den Tisch pressen, dann ergibt sich daraus ein Kraftverlauf wie in Abbildung 6.1 dargestellt. Wie dort zu sehen ist, wirkt beim Aufprall des Knöchels erst eine höhere Kraft bzw. ein höherer Druck, welcher aber nicht zu einem Schmerzgefühl führt, da er nur kurz andauert. Anschließend haben wir eine(n) länger andauernde(n)

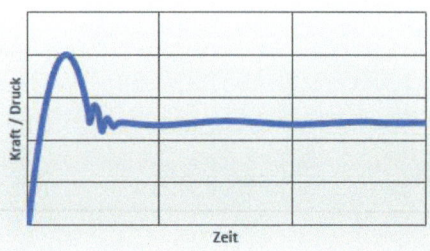

Abbildung 6.1 Typischer Kraftverlauf

Kraft/Druck, welche(r) aber einen geringeren Wert hat und daher ebenfalls keinen Schmerz bereitet. Wird nun in einer Applikation mit einem kollaborierenden Roboter mit hilfe eines Messgeräts Kraft und Druck ermittelt, ist daher nicht nur der Wert, sondern auch die Dauer ein entscheidender Faktor. Aus diesem Grund ist es unabdingbar, dass die Kraftmessung über die Zeit erfolgt.

Die meisten auf dem Markt erhältlichen Messgeräte für kollaborierende Robotersysteme können nun zwar die Kraft über die Zeit messen, nicht jedoch den Druck. Der Druck wird hier oft nur als Spitzendruck (maximaler Wert während der gesamten Kollision) ermittelt. Es gibt zwar auch Messsysteme auf dem Markt, welche sowohl Kraft als auch Druck über die Zeit ermitteln können, jedoch liegen diese Messgeräte preislich um ca. den Faktor 10 über den anderen Messsystemen. In der Regel sollte Ihnen jedoch die günstige Variante eines Messgeräts ausreichen, um eine sinnvolle und umfassende Messung und damit verbundene Risikoanalyse vorzunehmen.

Nehmen Sie einmal an, Sie haben eine Applikation, in welcher der Roboter Teile aus einer Kiste herausnimmt und diese Stelle über die Kraft- und Leistungsbegrenzung abgesichert werden soll (Abbildung 6.2). Um zu bewerten, ob Ihre Schutzmaßnahme der Kraft- und Leistungsbegrenzung das Risiko einer Verletzung beim Eingriff einer Person in die Applikation und eine daraus eventuell resultierende Klemmung ausreichend mindert, muss an dieser Stelle eine Kraft- und Druckmessung durchgeführt werden. Hierzu sollte in einem ersten Schritt die dargestellte Box entfernt und an dieser Stelle das Kraftmessgerät positioniert werden. Auf das Messgerät selbst wird dann das jeweilige Dämpfungselement platziert und auf dieses wird eine Folie für die Druckmessung gelegt. Diese sogenannte Fuji-Folie hat

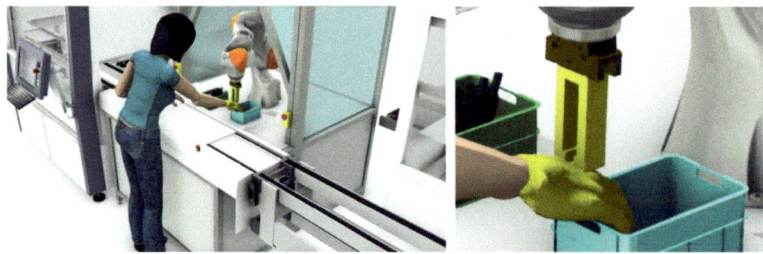

Abbildung 6.2 Klemmstelle in einem kollaborierenden Robotersystem (Quelle: Fraunhofer IFF)

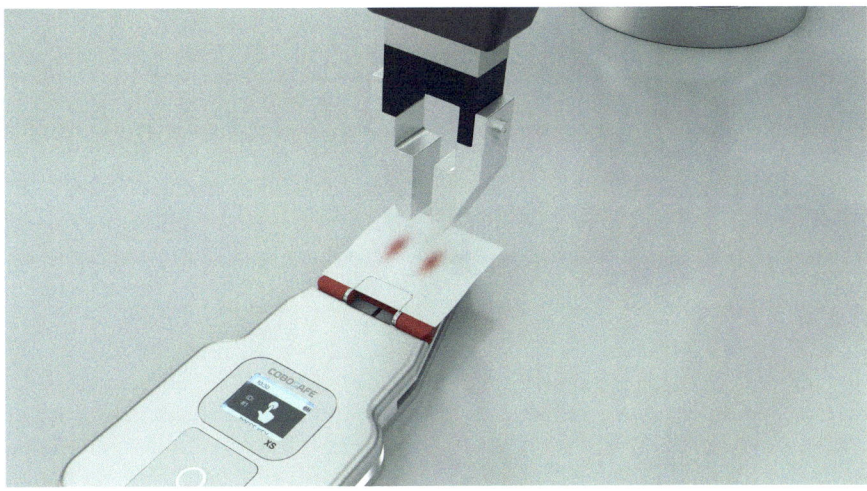

Abbildung 6.3 Druckmessung mit Fuji-Folie (Quelle: GTE Industrieelektronik GmbH)

die Eigenschaft, dass sie sich an den Stellen rot verfärbt, an denen Druck auf sie ausgeübt wird (siehe Abbildung 6.3). Je höher der Druck desto, dunkler die Rotfärbung. Anschließend kann man theoretisch mit Hilfe eines Referenzstreifens mit verschiedenen Rotfärbungen den Druck bestimmen. Da dies allerdings sehr schwierig und ungenau wäre, liefern die meisten Anbieter solcher Kraft- und Druckmesssysteme eine Software dazu, mit welcher die verfärbte Folie eingelesen und ausgewertet werden kann.

Da über die Fuji-Folien jedoch leider nur die Maximalwerte ermittelt werden können, muss sich dann natürlich die Frage gestellt werden, wann diese Werte aufgetreten sind. Lagen sie unterhalb der 0,5-Sekunden-Grenze und damit im transienten Bereich oder hat der Druck sogar länger angedauert und muss deshalb als statisch gewertet werden? Hier sollte klar sein, dass der Druck nichts anderes ist als die Kraft, die sich über die Fläche verteilt. Nehmen Sie einmal folgendes Ergebnis Ihrer Messung an:

Ihr Kraftmessgerät misst die Kraft über die Zeit mit einem ähnlichen Verlauf wie in Abbildung 6.1 dargestellt. Hierbei hat der Peak der Kraft am Anfang der Kollision einen Wert von 250 N und die in die Software eingelesene Rotfärbung der Fuji-Folie zeigt Ihnen einen Maximaldruck von 350 $\frac{N}{cm^2}$ an. Nach ca. 0,3 Sekunden pendelt sich dann der Wert der Kraftmessung auf ca. 110 N ein.

Wie würde man diese Messung nun bewerten? Ein Blick in die ISO TS 15066 zeigt für den Handrücken einen maximal möglichen statischen Kraftwert von 140 N und einen maximalen statischen Druckwert von 200 $\frac{N}{cm^2}$ sowie einen transienten Faktor für Kraft und Druck von 2 an (siehe auch Tabelle 6.1). Dies bedeutet, die maximal mögliche transiente Kraft wäre 2 × 140 N = 280 N und der maximal mögliche transiente Druck wäre für diese Körperstelle 2 × 200 $\frac{N}{cm^2}$ = 400 $\frac{N}{cm^2}$. Gemessen wurde eine Kraft von 250 N für weniger als 0,5 Sekunden. Die maximale transiente Kraft von 280 N wird daher schon einmal nicht überschritten. Weiter wurde eine statische Kraft von 110 N gemessen, während in der ISO TS 15066 ein maximaler Wert von 140 N angegeben ist. Auf der Seite der Kraft scheint diese Klemmung also erst einmal unkritisch zu sein, da sich die Kraftwerte unterhalb der Schmerzeintrittsgrenzen bewegen. Aber was ist mit dem Druck? Hier wurde ein Wert von 350 $\frac{N}{cm^2}$ gemessen. Dieser

Wert wäre in Ordnung, wenn er unterhalb der transienten Zeit-Schwelle von 0,5 Sekunden gemessen worden wäre. Allerdings liegt hier, anders als bei der Kraft, kein Druckwert vor, welcher über die Zeitachse aufgenommen wurde.

Nehmen Sie sich doch einmal gedanklich einen Gegenstand (z. B. eine Getränkedose) und stellen diesen gedanklich auf Ihr Messgerät. Nun üben Sie für eine gewisse Zeit eine relativ konstante Kraft von oben auf die Dose aus und halbieren diese nach einer Weile, um nun noch für eine Zeit lang mit der halben Kraft konstant die Dose auf Ihr Messgerät zu drücken. Wenn Sie sich dann im Anschluss den vom Messgerät aufgezeichneten Kraftverlauf anschauen, sehen Sie im Idealfall Ihre zwei konstanten Kraftwerte in diesem Verlauf. Schauen Sie sich nun die Fuji-Folie mit dem jeweiligen Druckmessbild an, so haben Sie hier nur einen Wert. Da die Folie den Maximalwert widerspiegelt, können Sie hier eindeutig feststellen, dass der auf dem Druckmessbild dargestellte Druck in der Zeit angelegen hat, als Sie die Dose zu Beginn der Messung mit höherer Kraft nach unten gedrückt haben. Sie wissen jedoch nicht, welcher Druck gewirkt hat, während Sie mit halber Kraft gedrückt haben. Allerdings hat sich ja die Fläche der Dose nicht verändert. Und der Druck ist, wie bereits weiter oben erwähnt, die Kraft verteilt über die Fläche. Wenn Sie also am Anfang mit 300 N auf die Dose gedrückt haben und dabei einen Flächendruck von 250 $\frac{N}{cm^2}$ erzeugt haben, den Sie nun vielleicht auf Ihrem Druckmessbild ablesen, dann liegt nun bei der Hälfte der Kraft auch nur noch die Hälfte des Drucks an. Sie können also in einer ungefähren Abschätzung über einen einfachen Dreisatz mit Hilfe des maximalen Drucks, der maximalen Kraft und der statisch wirkenden Kraft auch den statisch wirkenden Druck ermitteln.[1]

$$p_{Stat} = \frac{p_{max} \times F_{Stat}}{F_{max}} \tag{6.1}$$

Die Messung, welche nun also in der weiter oben genannten Beispielapplikation durchgeführt wurde, ergibt damit einen transienten Druck von 350 $\frac{N}{cm^2}$ und einen statischen Druck von

$$p_{Stat} = \frac{350 \frac{N}{cm^2} \times 110\,N}{250\,N} = 154\ \frac{N}{cm^2}$$

Man kann daher die Kollision, welche in Abbildung 6.2 dargestellt ist, als unkritisch bewerten. Allerdings sollte beachtet werden, dass hier lediglich der Druck von oben bewertet wurde. Wie die Abbildung zeigt, wird die Hand dort über eine Kiste mit einem schmalen Rand gehalten. Eine Kraft von oben (auch mit einer noch so großen Fläche) kann durch die Kante der Kiste zu erhöhten Druckwerten von unten führen. Sie sollten daher die Messung an dieser Stelle auch einmal mit umgedrehtem Messgerät durchführen, um die von unten wirkenden Drücke zu ermitteln. Dies muss natürlich nicht immer gemacht werden. Nur wenn eine Körperstelle, wie in diesem Beispiel, zwischen zwei kleineren Flächen (eine am Roboter beweglich und eine statisch im Umfeld des Roboters) eingeklemmt wird.

---

[1]   Die Berechnung ist nur eine grobe Näherung, da sich die Kontaktfläche am Kollisionspunkt dennoch verändert, da der Körper in weicheres Gewebe eindringt und dieses teilweise umhüllt. Hierdurch erhöht sich der Druck an den Rändern der Kontaktfläche. Für die Bewertung des Risikos kann diese Berechnung jedoch durchaus so durchgeführt werden.

6.2.2 Berechnung der Kollisionskräfte

Im vorherigen Abschnitt haben Sie erfahren, wie Kräfte und Drücke bei einer möglichen Klemmung messtechnisch zu ermitteln sind. Am Besipiel einer möglichen Klemmung der Hand wurde dargestellt, dass zur Ermittlung der Kräfte- und Drücke die Hand durch ein Messsystem ersetzt wird. Anhand der Messwerte und der Referenz in der ISO TS 15066 kann dann bewertet werden, ob und wie schwerwiegend eine mögliche Verletzung bei einer solchen Klemmung sein könnte. Jedoch gibt es in einer solchen Applikation nicht nur Kollisionsszenarien, in denen ein Körperteil zwischen einem sich bewegenden Roboter und einem anderen Gegenstand wie z. B. dem Tisch eingeklemmt wird. Viele mögliche Szenarien sind keine Klemmungen, sondern eine sogenannte freie Kollision im Raum. Frei deswegen, weil das getroffene Körperteil anders als bei einer Klemmung zurückweichen kann. Sollten Sie der Auffassung sein, dass sich diese beiden Szenarien nicht unterscheiden, so stellen Sie sich gerne einen Roboter vor, der von oben mit 500 $\frac{m}{s}$ gegen Ihre frei in den Raum gehaltene Hand fährt. Anschließend stellen Sie sich das gleiche Setup vor, bei dem jedoch Ihre Hand auf einem Tisch liegt und dort vom Roboter getroffen wird.

Während die Energie der Kollision bei der Hand auf dem Tisch vollständig vom Gewebe aufgenommen werden muss, wird bei der Kollision im Raum nur ein kleiner Teil der Energie vom Gewebe aufgenommen. Der größere Teil verbleibt zum einen in der Bewegungsenergie des Roboters, da dieser sich in der vorherigen Bewegungsrichtung immer noch weiter fortbewegen kann. Ein anderer Teil wird zur Beschleunigung der Hand als Bewegungsenergie in die Hand übertragen. Wir können feststellen, dass die Summe der vom Gewebe aufgenommenen Energie äquivalent zum Schmerzempfinden und zu einer möglichen Verletzung steht.

Aber wie würden Sie eine freie Kollision bewerten? In der Praxis gibt es hier leider viele Personen, die versuchen dies ebenfalls mit einer Messung zu machen. Einige montieren hierzu eine Vorrichtung in den bis dahin freien Raum, um an dieser ein Messgerät zu befestigen. Allerdings sollte eigentlich klar sein, dass diese Messung völlig falsche Werte liefert. Mit diesem Vorgehen wird eine Klemmung gemessen, wo keine Klemmung ist. Die Messwerte würden daher um ein Vielfaches über dem realen Wert liegen. Aber wie kann man es besser machen?

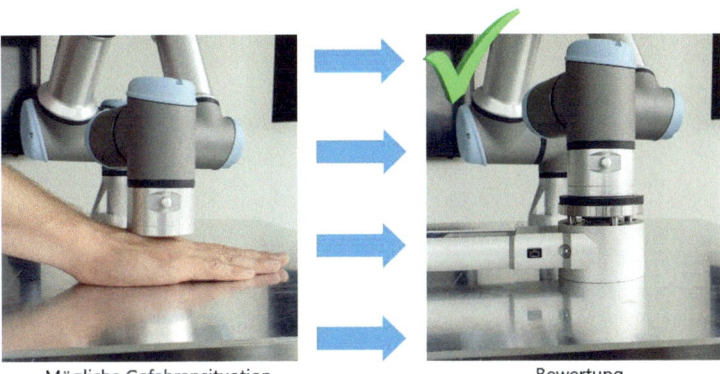

Mögliche Gefahrensituation   Bewertung

Abbildung 6.4 Bewertung einer Klemmsituation

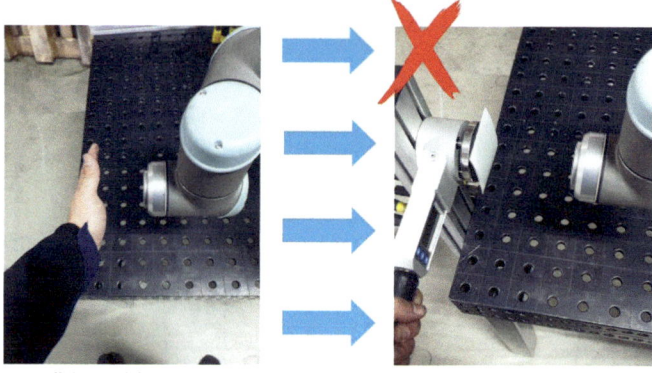

Mögliche Gefahrensituation   ???Bewertung???

Abbildung 6.5 Falsche Bewertung einer Stoßsituation

Auch in der ISO TS 15066 ist man sich bewusst, dass eine Messung einer freien Kollision nur sehr schwer realisierbar ist. Daher wird dort auf die Berechnung der Transferenergien gesetzt. Wie bereits vorher gesehen, gibt die ISO TS 15066 für den Handrücken eine maximale Kraft von 140 N und einen transienten Faktor von 2 an. Da bei einer freien Kollision die Hand durch den Aufprall weg „geschleudert" wird, findet der Kontakt nur für einen sehr kurzen Moment statt. Daher ist hier von einer transienten Kraftwirkung auszugehen und der transiente Faktor wird angewendet, um die Maximalkraft zu ermitteln. In diesem Fall läge sie bei 280 N.

Wir möchten nun die Kraft von 280 N in eine Energie umrechnen und damit dann die maximale Kollisionsenergie berechnen. Hierzu folgende Herleitung:

1. Die Energie, die benötigt wird, um ein Objekt zu bewegen, ist gleich dem Produkt der aufgewendeten Kraft und der bewegten Strecke. Hieraus folgt Gleichung 6.2.

$$E = Fc \times d \tag{6.2}$$

2. Trifft ein sich bewegendes Objekt auf eine Feder, so ist die Kraft zu Beginn der Berührung mit der Feder = 0 und erreicht einen Maximalwert F_{max}, wenn die Feder maximal zusammengedrückt ist. Hieraus ergibt sich die Formel für die mittlere Kraft die auf die Feder wirkt.

$$F_{avg} = \frac{F_{max}}{2} \tag{6.3}$$

3. Bringt man nun die Gleichungen 6.2 und 6.3 zusammen, ergibt sich daraus Gleichung 6.4

$$E = \frac{F_{max}}{2} \times d \tag{6.4}$$

4. Die Kraft einer Feder wird mittels ihrer Federkonstanten und der Strecke, die sie komprimiert, anhand von Gleichung 6.5 beschrieben.

$$F = k \times d \tag{6.5}$$

5. An dem Punkt der maximalen Federkompression ergibt sich nun aus Gleichung 6.5 $F_{max} = k \times d$. Stellt man diese auf d um, so erhält man Gleichung 6.6.

$$d = \frac{F_{max}}{k} \tag{6.6}$$

6. Setzt man nun Gleichung 6.6 in Gleichung 6.2 ein erhält man mit Gleichung 6.7 die Berechnung einer Energie mittels einer Kraft und einer Federkonstanten.

$$E = \frac{F_{max}}{2} \times \frac{F_{max}}{k} = \frac{F_{max}^2}{2k} \tag{6.7}$$

Durch den oben beschriebenen kausalen Zusammenhang zwischen Kraft und Energie ist es also möglich, die in Tabelle 6.1 dargestellten Kraftwerte, welche den Schmerzeintritt definieren, in eine Energie umzurechnen, sofern man eine dementsprechend anzunehmende Federkonstante hat. Die zitierte Studie der Johannes Gutenberg-Universität in Mainz hat diese benötigten Federkonstanten ebenfalls ermittelt. Klar sollte dabei sein, dass unterschiedliche Körperregionen oft auch unterschiedliche Federkonstanten aufweisen. Das Gewebe am Bauch ist weicher und gibt mehr nach als das Gewebe auf dem Handrücken. Daher wurde für den Bauch eine Federkonstante von $k = 10\,\frac{N}{mm}$ und für die Hände und Finger eine Federkonstante von $k = 75\,\frac{N}{mm}$ festgelegt. Möchte man nun die in Tabelle 6.1 als Schmerzeintritt definierte Kraft für eine freie Kollision mit z. B. der Schulter als Energie ausdrücken, so sieht die Berechnung wie folgt aus:

$$E_{PainOnset} = \frac{F_{Painonset}^2}{2k} = \frac{(2 \times 210\,N)^2}{2 \times 35\,\frac{N}{mm} \times 1000} = 2{,}52\,J$$

Die Energie, welche äquivalent zu der Kraft ist, bei welcher der Schmerz eintritt, liegt damit also bei 2,52 Joule. Bei der vorgenannten Umrechnung gilt es zwei Dinge zu beachten:

1. Für die Kraft bei einem Stoß ist der transiente Wert heranzuziehen. Daher $2 \times 210\,N$.

2. Die Federkonstante muss von $\frac{N}{mm}$ in $\frac{N}{m}$ umgerechnet werden. Daher der Faktor 1000 unter dem Bruchstrich.

Nachdem nun klar ist, bei welcher Energie der Schmerzeintritt stattfindet, gilt es noch zu klären, ob die bei der Kollision auftretende Energie unterhalb oder oberhalb dieses Wertes liegt. Hierzu kann die Energie anhand der Gleichung 6.8 ermittelt werden.

$$E = \tfrac{1}{2} m v^2 \tag{6.8}$$

Jedoch muss bei dieser Gleichung die Variable m etwas genauer betrachtet werden, da hier nicht nur eine Masse, sondern zwei Massen in die Gleichung mit eingehen müssen. Zum einen ist es die bewegte Masse des Roboters, welche hier mit hineinspielt, und zum anderen ist die Masse der getroffenen Körperregion (siehe Tabelle 6.3) mit einzubeziehen. Aus diesen beiden Massen wird mittels Gleichung 6.9 eine relative Masse μ berechnet und diese dann in Gleichung 6.8 für m eingesetzt.

$$\mu = \frac{1}{\frac{1}{m_{Roboter}} + \frac{1}{m_{Mensch}}} \tag{6.9}$$

Da es oft schwierig ist zu definieren, welche Masse am Roboter bewegt wird und welche nicht, sollte man immer vom Worst Case ausgehen und als bewegte Masse das Gewicht des

Tabelle 6.3 Anzunehmende Federkonstanten gemäß der Studie des arbeitsschutzmedizinischen Instituts der Johannes Gutenberg-Universität Mainz [2]

	Körperregion	Federkonstante $\left[\frac{N}{mm}\right]$	Masse [kg]
1	Schädel und Stirn	150	4,4
2	Gesicht	75	4,4
3	Hals	50	1,2
4	Rücken und Schulter	35	40,0
5	Brustkorb	25	40,0
6	Bauch	10	40,0
7	Becken	25	40,0
8	Oberarme und Ellbogen	30	3,0
9	Unterarme und Handgelenke	40	2,0
10	Handgelenke und Finger	75	0,6
11	Oberschenkel und Knie	50	75,0
12	Unterschenkel	60	75,0

ganzen Roboterarms plus die angehängte Nutzlast annehmen. In der ISO TS 15066 wird die Berechnung von $m_{Roboter}$ zwar anhand Gleichung 6.10 angegeben, jedoch empfehlen wir hierzu die Gleichung 6.11 zu verwenden. Die Gleichung 6.10 beschreibt die bewegte Masse für ein System, welchem im Kollisionsmoment keine weitere Energie zugeführt wird. Da jedoch die Antriebe von kollaborierenden Robotern im Moment der Kollision noch immer kurz weiter mit Energie versorgt werden, bis das Sicherheitssystem die Kollision erkennt und die Antriebe stromlos schaltet, sollte man etwas mehr Masse annehmen als bei einem sich bewegenden System ohne Energiezuführung. Hier ist es ganz wichtig herauszustellen, dass dieser Teil der Berechnung eine etwaige Näherung ist und vom Stoppverhalten und der Reaktionszeit des Systems abhängt.

$$m_{Roboter} = \frac{m_{Roboterarm}}{2} + m_{Nutzlast} \tag{6.10}$$

$$m_{Roboter} = m_{Roboterarm} + m_{Nutzlast} \tag{6.11}$$

Um eine genauere Berechnung an diesem Punkt zu erreichen, müsste der Hersteller des Roboters idealerweise eine theoretisch anzunehmende Masse angeben, welche sich durch die Eigenschaften der Hard- und Software des Roboters ergibt. Mit der Berechnung über Gleichung 6.11 liegt man meist etwas zu hoch und damit eher auf der sicheren Seite.

In dem in Abbildung 6.6 dargestellten Kollisionsszenario ergäbe sich daraus Folgendes:

- $m_{Roboterarm} = m_{UR10e} = 33\,kg$
- $m_{Nutzlast} = m_{Greifer} + m_{Werkstück} = 1,5\,kg + 1\,kg$
- $m_{Mensch} = m_{Schulter} = 40\,kg$

Aus oben genannten Daten ergibt sich mit Gleichung 6.11 $m_{Roboter}$ von

$$m_{Roboter} = m_{Roboterarm} + m_{Greifer} + m_{Werkstück} = 33\,kg + 1,5\,kg + 1\,kg = 35,5\,kg$$

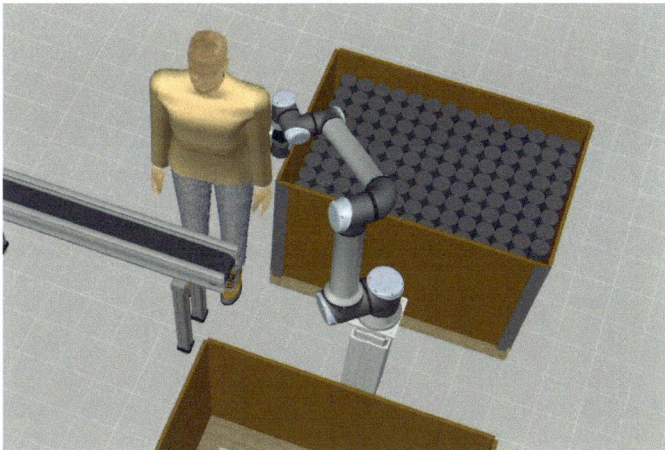

Abbildung 6.6 Kollision an der Schulter

Weiter ergibt sich aus Gleichung 6.9 eine relative Masse μ von

$$\mu = \frac{1}{\frac{1}{35,5\,\text{kg}} + \frac{1}{40\,\text{kg}}} = 18,808\,\text{kg}$$

Nimmt man nun Gleichung 6.8 und stellt diese auf ν um, damit man anhand der maximalen Transferenergie, bei welcher der Schmerz eintritt, eine maximal mögliche Geschwindigkeit ermitteln kann, so erhält man mit Gleichung 6.12 die folgende Berechnung:

$$\nu_{\text{max}} = \sqrt{\frac{2E}{\mu}} \tag{6.12}$$

$$\nu_{\text{max}} = \sqrt{\frac{2 \times 2,52\,\text{J}}{18,808\,\text{kg}}} = 0,518\,\frac{\text{m}}{\text{s}} = 518\,\frac{\text{mm}}{\text{s}}$$

Der Roboterarm könnte sich demnach mit etwa $500\,\frac{\text{mm}}{\text{s}}$ schnell bewegen und würde damit bei einer Kollision mit der Schulter einer Person unterhalb der Schmerzeintrittsschwelle bleiben. Kommen Kollisionen mit verschiedenen Körperregionen in frage, so wiederholt man die Berechnung mit den dementsprechenden Massen aus Tabelle 6.3 und nimmt die Geringste der errechneten Maximalgeschwindigkeiten als Grenze für den Roboter.

■ 6.3 Messungen in der Applikation

Nachdem in den beiden vorherigen Abschnitten bereits beispielhaft gezeigt wurde, WIE gemessen oder berechnet wird, soll dieser Abschnitt nun die Frage behandeln, WO überall Kollisionsstellen (egal ob Klemmung oder freie Kollision) zu betrachten und zu bewerten sind. Spätestens in diesem Abschnitt wird Ihnen klar werden, warum es wichtig ist, sich frühzeitig in der Planung der Applikation Gedanken über die möglichen Kollisionsstellen zu machen.

Wichtig ist hierbei, dass nicht nur die möglichen Kollisionsstellen, welche der Roboter im Zuge seines Programms passiert, zu betrachten sind. Bedenken Sie, dass eventuell ein Fehler im Programm auftreten könnte und der Roboter dadurch plötzlich an eine ganz andere Stelle fährt als vorher. Oder jemand modifiziert das Programm, ohne dass Sie als derjenige, der die Risikobeurteilung durchgeführt hat, darüber informiert werden. Natürlich ist die Wahrscheinlichkeit, dass ein Programmfehler auftritt, der Roboter dadurch an eine ganz andere Stelle fährt und an dieser Stelle ein Mensch steht und vom sich bewegenden Roboter getroffen wird, weit geringer als die Wahrscheinlichkeit einer Kollision auf der programmierten Bahn des Roboters. Aber dennoch müssen Sie diese mögliche Gefährdung betrachten und bewerten. Es muss also erst einmal der komplette Raum in Reichweite des Roboters betrachtet werden.

Verwenden Sie nun einen Roboter, mit welchem Sie den Bewegungsraum sicher begrenzen können (über mechanische Anschläge oder Softwaresicherheitsfunktionen), und weisen diese Begrenzungsmöglichkeiten einen ausreichenden Performance Level auf, so sollten Sie diese Funktion unbedingt nutzen und in Ihrer Applikation einen eingeschränkten Bereich einrichten. Haben Sie diesen eingerichtet, so müssen Sie nur noch die möglichen Kollisionsszenarien innerhalb dieses Bereiches betrachten. Der Aufwand für Ihre Risikobeurteilung kann sich dadurch schon um ein Vielfaches verringern. Noch besser wäre es, wenn Sie sich genau überlegen, ob wirklich der gesamte eingeschränkte Bereich für eine Person zugänglich sein muss! An welchen Stellen muss der Roboter tatsächlich mit einer Person interagieren? Der eingangs des Kapitels eingeführte Grundsatz, den Kollaborationsraum immer nur so groß wie nötig und so klein wie möglich zu halten, bekommt an dieser Stelle sein Gewicht. Denn nur in den Bereichen, in welchen ein sich bewegender Roboter und eine Person zusammenkommen können, besteht die Gefahr einer Kollision und die daraus resultierende Notwendigkeit einer Analyse und Bewertung dieser Gefährdung. In der Praxis sollten Sie eventuell Mischapplikationen aus sicherem überwachten Halt und der Kraft- und Leistungsbegrenzung verwenden. Während Sie einen Teil der Applikation darüber sicher machen, dass der Roboter beim Betreten eines Teilbereichs der Applikation stoppt und erst wieder im Programm fortfährt, wenn der Bereich wieder frei ist, wird ein weiterer Bereich über die Kraft- und Leistungsbegrenzung abgesichert. Letzterer ist der Bereich, in welchem Roboter und Mensch tatsächlich interagieren müssen und können. In den anderen Bereich muss der Mensch in der Regel nicht so oft eingreifen, weshalb eine dadurch verursachte Unterbrechung eventuell unkritisch ist.

Nachfolgend möchten wir dies an einem kleinen Beispiel exemplarisch darstellen. Im Jahr 2019 hat die Firma Universal Robots diesen Grundsatz eines möglichst kleinen Kollaborationsraums und einer Mischung aus sicherem überwachten Halt sowie der Kraft- und Leistungsbegrenzung sehr anschaulich auf einer Messeapplikation dargestellt.

In der in Abbildung 6.7 dargestellten Applikation arbeiten drei UR3e zusammen in einer Zelle. In der Zelle sind neben den drei Robotern noch zwei Trays, wobei eines mit kleinen Stabtaschenlampen bestückt ist und das andere Tray die benötigten Batterien beinhaltet. Darüber hinaus steht in der Mitte der Applikation noch eine Lasergravureinheit, welche das Logo der Firma auf die Taschenlampe graviert, nachdem die Roboter die Taschenlampe mit einer Batterie bestückt haben. Nach der Gravur nimmt der vordere Roboter die Taschenlampe aus der Gravureinheit und übergibt sie an den Messebesucher. Nun mag man sich vielleicht auf den ersten Blick fragen, was daran nun so besonders sein soll. Jedoch stellt man beim genaueren Hinschauen fest, dass diese Applikation ein sehr ausgeklügeltes Sicherheitskonzept beinhaltet.

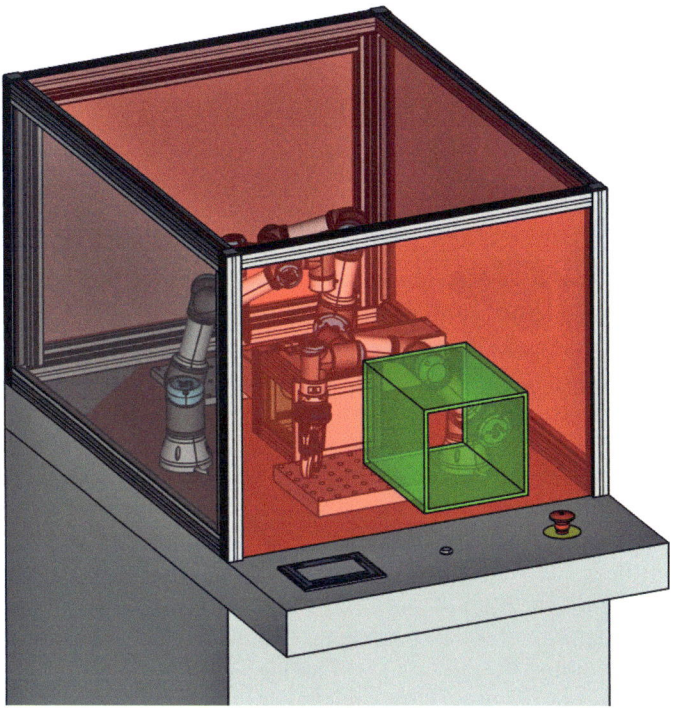

Abbildung 6.7 Messezelle von Universal Robots (Quelle: Universal Robots)

Die in der Abbildung dargestellte, alle Roboter und Trays umschließende Zelle ist hier nämlich über das Konzept des sicheren überwachten Halts abgesichert. Links, rechts und hinten
hat die Applikation eine Plexiglaswand und an der Vorderseite ist ein Sicherheitslichtgitter
montiert, welches die Roboter sofort stoppt, sobald jemand in die Zelle hineingreift. Der
angedeutete kleine grüne Tunnel ganz vorne dagegen ist der Bereich, in den sich am Ende
der erste Roboter hineinbewegt und dort dann die Taschenlampe an den Messebesucher
übergibt. Dieser Bereich basiert auf dem Konzept der Kraft- und Leistungsbegrenzung.
Eventuell überlegen Sie nun, wie es funktionieren kann, dass ein Mensch, der von vorne
durch das Lichtgitter greift, alle Roboter stoppt, jedoch der Roboter von hinten durch das
Lichtgitter aus dem roten Bereich herausfahren kann, ohne sich selbst zu stoppen. Genau
dies ist nämlich der Punkt, welcher die Applikation so interessant macht. Man hat nämlich
hier eine virtuelle Sicherheitsebene aus Sicht der Roboter vor das Lichtgitter gesetzt. Diese
Ebene schaltet den vorderen Roboter von seinen normalen Sicherheitsparametern in seine
reduzierten Parameter um. Sicherheitsausgänge signalisieren dabei, dass der Roboter sich
in dem einen oder dem anderen Parametersatz befindet. Diese Sicherheitsausgänge werden
dann im Weiteren dazu genutzt, die beiden anderen Roboter in den sicheren überwachten
Halt zu zwingen, wenn der vordere Roboter die Ebene durchfahren hat. Gleichzeitig über-
brücken die Sicherheitsausgänge das Sicherheitslichtgitter. So stoppt der Roboter sich nicht
selbst, wenn er durch das Lichtgitter fährt. Weiter kann sich der Roboter nun nur noch in
dem grün dargestellten Tunnel bewegen, welcher tatsächlich nach vorne und hinten endlos
weiter verläuft und hier nur im Ausschnitt dargestellt ist. Der Tunnel wurde aus weiteren

vier Sicherheitsebenen errichtet, welche nur aktiv sind, wenn der Roboter sich in seinem reduzierten Parametersatz befindet. Dies bedeutet, dass der Tunnel nur dann wirkt, wenn der erste Roboter sich aus der Zelle herausbewegt.

Diese kurze Beschreibung der Applikation und deren Sicherheitskonzept sollte Ihnen zwei Dinge verdeutlichen:

1. Es kann durchaus hilfreich und sinnvoll sein, verschiedene Sicherheitsfunktionen miteinander zu kombinieren.

2. Es kann sinnvoll sein, die Kollaborationsart sicherer überwachter Halt und die Kraft- und Leistungsbegrenzung in einer Appplikation zu kombinieren, denn

die Vorteile dieses Konzepts liegen auf der Hand! Innerhalb des roten Bereichs kann keine Kollision stattfinden. Man kann dort daher auch mit schnellen Geschwindigkeiten arbeiten, um die Taktzeit gering zu halten. Weiterhin ist eine physische Interaktion und damit eine echte Kollaboration zwischen Mensch und Roboter vorhanden, aber dennoch ist die Anzahl der Messungen, welche in dieser Applikation für den kleinen Bereich der Kraft- und Leistungsbegrenzung vorgenommen werden müssen, sehr gering. Damit ist der Aufwand für die Risikobewertung erheblich reduziert. Die Applikation weist hierbei sogar noch eine Besonderheit auf. Denn wie Sie ein paar Seiten weiter vorne erfahren haben, ist eine messtechnische Ermittlung der Kraft- und Druckwerte nur bei möglichen Klemmsituationen sinnvoll. Bei Kollisionen im freien Raum können Sie sich auf die rechnerische Ermittlung beschränken, da eine messtechnische Ermittlung zu erheblichen Messfehlern führen würde. Bei genauerer Betrachtung des hier dargestellten Kollaborationsraums (grüner Tunnel), stellen Sie fest, dass es dort keine Klemmstellen gibt. Es können lediglich Kollisionen im freien Raum auftreten.

Was ist also in dieser Applikation zu tun? Es müssen die Stoppzeiten und Stoppwege ermittelt werden, um sicherzustellen, dass keine Gefahr mehr beim Eingriff in die Zelle vorhanden ist. Die Anleitung hierzu finden Sie in Abschnitt 4.1. Darüber hinaus müssen Sie die Kräfte, welche bei einer freien Kollision in dem dargestellten grünen Tunnel auftreten können, gemäß Abschnitt 6.2.2 ermitteln.

■ 6.4 Bewertung der Kraft- und Druckwerte

Sind die in der Applikation auftretenden Kräfte und Drücke ermittelt, werden diese nun den Werten in der ISO TS 15066 gegenübergestellt. Die Werte der ISO TS 15066 entsprechen dabei 1:1 den Werten aus der Studie des arbeitsmedizinischen Instituts in Mainz [3]. Aber was sagen Ihnen die Werte und wie gehen Sie damit um, wenn der gemessene Wert über dem Wert in der technischen Spezifikation liegt?

Zuerst einmal gilt es zu klären, was diese Werte aussagen und wofür sie stehen. Erst dann kann man als Anwender dieser Werte selbst einschätzen, wie man ein eventuelles Risiko bewertet.

Am besten schaut man nun einmal als Erstes in die Maschinenrichtlinie (MRL), welche für einen Maschinenbauer die Vorgabe ist, wie er seine Maschine zu bauen hat. In Abschnitt 3.2 wurde bereits kurz auf die Maschinenrichtlinie eingegangen. In der MRL beinhaltet der

Anhang I die grundlegenden Sicherheits- und Gesundheitsschutzanforderungen. Der Abschnitt 1.1.1 in diesem Anhang wiederum definiert einige Begriffe, die Sie sicherlich schon des Öfteren gehört haben, wobei wir hier trotzdem noch einmal das Augenmerk auf die Definition legen möchten. Unter anderem ist dort nämlich definiert, wann man von einem Risiko spricht.

▪ Im Sinne der MRL bezeichnet der Ausdruck „Risiko" die Kombination aus der Wahrscheinlichkeit und der Schwere einer Verletzung oder eines Gesundheitsschadens, die in einer Gefährdungssituation eintreten können.

Hier sollten nun zwei Dinge herausgestellt werden:

1. Die bereits in Abschnitt 3.3.3 erläuterte Ermittlung des Risikos, über die Faktoren der Wahrscheinlichkeit und der Verletzungsschwere, stammt direkt aus der MRL.

2. Ein Risiko kann nur in einer Gefährdungssituation eintreten. Aber was ist alles eine Gefährdung?

Um diese Frage zu beantworten, schauen wir auf eine weitere Definition in den Begriffsbestimmungen der grundlegenden Sicherheits- und Gesundheitsschutzanforderungen.

▪ Im Sinne der MRL bezeichnet der Ausdruck „Gefährdung" eine potenzielle Quelle von Verletzungen.

Der Grund, warum wir Sie hier gerne mit der Nase auf diese Definitionen der MRL stoßen möchten ist der, dass die Werte der ISO TS 15066 eben nicht Schwellwerte für eine Verletzung sind. Es handelt sich hier um konservativ ermittelte Werte des Schmerzeintritts. Dies ist sehr wichtig zu wissen, wenn ich eine Applikation realistisch bewerten möchte. Aber warum hat man hier nun die Schmerzeintrittsschwellen ermittelt, obwohl der Verletzungseintritt doch viel eher benötigt würde? Zwar hätte man gerne diese Werte ermittelt, jedoch ist die Ermittlung nur möglich, wenn Sie dafür tatsächlich Personen Verletzungen zuführen. Um zu ermitteln, bei wie viel Kraft und bei wie viel Druck eine Verletzung auftritt, bedarf es eben, die Kraft und den Druck so lange zu erhöhen, bis eine Verletzung auftritt. Dies ist ethisch nun einmal nicht vertretbar. Selbst die Ermittlung der Schmerzschwellen war nicht so einfach machbar. Denn auch jemandem bewusst Schmerzen zuzufügen entspricht nicht den ethischen Ansätzen einer wissenschaftlichen Studie. Man ist daher den Weg gegangen, eine Schwelle zu ermitteln, bei der es langsam unangenehm wird, hat auf diese Schwelle noch etwas dazu gepackt und diesen Wert dann als Schmerzeintrittsgrenze definiert.

Wenn Sie nun also 142 N messen und in der ISO TS 15066 140 N stehen, dann geht davon sicherlich die Welt nicht unter und man kann durchaus noch vertreten, dass man die Applikation als sicher bewertet. Messen Sie aber 190 N und in der ISO TS 15066 werden 140 N genannt, dann sollten Sie dies erst einmal nicht einfach so wegwischen. Sie sollten aber auch nicht gleich die Idee Ihrer Applikation verwerfen. Denn wie Sie etwas weiter oben noch einmal gesehen haben, definiert sich das Risiko über zwei Faktoren! Die mögliche Verletzung und die Wahrscheinlichkeit des Auftretens. Wenn also bis 140 N noch nicht einmal Schmerz eintritt, dann können Sie davon ausgehen, dass bei 190 N noch keine Körperteile zerquetscht werden oder überhaupt eine schwere Verletzung auftreten wird. Wenn überhaupt, dann wird es bei so einer Überschreitung des Werts eine leichte Verletzung zur Folge haben. Ist nun aber die Wahrscheinlichkeit für diese Kollision recht gering, so kann das Risiko ähnlich bewertet werden, wie bei einer möglichen Kollision, die oft und zu jeder Zeit passieren kann.

Die ursprüngliche Idee und der Ansatz der Werte der ISO TS 15066 lag darin, Ihnen als Integrator oder demjenigen, welcher die Risikobeurteilung durchführt eine Hilfestellung an die Hand zu geben. Eine Hilfestellung, in Form eines Referenzwerts. Um Ihnen dies näher zu erläutern, machen wir ein kleines Gedankenexperiment.

Vor ihnen steht ein Topf mit Wasser, in welchen Sie für 5 s einen Finger hineinhalten sollen. Bis zu welcher Wassertemperatur würden Sie dies tun? Sie werden gerade gemerkt haben, dass Ihnen ganz automatisch zumindest ein grober Temperaturbereich, wenn nicht sogar eine exakte Temperatur, durch den Kopf geschossen ist. Sie haben hier sofort einen ungefähren Bereich, welchen Sie als kritisch bewerten würden. Wenn man Sie aber nun bittet, Ihre Hand auf den Tisch zu legen, und Sie fragt, mit welcher Kraft man Ihre Hand unter einer Platte quetschen darf oder mit wie viel Druck man mit einem Schraubenzieher auf Ihren Handrücken einwirken darf, dann werden Sie nicht gleich einen maximalen Wert im Kopf haben. Der Grund liegt hier darin, dass wir tagtäglich mit Temperaturen zu tun haben. Wir wissen, dass Wasser bei 100 °C kocht, wir wissen dass unsere Körpertemperatur etwa 37 °C beträgt und unser Badewannenwasser etwa 40 °C hat. Wir kennen die Temperaturen, die wir im Sommer und im Winter haben, und können all diese Temperaturen als Referenz dazu nehmen, wenn wir bewerten wollen, ab welcher Temperatur wir uns den Finger im Topf verbrennen oder zumindest wann es weh tun würde. Für Kräfte und Drücke haben wir solche Referenzwerte aus unserem täglichen Leben jedoch meist nicht. Daher fällt uns hier die Bewertung und Einschätzung sehr schwer. Es gibt hier kein Bauchgefühl, welches uns hilft. Um Ihnen nun jedoch einen Referenzwert an die Hand zu geben, wurden die Schmerzeintrittsschwellen durch die Studie des arbeitsmedizinischen Instituts der Uni Mainz ermittelt. Mit dem Wissen, das ab dem Wert X Schmerz eintritt, kann man auch abschätzen, dass bei $X + 5$ noch nicht wirklich eine Verletzung eintritt. Wenn wir aber bei $X + 50$ liegen, können Sie sich dagegen nicht mehr so sicher sein, dass bei einer entsprechenden Kollision „nur" Schmerz eintritt. Hier könnte es dann eventuell schon zu leichten Verletzungen kommen. An dieser Stelle möchten wir auch noch einmal auf die weitere Studie des Fraunhofer IFF und Dr. Roland Behrens [1] verweisen, in welcher für einige Körperregionen auch der Verletzungseintritt bestimmt wurde, wobei dieser dort bei mindestens dem doppelten Wert des Schmerzeintritts liegt. Sie sollten diesen Spielraum, welchen Sie zwischen dem Schmerzeintritt und Verletzungseintritt haben, auch durchaus nutzen. Dies wurde auch bereits im Abschnitt 3.3.3 thematisiert und anhand von Beispielen erläutert.

Natürlich wollen wir Sie hier keineswegs dazu ermutigen, die Werte der ISO TS 15066 zu ignorieren. Aber Sie sollten sie definitiv nicht als eine in Stein gemeißelte Obergrenze verstehen. Die Werte, welche dort angegeben sind, sollten Ihnen als Grundlage für Ihre Risikoeinschätzung dienen. Sie sollten jedoch nicht der absolute und unumstößliche Parameter dafür sein ob eine Applikation mit Kraft- und Leistungsbegrenzung nun sicherheitstechnisch auf der grünen oder der roten Seite anzusehen ist. Versuchen Sie sich eine Matrix aufzubauen, wann und wo Sie nicht über diese Werte hinausgehen sollten·und wann es aufgrund einer geringeren Wahrscheinlichkeit für eine Kollision eventuell möglich ist, etwas über diese Werte hinauszugehen. In Tabelle 6.4 wird beispielhaft eine solche Matrix dargestellt. Natürlich kann Ihre Matrix hier anders aussehen, andere Faktoren verwenden und eventuell auch noch zusätzliche Parameter in Betracht ziehen. Die Faktoren in der ersten Spalte dienen dazu, den Wert der ISO TS15066 zu erhöhen und sich dann damit Ihre Grenze für die jeweilige Kollision festzulegen.

Tabelle 6.4 Beispiel einer Matrix zur Anwendung der ISO TS 15066-Werte

Faktor	Program-mierte Bahn	Person im Prozess erforderlich	Erreichbarkeit leicht möglich	Erreichbarkeit nur schwer möglich	Beispiel
1,0	✓	✓	✓	✗	Ein Mitarbeiter muss an einer bestimmten Stelle der Applikation Teile einlegen, welche der Roboter theoretisch zur gleichen Zeit in seinem Programm anfahren könnte.
1,1	✗	✓	✓	✗	Der Mitarbeiter ist neben dem Roboter postiert, muss aber prozessbedingt nicht in dessen Bahn eingreifen. Ein Eingriff ist aber dennoch leicht möglich.
1,2	✗	✗	✓	✗	Normalerweise arbeitet der Roboter für sich alleine und kein Mitarbeiter befindet sich in seiner Nähe. Eine Person könnte sich aber dennoch problemlos in die Bahn des Roboters begeben.
1,5	✗	✗	✗	✓	Normalerweise arbeitet der Roboter für sich alleine und kein Mitarbeiter befindet sich in seiner Nähe. Der Roboter arbeitet zwar ohne Schutzzaun, ist aber so platziert, dass ein Eintreten in den Arbeitsraum des Roboters nur mit Aufwand möglich ist (z. B. durch vorheriges Übersteigen anderer Applikationsteile).

Sicher fragen Sie sich gerade, ob das so einfach geht! Schließlich haben Sie mit der ISO TS 15066 ein ISO-Dokument, in welchem diese Werte sogar als „Maximalwert" bezeichnet sind.

Die Antwort ist ein klares JA – das geht! Und dies sogar aus mehreren Gründen. Zum einen liegt Ihnen mit der ISO TS 15066 keine Norm, sondern lediglich eine technische Spezifikation vor. Anhänge in ISO-Dokumenten werden immer mit dem Zusatz „normative" oder „informative" gekennzeichnet. Die Anlage 1 der ISO TS 15066, in welcher Sie diese Werte finden, ist eine informative Anlage und ist so auch mit dem Wort „informative" in der Überschrift der Anlage gekennzeichnet. Wie weiter oben schon beschrieben, ist die Intention dieser Werte Ihnen einen Referenzwert für Ihre Risikoeinschätzung zu geben. Die Werte sind die maximalen Werte für Kraft und Druck, bevor der Schmerz eintritt. Sie können in einem informativen Anhang keinen maximal erlaubten Wert definieren.

Des Weiteren wurden Sie in diesem Buch bereits mehrfach darauf verwiesen, dass die Maschinenrichtlinie Ihnen vorgibt, dass eine Maschine niemanden verletzen darf bzw. dass eine Maschine keine Gefährdung mit sich bringen darf und eine Gefährdung eben eine potenzielle Quelle von Verletzungen ist. Die Maschinenrichtlinie ist hierbei eine rechtsverbindliche Rechtsvorschrift, an welche Sie sich halten müssen! Eine technische Spezifikation und gar eine Norm ist lediglich eine technische Regel, an welche Sie nicht gebunden sind. Sie könnten daher jederzeit von Vorgaben einer Norm abweichen, wenn Sie die Sicherheit anders gewährleisten können.

Vielleicht stellen Sie sich nun die Frage, wie dies zum Beispiel bei Berufsgenossenschaften gesehen wird, wenn Sie über die Werte der ISO TS 15066 hinausgehen. Hier sei zuerst einmal gesagt, dass es natürlich schon Ihr Ziel sein sollte, diese Werte nicht zu überschreiten. Bei manchen Applikationen kann es aber dennoch einmal vorkommen, dass die Werte nicht überall eingehalten werden können. Wenn in Ihrer Risikobeurteilung jedoch eine in Tabelle 6.4 beispielhaft dargestellte Kollisionswahrscheinlichkeits-Matrix enthalten ist, diese valide ist und Sie über diese Matrix begründen können, dass die überschrittenen Werte nur in Bereichen mit geringer Kollisionswahrscheinlichkeit auftreten, dann sollte dies auch für offizielle Stellen plausibel sein. Machen Sie sich klar, dass Sie hiermit nichts falsch machen, da das Risiko sich aus der Wahrscheinlichkeit und der Verletzungsschwere ergibt.

7 Die kollaborierende Applikation mit Handführung

Fragen, die dieses Kapitel beantwortet:

- Was ist die Handführung?
- Wie ist das Funktionsprinzip Handführung?
- Welchen Teil übernimmt die funktionale Steuerung und welchen die Sicherheitssteuerung?
- Worauf muss ich achten?

■ 7.1 Normative Einführung

Diese Art der Kollaboration ist keine Erfindung der letzten Jahre. Sie ist eher der Urgedanke, dass der Kollege Roboter ein wahrer Assistent des Menschen wird. Der Mensch behält die Kontrolle und der Roboter führt die Arbeit aus. Wichtig ist, dass der Roboter von dem Menschen geführt wird. Zusammen werden sie zu intelligenten Hebezeugen.

Schon in den Publikationen der EN ISO 10218 Teil 1 und 2 aus dem Jahr 2011 wird die Handführung des Roboters beschrieben. Die Handführung soll in Verbindung mit einer Zustimmeinrichtung nahe am Endeffektor ausgeführt werden. Dabei muss die Geschwindigkeit limitiert oder überwacht werden.

Auch hier ist wieder zu erwähnen, dass entgegen früheren Publikationen der EN ISO 10218-1 kein Wert für die maximale Geschwindigkeit bei dieser Betriebsart definiert ist. In der Ausgabe von 2008 ist die maximale Geschwindigkeit noch mit 250 $\frac{mm}{s}$ angegeben. Gemäß den neueren und aktuellen Publikationen ist die maximale Geschwindigkeit immer in der für die eigene Applikation durchzuführenden Risikobeurteilung zu ermitteln.

Neu aufgegriffen in der ISO TS 15066 aus dem Jahr 2016 ist die Handführung. In der Fachwelt ist vielen eher der Begriff MRK der Methode 2 bekannt. Die Anforderungen wurden nun detaillierter beschrieben. Auch hier werden die Bewegungsbefehle mit einem handbetätigten Stellteil an den Roboter übermittelt. Bedingungen für die Handführung sind eine sicherheitsbewertete überwachte Geschwindigkeit sowie der sicherheitsbewertete überwachte Halt.

Erstmals ist ein möglicher Arbeitsablauf wie folgt beschrieben:

- der Roboter muss einen Sicherheitshalt ausführen, wenn eine Person den Kollaborationsraum betritt,
- durch manuelle dauerhafte Betätigung wird der Roboter wieder aktiviert,
- beim Lösen der Betätigung muss der Roboter zurück in den Sicherheitshalt und
- nach dem Verlassen des Kollaborationsraumes endet die Handführung und der Roboter kann seinen gewohnten Automatikbetrieb wieder aufnehmen.

Beispiele für konforme Handführungen an Industrierobotern gibt es heutzutage viele. Nachfolgend werden ein paar Möglichkeiten aufgezeigt.

Es ist daher nicht zwingend erforderlich, im Modul der Handführung einen weiteren Kraftsensor zu besitzen. Ausreichend zur Erfüllung der ISO TS 15066 wäre eine reine Steuerungseinheit in Form einer 6D-Maus, welche in einem definierten Raum bei aktiver Leistungs- und Kraftbegrenzung die Bewegungen auf den Roboter überträgt.

■ 7.2   Assistierende Systeme in der Praxis

Wird in einem kollaborierenden Raum ein Kontakt, also eine direkte Interaktion zwischen Menschen und Industrierobotern, gewünscht, so spricht man von assistierenden Systemen. Aufgrund der erhöhten Gefahr einer Verletzung durch den gewollten Kontakt müssen diese Robotersysteme detailliert durch die gesetzlich geforderte Risikobeurteilung bewertet und in der Ausführung der eigenen Bewegungen limitiert werden.

Assistierende Systeme erklären sich selbst, sie assistieren dem Menschen bei seiner Arbeit. Man unterscheidet grundsätzlich zwei Methoden der Interaktion. Die „Master-Slave-Methode" und die „Aktiv-Passiv-Methode". Eine Kombination beider Methoden ist auch möglich.

7.2.1   Roboter als Hebezeug

Wird der Roboter als Hebezeug benutzt, so ist dies eine klassische Master-Slave-Methode. Der Mensch führt den Roboter durch einen Kraft-Momenten-Sensor am TCP (Tool-Center-Point) oder in den einzelnen Achsen des Roboters auf der gewünschten Bahn. Der Roboter dient lediglich als Krafthilfe für den Menschen. Oftmals wird eine Kombination aus autonomen Prozessen und assistierendem Betrieb gewählt, in dem der Roboter in einem autonomen Bereich ein Werkobjekt aufnimmt und dann in den kollaborierenden Bereich fährt. In diesem kollaborierenden Bereich wird er dann vom Menschen übernommen und dient nur noch als Hebezeug. Nach Abschluss der kollaborierenden Arbeit wird der Prozessabschnitt vom Bediener quittiert und der Roboter beginnt den Prozess wieder autonom. Voraussetzungen für die Handführung des Roboters ist ein Kraft-Momenten-Sensor, der die erzwungenen Bewegungen des Menschen erkennt und auf die Robotersteuerung überträgt. Früher wurden Tasten oder Joysticks verwendet. Diese haben beim Betätigen der Tasten lediglich eine vorab definierte Geschwindigkeit erlaubt. Diese haben sich jedoch in der Industrie nicht wirklich durchgesetzt, da es hier bei filigranen Abschnitten mit einem binären

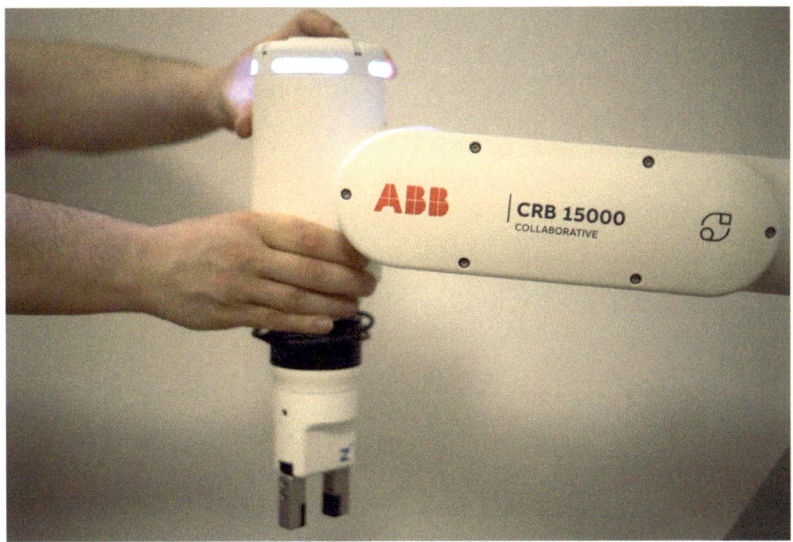

Abbildung 7.1 Handführung mit einem ABB CRB 15000

Betätigen umständlich wurde. Die Handführung muss Feinheiten erkennen und an den Roboter übertragen können. Bei binären Tasten waren die Bewegungen eher mit einem Schrittmuster zu vergleichen.

Normativ darf die handgeführte Bewegung erst durch eine aktive Zustimmung des Bedieners erfolgen. Im aktuellen Entwurf der EN ISO 10218-2 wird dies als Endeffektor mit integrierter handgeführter Steuerung (engl.: hand-guided controls – HGC) definiert. Eine Einrichtung zum Stillsetzen des Roboters im Notfall kann auf Grundlage der Risikobeurteilung zusätzlich direkt am Endeffektor erforderlich sein. Sie ist in aktuellen Normen jedoch nicht zwingend vorgeschrieben. Die maximale TCP-Geschwindigkeit muss sicher auf ein akzeptables Restrisiko begrenzt sein. Hier kann keine allgemeingültige Angabe zur Geschwindigkeit gemacht werden. Das menschliche Empfinden bei dieser Betriebsart ist sehr unterschiedlich. In einigen Applikationen kam die Rückmeldung, dass der Kollege Roboter doch ziemlich langsam sei. In anderen Applikationen wiederum kam ein gegenteiliges Feedback zurück. Zu beachten ist, dass bei dieser Betriebsart kein ergonomisches Risiko entstehen darf. Unter ergonomischem Risiko verstehen wir Fälle, wie zum Beispiel, dass der Mensch sehr viel Kraft für die Ausführung der Bewegungen aufbringen muss oder vom Kollegen Roboter geradezu während der Bewegung mitgezogen wird. Diesem Risiko kann man dadurch entgegenwirken, wenn der zukünftige Bediener in die Entwicklungsphase mit eingebunden wird.

Da der Mensch direkt mit dem Roboter im Kontakt steht, sollte auch die Programmierung der Roboterbewegung auf mögliche Risiken für den Menschen optimiert werden. Bewegungen im Kollaborationsraum, welche Scheren und Quetschen zur Folge haben können, sollten grundsätzlich vermieden werden. Aufgrund der aktiven Zustimmung des Bedieners kann eine Limitierung im Raum erfolgen, um vorhersehbares Kollidieren oder Quetschen sowie Scheren von Anfang an auszuschließen. Erforderlich ist die Limitierung jedoch nicht, da der Mensch durch seine Zustimmung sozusagen eine vorab bewertete gefahrbringende

Bewegung aktiv auslöst. Die Achsbewegungen können auch sicherheitstechnisch begrenzt werden. Quetschungen zwischen den Achsen sollten nahezu ausgeschlossen sein. Ein großer Vorteil für die Risikobeurteilung ist es, dass in der aktiven Bewegung des Roboters entweder beide Hände am Endeffektor ortsgebunden sind oder bei den Leichtbaurobotern eine Hand am Roboter selbst und die andere Hand an der Zustimmeinrichtung ortsgebunden ist. Ein Risiko für Verletzungen der oberen Gliedmaßen ist daher eher gering, solange sich nur eine Person im Kollaborationsraum befindet.

Abbildung 7.2 Fanuc HGC (Quelle: Fanuc Deutschland)

Der Vorteil dieser Verwendung ist die klare Teilung der besonderen Fähigkeiten beider Prozessteilnehmer. Der Roboter erledigt schnell die kraftaufwendige Arbeit und stellt dem Bediener ein Werkstück zur Verfügung. Der Bediener nutzt seine sehr guten sensorischen Fähigkeiten und manipuliert das Werkstück handgeführt mit dem Roboter zielgenau auf undefinierte Ablagen. Gerade bei Montagen in sperrigen Umgebungen oder bei nicht lagegenauen Produkten kann so auf eine komplizierte Roboterprogrammierung oder Sensorik zur Produkterkennung verzichtet werden. Es entfällt auch eine sonst zwingend erforderliche Positionierung des Werkstückes, da der Mensch jede Abweichung schneller erfassen kann als Maschinen oder Bildverarbeitungen. Kombiniert man so eine einfache Automatisierung mit der Sensorik des Menschen, so wird einerseits die Qualität und andererseits die Produktivität eine Steigerung erfahren.

7.2.2   Roboter als Werkstückhalter

Oftmals wird in einer autonomen Produktionskette gegen Ende ein Produkt zur Qualitätskontrolle an den Menschen ausgeschleust. Der Bediener prüft das Produkt und muss gegebenenfalls nachbessern. Dieser Teil der Produktionskette ist meist noch komplett manuell und erfordert bei größeren Produkten eine starke körperliche Anstrengung. Aufgrund der einfach zu implementierenden Automatisierung ist ein Assistenzrobotersystem durchaus sinnvoll. Dem Menschen wird die körperlich anstrengende Arbeit der Produktmanipulation durch den Roboter abgenommen und er kann sich ganz auf seine hochqualitative Sensorik konzentrieren. Aufgrund der Arbeitsteilung wird eine effektivere Qualitätskontrolle möglich sein.

Solche Anwendungen funktionieren nach dem Aktiv-Passiv-Prinzip. Der Roboter arbeitet in einem autonomen abgesicherten Bereich und übergibt ein Werkobjekt durch einen Übergabebereich oder durch ein Übergabefenster einer trennenden Schutzeinrichtung. Auch ist ein Kollaborationsraum ohne Trennung möglich, jedoch nicht erforderlich.

Der Bediener arbeitet nach der Übergabe am passiven und sicher stillgesetzten Roboter, der das Werkobjekt hält. Um eine ergonomisch gerechte Position des Werkobjektes zu realisieren, können in dieser sillgesetzten Position des Roboters die Achsen 4, 5 und 6 begrenzt bewegbar sein. So kann der Bediener das Werkobjekt auf seine Qualität hin prüfen und gegebenenfalls direkt am Roboter nachbessern. Der Prozess wird durch die Freigabe des Bedieners beendet und der Roboter fährt das Werkobjekt zurück in den autonomen Bereich.

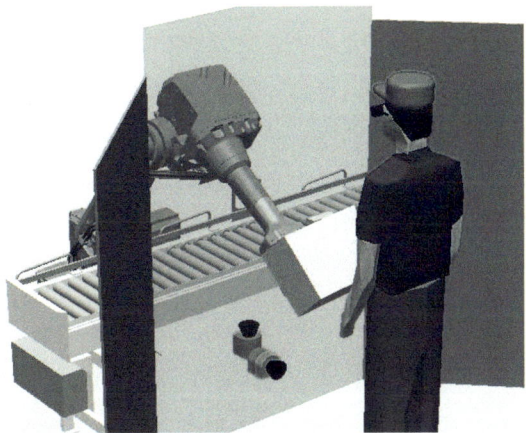

Abbildung 7.3 Industrieroboter als Werkstückhalter

Solch ein Assistenzsystem erleichtert die Arbeit des Menschen und sorgt für bessere Arbeitsbedingungen. Wenn Roboter Werkstücke am Ende einer Prozesskette verpacken oder palettieren, so können diese Roboter auch vorab das Werkstück dem Menschen zur Endkontrolle übergeben. Besonders bei massereichen Produkten wird der Bediener stark entlastet. Dadurch wird zudem eine Erhöhung der Produktivität je Schicht erreicht.

8 Beispiele aus der Praxis

 Fragen, die dieses Kapitel beantwortet:

- Welche Applikationen wurden schon mit Cobots umgesetzt?
- Was waren für die Applikationen die Risiken?
- Welche Lösungen gab es zur Risikominderung?
- Wie muss man den Cobot limitieren?
- Gibt es Gefährdungen von Prozessen?
- Gibt es weitere Gefährdungen über den Roboter hinaus?
- Wie wird die Sicherheit eines Systems bewertet?

Dieses Kapitel zeigt Beispiele aus der Praxis der letzten Jahre. Für ein besseres Verständnis kann es sein, dass Eigenschaften oder Umsetzungen aus verschiedenen Anwendungen eines Typs in einem Beispiel beschrieben werden. Auch werden die Beispiele nicht lückenlos als Sicherheitskonzept beschrieben, da das Hauptaugenmerk den Besonderheiten oder den Risiken bei den Anwendungen gilt. In diesem Buch sollen nur die verschiedenen Möglichkeiten aufgezeigt werden, welche gemäß der Risikobeurteilung für eben jene Anwendungen als Risikominderung entweder einzeln oder in Kombination mit weiteren, eventuell nicht genannten Minderungen zum Einsatz gekommen sind. Dies sind keine allgemeingültigen Konzepte. Jede Applikation unterscheidet sich in der Eintrittswahrscheinlichkeit der Gefährdungen, in der Umgebung sowie weiteren Grenzen der Maschine. Eine Risikobeurteilung speziell für Ihre Anwendung ist daher unausweichlich und außerdem gesetzlich vorgeschrieben.

■ 8.1 Beispiele Maschinenbeladung

Die Maschinenbeladung und -entladung durch einen Roboter, sogenannte Belader, findet man sehr oft am Markt und dies wird einer der nächsten ganz großen Trends in der Robotik sein. Neue Maschinen haben häufig eine Option des robotergestützten Be- und Entladens ab Werk. Bei älteren Maschinen nutzt man den Belader als Upgrade. Gerade im Bereich der kleinen und mittleren Unternehmen (KMU) sind diese Belader stark angefragt. Dort stehen sehr viele ältere Bestandsmaschinen, jedoch immer weniger Fachkräfte, um diese auch ständig zu bedienen. Nun muss man aber unterscheiden: Handelt es sich bei einer optionalen Be- und Entladung durch den Roboter bei Neumaschinen fast immer um eine CE-konforme Einheit oder Gesamtheit von Maschinen, so ist ein nachträgliches Upgrade durch einen Belader sehr oft eine Veränderung einer Bestandsmaschine. Diese kann unter Umständen bis zur wesentlichen Änderung und einer Neubewertung der gesamten Einheit führen.

Umsetzung mittels kollaborierenden Roboters

Bei einer älteren Bestandsmaschine, zum Beispiel einer Werkzeugmaschine, soll die manuelle Bestückung durch einen Cobot realisiert werden. Die Bestandsmaschine selbst ist vom Hersteller seit dem Inverkehrbringen für das manuelle Be- und Entladen ausgelegt. Sie verfügt bereits über eine automatische Tür sowie einen Terminal für das Starten und Stoppen der Programme. Der Belader soll direkt an die Bestandsmaschine gestellt werden. Er umfasst den Cobot, ein Magazin mit Rohteilen sowie ein Magazin für Fertigteile, welche aus der Bestandmaschine geholt werden. Der Bediener programmiert die Bestandsmaschine so wie immer während der letzten Jahre. Zusätzlich wird am Roboter das Holen der Rohteile, das Einlegen in die Maschine sowie das Ablegen der Fertigteile programmiert.

Besonderheiten und Risiken

Im Falle eines späteren Upgrades von Bestandsmaschinen wird rechtlich aus dem Neuteil und dem alten Teil oft eine Gesamtheit von Maschinen, da beide nun einen sicherheitstechnischen Zusammenhang haben können. Dies gilt in der Regel für alle Umsetzungen, welche durch eine trennende Schutzeinrichtung oder einen Flächenscanner realisiert werden. Beide Konzepte integrieren die Bestandsmaschine als trennende Schutzeinrichtung in das Sicherheitskonzept des Beladers mit ein. Ohne diese Bestandsmaschine fehlt ein Teil der Schutzeinrichtung, obwohl diese manchmal auch mit einer Konformitätserklärung ausgeliefert werden. Hier erklärt der Hersteller, dass sämtliche Anforderungen der einschlägigen Richtlinien eingehalten wurden. Es ist daher sehr mutig, wenn ein Hersteller eines Beladers den Belader selbst grundsätzlich mit einer CE-Erklärung ausliefert, ohne den korrekten Aufbau oder Anbau an die Bestandsmaschine beurteilen zu können. Das gilt insbesondere dann, wenn die Bestandsmaschine für das Sicherheitskonzept erforderlich sein sollte. Zur Erinnerung, eine konforme Maschine erfüllt für sich sämtliche Sicherheitsanforderungen, da darf keine Seite offen sein. Für den Einsatz eines Beladers ist die Bewegung des Roboters das Risiko Nummer 1, es kommt definitiv zu Quetschungen bei der Auflage und der Ablage der Produkte sowie beim Einlegen in die Bestandsmaschine. Auch Risiken durch den Endeffektor, welcher das Produkt hält, sind zu betrachten. Sehr oft ist auch die Öffnung der Bestandsmaschine nicht dafür ausgelegt, dass Mensch und Roboter zugleich, ohne gequetscht zu werden, in diese passen. Der Hersteller der Bestandsmaschine hat im Inneren auch nichts kollisionsfreundlich ausgelegt. Die Tür der Bestandsmaschine muss auch betrachtet werden. Diese kann zum Beispiel manuell geöffnet und geschlossen werden und muss für den Belader automatisiert werden. Soll das fortan der Roboter machen, so werden wir zum Hersteller von kraftbetriebenen Türen mit allen Pflichten. Auch im zweiten Fall, wenn die Tür im Originalzustand durch einen Taster in Form einer dauerhaften aktiven Zustimmung geschlossen wird, kann es sein, dass rein durch den Zwang der dauerhaften Zustimmung durch den Menschen keine Quetscherkennung im Antrieb der Tür vom Hersteller verbaut wurde. In beiden Fällen ist ein einfaches programmgesteuertes Zufahren der Tür mit der Gefahr des Quetschens verbunden. Neue Maschinen besitzen jedoch auch schon kraftbetriebene Türen, inklusive der konformen Quetscherkennung. Eines haben jedoch alle drei Varianten gemeinsam: Wenn der Roboter nicht weiß, dass die Tür tatsächlich offen ist, kann er mit dieser kollidieren.

Risikominderung in der Applikation

Durch eine trennende Schutzeinrichtung kann eine Vielzahl der Risiken gemindert werden, da wir eine Barriere schaffen. Der Roboter kommt nicht heraus und der Mensch kommt nicht herein zu den Gefährdungen. Diese Schutzeinrichtung muss jedoch allseitig sein. Oft ist sie an der Seite zur Bestandsmaschine offen. Die Bestandsmaschine selbst wird oft als Teil der trennenden Schutzeinrichtung genutzt. In diesem Fall muss der Belader fest mit der Bestandsmaschine verbunden sein oder in seiner korrekten Position an der Maschine sicherheitstechnisch überwacht werden. Es darf an der Schnittstelle kein Körperteil gemäß EN 13857 unerkannt in den Sicherheitsbereich gelangen. Auch darf die Bestandsmaschine an anderen Stellen wie zum Beispiel der Rückseite keine Öffnungen haben, die den Zutritt von Menschen oder beispielsweise das Hineinfassen erlauben. Die Bestandsmaschine ist nun ein Teil des Schutzkonzeptes vom Roboter geworden. Sollte es Öffnungen geben, so sind diese zu schließen. Ältere Maschinen stehen auf Stelzen. Ein Unterkriechen hinein bis zum Roboter ist möglich. Die Materialzufuhr und Materialabfuhr dürfen den Sicherheitsbereich auch nicht umgehen.

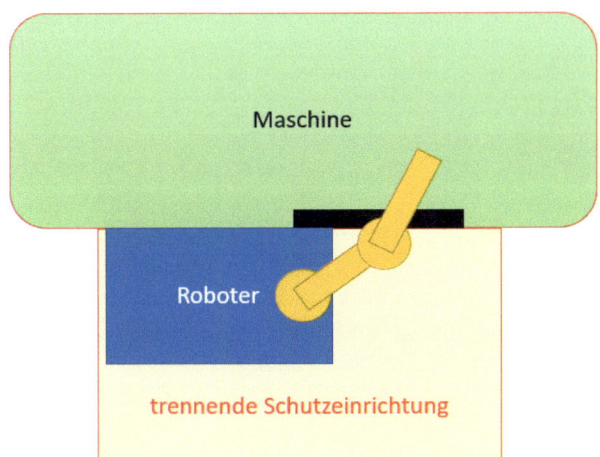

Abbildung 8.1 Schematische Sicht von oben bei trennender Schutzeinrichtung

Wird ein Belader durch einen Flächenscanner an der Vorderseite abgesichert, so gilt hier das Gleiche wie im Fall der trennenden Schutzeinrichtung. Die Bestandsmaschine wird als trennende Schutzeinrichtung zum integralen Sicherheitsbestandteil des Roboters. Der Belader muss fest mit dem Bestand verbaut sein oder die Position sicherheitstechnisch überwacht werden. Verändert sich die Position, muss der Belader gestoppt werden. Die Abstände des Flächenscanners müssen gemäß EN 13855 für horizontale Felder ausgelegt sein, ausgehend vom maximalen Raum des Roboters oder seiner technischen Limitierung.

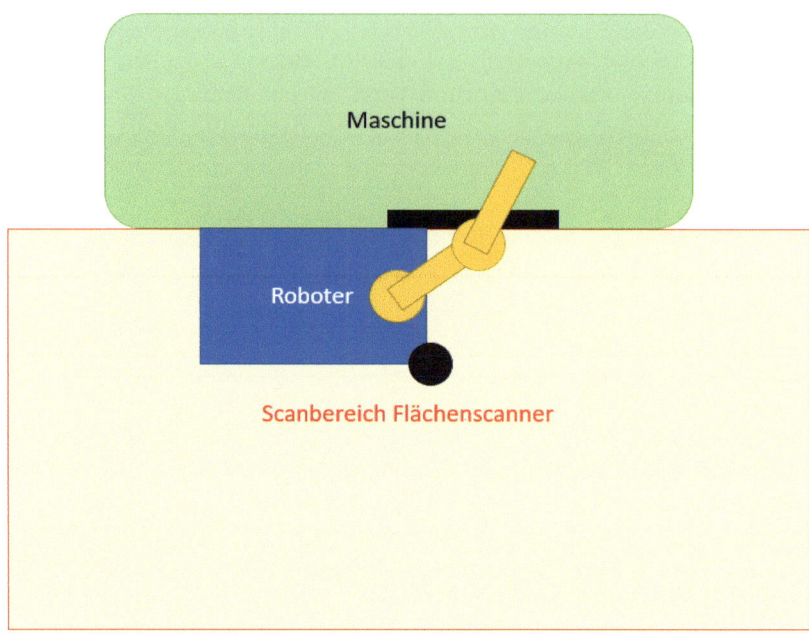

Abbildung 8.2 Schematische Sicht von oben bei Flächenscanner als Schutzeinrichtung

So kann es sein, dass ein kleiner Roboter mit 10 kg Traglast ein Scanfeld um sich herum von ca. 1500 mm haben muss, wenn keine anderen Schutzmaßnahmen ergriffen wurden. Ein Erreichen der Öffnung der Bestandsmaschine darf nicht möglich sein.

Die dritte Möglichkeit, Belader abzusichern, ist durch die im Roboter integrierte Kraft- und Leistungsbegrenzung gegeben. Hierbei ist zu beachten, dass jede mögliche Kollisionsstelle derart in der Kraft und im Druck gemindert wird, dass die Kollision vertretbar ist. Es sind die Oberflächen in der Umgebung sowie das Produkt selbst zu bewerten. Wie jede Pick & Place-Applikation ist die Produktauflage und auch die Produktablage eine mögliche Quetschstelle. Auch das Spannfutter in Bearbeitungsmaschinen muss betrachtet werden. Hier ist ebenfalls das automatische Schließen des Spannfutters zu berücksichtigen. Der Hersteller hat die Bestandsmaschine funktional gestaltet und daher eher selten für den Cobot kollisionsfreundlich. Der Hersteller muss bei Anwendung der Kraft- und Leistungsbegrenzung als einzige Maßnahme eine Validierung der Kräfte und Drücke, wie in ISO/TS 15066 beschrieben, an allen erreichbaren Stellen gemäß EN 13854 durchgeführt haben, um die Konformität beurteilen zu können. Weiter ist es für den Roboter extrem wichtig, die Stellung der Tür zu kennen. Die Bestandsmaschine muss oft nur wissen, dass die Tür korrekt geschlossen ist. Der Roboter muss hingegen wissen, dass die Tür vollständig geöffnet ist. Es hat sich gerade bei Upgrades bewährt, einen eigenen Sensor an der vorhandenen Tür zu verbauen, welcher direkt auf den Roboter wirkt. Eine Verkettung des Not-Halts sollte zuletzt auch die einzige Verdrahtung zwischen dem Bestand und dem Belader sein und zählt nicht zwingend zur Verkettung der Maschinen. Der Grundgedanke sollte immer sein, so wenig wie möglich in den Bestand einzugreifen, da man diesen nicht kennt. Gerade bei sehr alten Maschinen hat man keine Aussage über einen Performance Level der Steuerung oder deren Lebenszeit. Bei einer Verkettung wird aber dieses Wissen benötigt. Daher lieber die Steuerung über den Bestand legen.

Abbildung 8.3 Beispiel einer Maschinenbeladung durch einen Kassow-Roboter (Quelle: Kassow Robots)

■ 8.2   Beispiel Schraubanwendung

In der Montage sind Verschraubungen von Bauteilen allgegenwärtig. Sehr oft noch von Hand getätigt, jedoch für eine gleichbleibende Qualität und Rückverfolgbarkeit sollte diese Tätigkeit mit intelligenten Werkzeugen erfolgen. In der Automobilwelt kann fast jeder Schraube im Nachgang ein Drehmoment zugeordnet werden. Schrauben ist zugleich ein vollständig definierter Prozess. Wir kennen die Steigung der Schraube und daher auch die exakte Anzahl an Drehinkrementen, bis diese fest ist. Zugleich kann der Schrauber mit einem SOLL-IST-Vergleich das Anzugsmoment überwachen.

In einer Motorfertigung für Pkw soll der Luftfilterkasten mit Hilfe eines Roboters auf dem Motor verschraubt werden. Der Prozess für den Menschen beinhaltet den Kasten auf den Motor zu legen und die im Luftfilterkasten verlustsicher ausgelegten Schrauben mit einem intelligenten Schraubwerkzeug bis zum Erreichen des erforderlichen Drehmoments anzuziehen. Die Arbeitsschritte können sehr gut in zwei Prozesse geteilt werden: Auflegen des Kastens in die Position, Werkzeug auf drei Schrauben legen und Warten auf das IO-Signal. Der Roboter kann so den Menschen bei der Hälfte der Schritte für den Einbau des Luftfilterkastens entlasten und der Mensch kann in der gewonnenen Taktzeit einen weiteren Prozessschritt erledigen.

Umsetzung mittels kollaborierenden Roboters

Der Arbeitsplatz wird räumlich zwischen Menschen und Roboter getrennt. So hat jeder seinen Arbeitsbereich, auch wenn es keine Barrieren gibt. Im vorderen Raum befindet sich der Mensch und im rückwärtigen Raum der Roboter. In der Mitte befindet sich das gemeinsame Produkt.

Wenn der Motor sich in der Station befindet, wird zuerst vom Menschen der Luftfilterkasten aus der Bereitstellung entnommen und auf den Motor gelegt. Es wird vom Menschen geprüft, ob alle drei Schrauben in den vorgesehenen Löchern eingeführt wurden.

Ist die Vorbereitung korrekt ausgeführt, wird der Roboter aktiv durch den Menschen durch Betätigen der Start-Taste bestätigt. Auf diese Art sind die Takte ergonomisch getrennt, der Mensch bestätigt auch die korrekte Vorbereitung des Prozesses. Der Roboter fährt Schraube für Schraube an und setzt seinen Endeffektor auf jede Schraube. Die erste Drehung ist 15 Grad links und rechts. So wird die Schraube korrekt vom Werkzeug erfasst. Danach wird die Schraube mit einer definierten Drehzahl- und Momentenüberwachung bis zum Erreichen einer SOLL-Position mit zeitgleichem SOLL-Moment verschraubt. Nachdem alle drei Schrauben verschraubt sind, ist der Prozess beendet und der Roboter fährt in seine ergonomische Home-Position zurück. In der gleichen Zeit wird der Mensch andere Tätigkeiten am Motor erledigen, bei dem bestimmungsgemäß seine Hände an anderen Stellen gebunden sind.

Besonderheiten und Risiken

Ein roboterunterstützter Schraubprozess weist primär zwei prozessbedingte Gefährdungen auf. Eine davon ist das Stechen mit der Schraube in der Bewegung, welche an der Unterseite spitz sein kann und so aufgrund von fehlender Fläche ein großes Druckmaximum haben wird. Als Zweites ist es das Fangen oder Einziehen am Werkzeug, wenn der Schraubprozess die Spindel dreht. Sekundär ist eine Verschraubung oft in einer nicht kollaborationsfreundlichen Umgebung angesiedelt. Es sind sehr oft in der Umgebung des Schraubprozesses Hindernisse am Produkt, mit denen der Schrauber kollidieren kann oder die Hände des Menschen auf diese Konturen bei der Bewegung drücken kann.

Risikominderung in der aktuellen Applikation

Bereitet der Mensch die Schrauben für den Roboter vor, so ist das Risiko des Stiches nicht mehr im programmgesteuerten Bereich. Da dies nicht in allen Prozessen funktionieren kann, werden sogenannte Feeder eingesetzt, welche eine Schraube lagerichtig für den Roboter bereitstellen. Diese werden dann vom Roboter für jeden Schritt abgeholt. Der Einstich hängt natürlich von der eigentlichen Geometrie der Schraube ab und muss in der Risikobeurteilung bewertet werden. Maschinenschrauben sind besser geeignet als Blech- oder Holzschrauben. Auch ist es entscheidend, ob die Schraube durch das Tool umschlossen werden kann und somit die Stichstelle in der Fläche vergrößert wird. Druck ist die Kraft auf eine Fläche verteilt. In allen Fällen ist es hilfreich, eine sichere Toolorientierung zu aktivieren. Da Schrauben oft im Prozess von oben nach unten verschraubt werden, kann der Roboter diese auch lotrecht nach unten halten. Ein aktives Stechen in Richtung Menschen ist so allein durch die Lage beim Transport minimiert. Bei einer Kollision würde eher die Seite des Endeffektors mit dem Menschen kollidieren, nicht explizit die Schraube im Werkzeug. Das Verfahren auf das Schraubloch selbst wird im Kraft- und Leistungsmodus erfolgen und muss gemäß ISO TS 15066 ausgelegt sein. Alternativ hat sich bewährt, wenn bei lotrechten Verschraubungen durch eine Entkoppelung der Gewichtskraft das Tool bei einer möglichen Kollision nach unten an seinem Schlitten befestigt wird, wie in Abschnitt 10.5 beschrieben und in Abbildung 8.4 ersichtlich.

Das Fangen aufgrund der Drehbewegung des Schraubers selbst wird bei fast allen Werkzeugen durch eine feste Hülse um das eigentliche Werkzeug minimiert. Drehende Bauteile sind so geschützt und nicht erreichbar. Störende Konturen im Umfeld des Schraubprozesses sind zu vermeiden, wenn dies noch möglich ist. So kann der eigentliche Schraubprozess in

Abbildung 8.4 Beispiel Absicherung des Schraubers

frühere Schritte integriert werden, solange noch keine Störkonturen vorhanden sind. Es ist zu beachten, dass sämtliche mögliche Kollisionen gemäß ISO TS 15066 bewertet werden. Die Risikobeurteilung kann die Eintrittswahrscheinlichkeit günstig bewerten, wenn der Mensch zeitgleich seine Hände an einem anderen Ort gebunden hat.

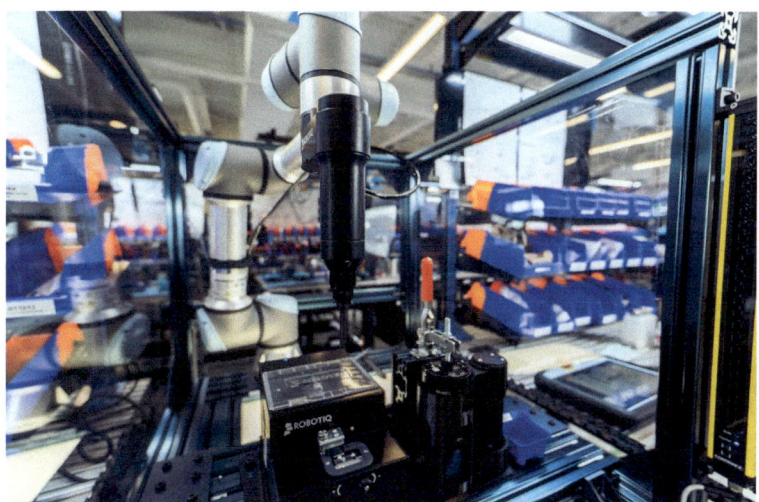

Abbildung 8.5 Beispiel einer Schraubapplikation (Quelle: Robotiq)

■ 8.3 Beispiel Palettierer

Palettierer sind in der heutigen Logistikwelt sehr wichtige und unersetzbare Maschinen. Seit Jahren werden Industrieroboter zum Bereitstellen von Transportgebinden eingesetzt.

Klassische Roboterzellen arbeiten hocheffizient hinter einem Zaun, die einzige Schnittstelle zum Menschen ist die Palettenausgabe. In den letzten Jahren sind Palettierlösungen mittels Cobots verstärkt in den Vordergrund gerückt. Die Cobots können auf einer erhöhten Basis stehen. Sie können aber auch auf externen aktorischen Achsen für eine maximale Beladehöhe von über 2 m montiert werden. Der Prozess ist in allen Fällen gleich. Am Ende einer Fördertechnik soll ein Roboter ankommende Packstücke aufnehmen und nach einem definierten Packmuster auf einer Palette für den Transport stapeln. Auch der entgegengesetzte Weg, das sogenannte Depalettieren, gehört zu diesem Typ Applikationen.

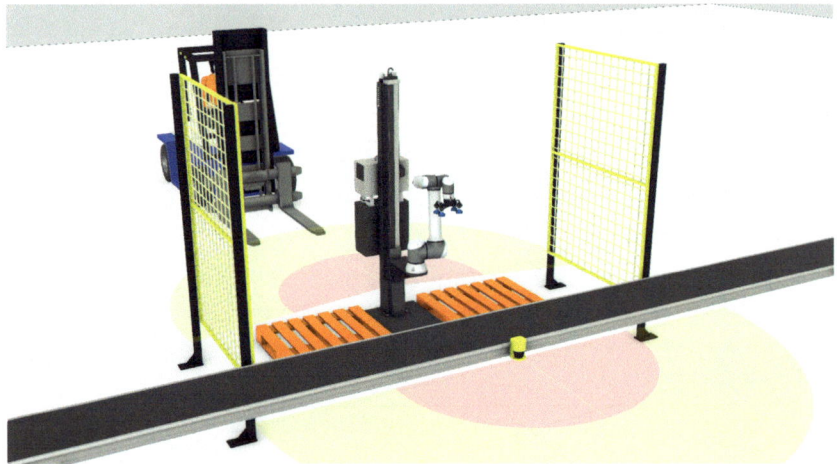

Abbildung 8.6 Robotiq AX Palletizing Solution mit Bereichsüberwachung durch Scanner (Quelle: Robotiq)

Besonderheiten und Risiken

Hauptgefährdungen beim Palettieren sind die Bewegungen des Roboters inklusive der Packstücke. Hier kommt es generell zu mindestens zwei Quetschstellen. Die Erste ist die Auf- oder die Ablage auf der Fördertechnik und die Zweite ist die Auf- oder Ablage auf der Palette. Alle anderen Kollisionen sollten als transiente Kontakte übrigbleiben, wenn keine weiteren Hindernisse im Fahrweg sind.

Risikominderung in der aktuellen Applikation

Zur Minderung des mit transienten Kontakten verbundenen Risikos muss das Robotersystem die Geschwindigkeit der beweglichen Teile des Robotersystems begrenzen. Die Geschwindigkeitsgrenzen hängen von der Trägheit (Masse) und der Mindestfläche am Roboter ab, welche mit der exponierten Körperregion in Kontakt kommen kann. Man kann den Roboter in zwei Geschwindigkeitszonen einteilen. Die Erste ist eine definierte Zone oder Ebene bei der Fördertechnik, in der das Produkt aufgenommen oder abgegeben wird. Diese ist in Abhängigkeit vom Packstück zu limitieren. Die identischen Eigenschaften sollten auf der Palette herrschen, wenn der Roboter dies ermöglicht.

Die zweite große Zone oder Ebene ist die Transferzone. Diese wird mit ausreichend Platz zu Hindernissen gemäß EN 13854 definiert, um Körperstellen nicht zu quetschen. Somit ver-

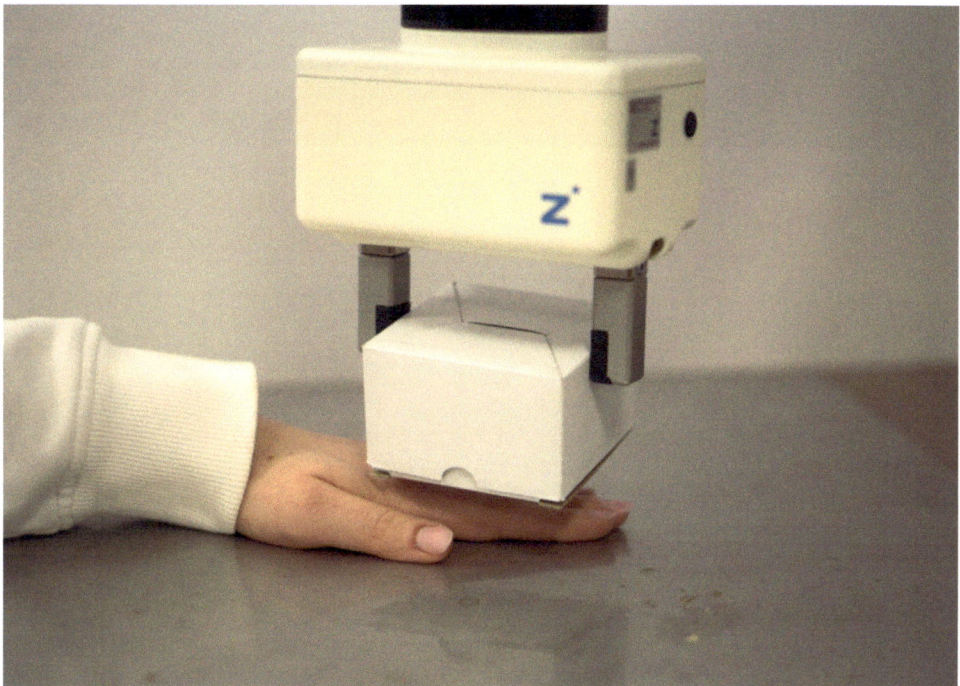

Abbildung 8.7 Typische Handkollision beim Ablegen

bleiben nur noch transiente Kontakte, welche normativ einen viel höheren Schmerzeintritt haben. In dieser Zone kann der Roboter daher schneller werden. Konstruktiv ist bei Kollisionen der Druck entscheidend. Druck ist als Kraft je Fläche definiert. Ist die Fläche klein, wie zum Beispiel bei Ecken, Kanten oder vorstehenden Schrauben, so ist der Druck sehr hoch und dementsprechend auch die Verletzungsgefahr. Ist es konstruktiv und funktional nicht möglich, Druckstellen zu vermeiden, so sind diese mit Abdeckungen zu versehen. Grundsätzlich gehört die Programmierung entgegen den Robotersicherheitslimitierungen nicht zu den Schutzmaßnahmen, da sie jederzeit verändert werden kann oder bei Anwendung von KI nicht vorhersagbar oder wiederholbar ist.

Jedoch kann eine von Anfang an defensive Programmierung ein vorhandenes Risiko weiter mindern, da ein Eintritt in der Wahrscheinlichkeit reduziert wird. Wird der Roboter generell über Paletten und andere Objekte bewegt anstatt durch den freien Raum, so ist die Wahrscheinlichkeit, dass an den Fahrwegen des Roboters ein Mensch stehen kann, geringer. Die Prozesshindernisse verhindern ein Stehen von Personen, wie in der nachfolgenden Abbildung 8.8 ersichtlich. Die klassische Industrierobotik ist auf Taktzeitoptimierung und Hochgeschwindigkeit getrimmt. Zaunlose Applikationen, bei denen der Mensch jederzeit Zutritt hat und erst bei einer Kollision erkannt wird, müssen grundsäztlich auf eine Kollisionsvermeidung hin optimiert werden. Jeder Fahrweg des Roboters, bei dem er mit einem Menschen kollidieren kann, wird am Ende zwangsläufig zu einem Stillstand und somit zum Taktzeitverlust führen. Plant man nun Fahrwege an Stellen, wo rein physikalisch und bestimmungsgemäß kein Mensch stehen kann, so ist hier eine Kollision eher unwahrscheinlich. Das führt letztendlich zu weniger Zeitverlust aufgrund von Kollisionen.

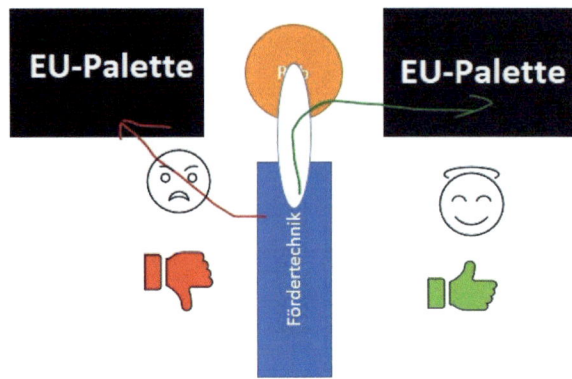

Abbildung 8.8 Defensive Bewegungen vs. taktzeitoptimierte Bewegung

Zur defensiven Programmierung gehört auch, dass beim Palettieren das Aufnehmen oder Ablegen weit entfernt vom Menschen erfolgen soll. Als Beispiel kann, wie in der nachfolgenden Abbildung 8.9 gezeigt, das Packstück zuerst auf die Palette nach unten bewegt werden und dann schwebend auf der Ebene zur Position geschoben werden. So werden scherende Bewegungen vermieden und zu weit entfernten quetschenden Bewegungen gewandelt. Ein späteres Verfahren auf der Palette ist einem Schieben und Stoßen gleichzusetzen, welches man besser als ein Scheren mit den Limitierungen des Roboters behandeln kann.

Gerade beim Palettieren hat sich zudem bewährt, dass der Roboter ein Hindernis oder eine Barriere zwischen sich und dem Menschen aufbauen kann. Dies verhindert sicherheitstechnisch nicht, dass der Mensch zum Roboter gelangen kann. Aber aus Sicht der Risikobeurteilung wird es für den Menschen schwieriger sein, direkt zum Roboter zu gelangen. Die Wahrscheinlichkeit, einen Schaden zu vermeiden, steigt und das Risiko der Kollision sinkt in der Beurteilung. Das Risiko des direkten Durchfassens wird somit gemindert und auch die Eintrittswahrscheinlichkeit, den Prozess zu stören, wird durch eine defensive Programmgestaltung minimiert.

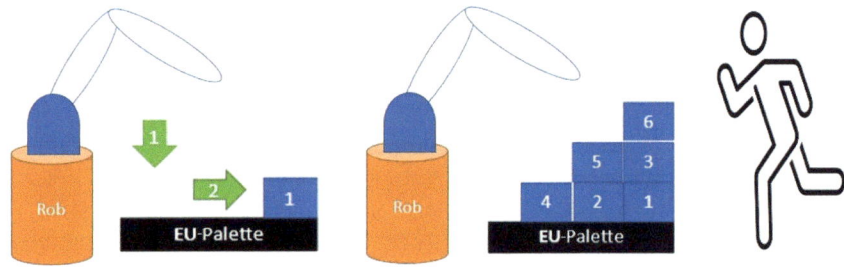

Abbildung 8.9 Links defensives Ablegen, rechts defensive Barriere aufbauen

Beim Palettieren kann der Roboter sehr gut in Arbeitsräumen arbeiten, da die Aktionsräume vorab sehr gut definierbar sind. Aus diesen Räumen kann er auch nicht herauskommen, wenn diese als einschließende Räume gemäß EN 10218-2 definiert sind. Sie sind als unüberwindbare Grenzen des Roboters ausgelegt. Der Raum ist nur so groß, dass der Roboter

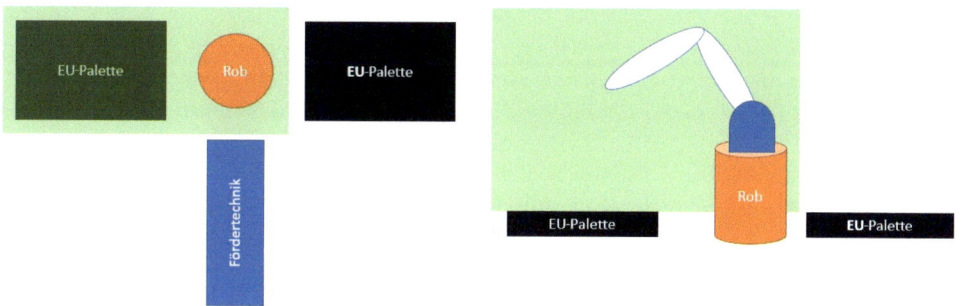

Abbildung 8.10 Arbeitsraum auf der Palette, Sicht von der Seite (rechts) und von oben (links)

die Packstücke auf der Palette erreichen kann. Die Palette kann also als Grenze des Arbeitsraumes angesehen werden. Abbildung 8.10 zeigt dies, wenn eine Palette vom Roboter angefahren werden soll. Der grüne Arbeitsraum kann vom Roboter nicht verlassen werden, da dieser als einschließender Raum definiert ist. Der Roboter kann im Raum jeden Punkt auf der Palette erreichen, sein Packstück abholen oder ablegen und danach wieder zurück in die Startposition im Zentrum fahren.

Auf der Fördertechnik ist der Arbeitsraum ebenfalls als einschließender Raum zu definieren. Hier kann der Raum auch etwas über der Fördertechnik enden, wenn das Packstück abwurffähig ist. In diesem Fall sollte es auch abgeworfen werden, da so die Kraft zwischen Roboter und Peripherie komplett entkoppelt wird. Entscheidend ist hier, dass der Raum auf der Fördertechnik nur so groß gestaltet wird, dass der Roboter sein Produkt an der Endposiiton erreichen kann. Es besteht keine Notwendigkeit sich weiter entlang der Fördertechnik zu bewegen. Daher wird der Arbeitsraum eher kurz gestaltet, wie in Abbildung 8.11 zu sehen ist. Wenn der Roboter die Fördertechnik erreichen soll, darf er technisch nicht in die anderen Räume fahren, wie beispielsweise in die Räume von den Paletten.

Wenn man dies gleich von Anfang an konsequent umsetzt, so sind mögliche Kollisionen stark minimiert. Auch in Kombinationen mit sekundären Sicherheitseinrichtungen wie Laserscannern oder Radarsensoren um oder auf den Paletten wird so eine bedingte Abfrage und Freigabe möglich. Stellen wir uns als Upgrade einen Radarsensor für die Palette vor.

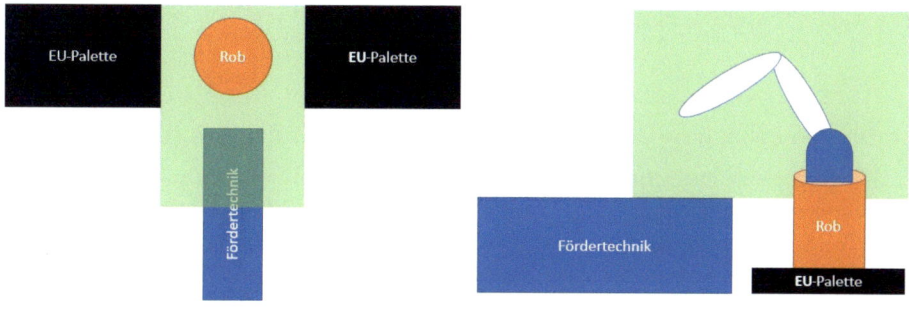

Abbildung 8.11 Arbeitsraum auf der Fördertechnik, Sicht von der Seite (rechts) und oben (links)

So wird der Raum überwacht. Ist der Roboter gerade auf der Fördertechnik tätig, ist eine detektierte Person auf einer Palette sicherheitstechnisch irrelevant, da der Roboter sich im Arbeitsraum der Fördertechnik befindet. Für den nächsten Programmschritt wird zunächst abgefragt, noch bevor der Roboter in den Arbeitsraum der Palette fährt, ob dieser Raum auch frei von Personen ist. Ist dies nicht der Fall, so wird im Programmteil ein Halt mit Wait-DI, also warten auf Eingang, gelegt. Sollte das Programm einen Fehler haben, wird dank des Radars in Verriegelung mit dem Arbeitsraum der Palette der Roboter sofort sicherheitstechnisch gestoppt, sollte er dennoch den Raum befahren wollen.

Wie so oft bei zaunlosen Applikationen fehlt dem Menschen der direkte Bezug zum Roboterraum ob nun gefährlich oder nicht. Der Mensch kann nicht wissen, wo der virtuelle Arbeitsraum des Roboters ist. Daher sind bei allen zaunlosen Applikationen und besonders an Stellen mit dauerhaft erhöhten Risiken wie durch Stöße letztendlich Markierungen anzubringen, welche sich vom Umfeld farblich auffallend abheben. In der Abbildung 8.12 sind für eine Palettierung bewährte Markierungen am Boden zu sehen. Welche Farbwahl am Ende getroffen wird, muss lokal vor Ort entschieden werden und hängt auch vom Boden ab. An dieser Stelle wird von den Farben Gelb und Rot abgeraten. Gelb suggeriert immer einen anormalen Zustand oder eine Warnung vor einer Gefahr bei einer Störung. Die Farbe Rot hingegen ist immer ein Notfall oder direkter gefahrbringender Zustand. Beide Ereignisse sollten bei korrekter Umsetzung von konformen Cobotapplikationen nicht eintreten. Es hat sich in den letzten Jahren die Farbe Blau bewährt, da diese ebenfalls eine zwingende Handlung des Menschen signalisiert, was dem kollaborativen Prozess sehr nahe steht. Detailliert ist dies im Abschnitt 10.6.8 beschrieben.

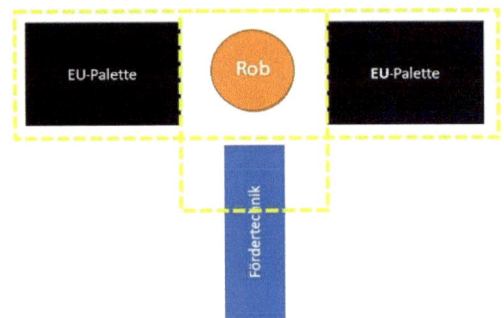

Abbildung 8.12 Markierungen am Boden, Sicht von oben

Symbiosen zwischen Cobots und sekundären Schutzeinrichtungen

Für all jene, die eine einfache Programmierung des Cobots mit dem Durchsatz eines Industrieroboters vereinen wollen, wird es nur bedingt sicherheitstechnisch umsetzbar sein ohne sekundäre Schutzeinrichtungen zu integrieren. Ist auch der Zugang des Menschen nicht gewünscht oder notwendig, so spricht nichts gegen eine klassische Applikation mit einer trennenden Schutzeinrichtung und definierter Material zu- und abführung. Auch wenn wir von schwereren Packstücken sprechen, erhöht sich zwangsläufig das Risiko beim Fallen aufgrund des Gewichts der Packstücke und somit auch die Energie bei einer Kollision.

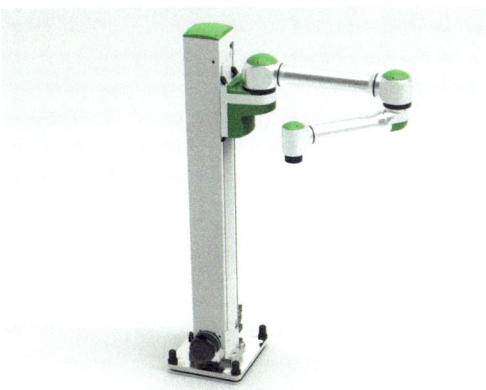

Abbildung 8.13 Coboworx C40 – Roboter inklusive vertikaler Achse (Quelle: Coboworx)

Ein interesantes System stellt die Firma Coboworx vor. Ein Robotersystem, welches speziell als Palettierroboter entwickelt wurde, ist in Abbildung 8.13 ersichtlich. So ist die Vertikalachse direkt mit dem Roboter verbunden. Die Effizienz des Systems besteht aus dem konsequenten Entfernen von Funktionen, die für das Palettieren nicht benötigt werden. Der Coboworx CW40 ist ein Vierachser und ähnelt daher einem Scararoboter in der Bewegung, was für das Palettieren mehr als ausreichend und konsequent ist. So sinken auch die Kosten in der Anschaffung und während der Laufzeit des Systems allein schon durch das Weglassen von zwei Roboterachsen. Auch der Durchsatz ist höher als bei einem zaunlosen System und wird mit bis zu 600 Picks pro Stunde im Einzelhub für bis zu 35 kg Produkte angegeben. Höhere Durchsätze werden mit kombinierter Aufnahme mehrerer Packstücke erreicht. Gerade diese Gewichtsklasse unterscheidet sich vom klassischen Cobot im reinen Kraft- und Leistungsmodus und es führt wirtschaftlich gesehen an sekundären Schutzeinrichtungen kaum ein Weg vorbei.

Hochinteressant und passend zum Cobotmarkt ist das geplante Servicepaket, das sogenannte Robot as a Service. Das System wird als Kaufmodell und als Mietmodell angeboten werden. Ganz im Sinne des digitalen Zeitalters ist es vorab online konfigurierbar. Da es als Produkt in allen Konfigurationen bereitsteht, ist die Installation ziemlich schnell erledigt, was für die Planung sehr entscheidend ist. Gemäß dem Ease-of-Use-Prinzip soll ein Programm nicht länger als 10 Minuten brauchen, bis es startklar ist. Erste Konzepte lassen aufhorchen und zeigen ein komplettes System inklusive einer trennenden Schutzeinrichtung.

■ 8.4 Beispiel Handführungen mit dem Industrieroboter

8.4.1 Produktaufnahme handgeführt

Bei einem Zulieferer müssen Fahrzeugfrontscheiben für den Weitertransport foliert werden. Dies erfolgt aktuell manuell. Aufgrund der Masse einer Scheibe von mehr als 20 kg und der Dimension von bis zu 1900 mm werden für diese Tätigkeit zwei Mitarbeiter benötigt. Die Scheiben werden in Trägern angeliefert, in welchen sich mehrere Scheiben getrennt durch Füllstücke befinden. Die beiden Mitarbeiter entnehmen eine Scheibe und legen diese auf eine Fördertechnik für die autonome Glasfoliermaschine. Aufgrund der Füllstücke im Transportbehälter ist die Lage der Scheiben nicht eindeutig. Als zweites Problem hat sich die Varianz der Scheibentypen herausgestellt. Da durch die Foliermaschine sämtliche Varianzen foliert werden sollen, muss der Roboter viele Varianzen in undefinierten Lagen aufnehmen.

Umsetzung mittels kollaborierenden Roboters mit Handführung

Bei dieser Betriebsweise nutzt der Mitarbeiter eine handbetätigte Einrichtung, um Bewegungsbefehle zum Robotersystem zu übermitteln. Der Industrieroboter muss einen Halt ausführen, wenn der Mitarbeiter den Kollaborationsraum betritt. Der Arbeitsraum des Roboters wird um die Basis mit zwei Laserscannern allseitig überwacht. Zutritte werden erkannt und der Roboter in den sicheren Halt versetzt. Durch die aktive Zustimmung am Endeffektor durch den Menschen kann der Roboter nun manuell geführt werden und so sämtliche Scheibenvarianzen greifen. Der Roboter ist in diesem Fall ein Industrieroboter mit einer Kraft- und Momenten-Sensorik zwischen Roboter und Endeffektor. Es könnte aber auch ein Roboter mit integrierter Kraft-Momenten-Sensorik sein.

Prozessbeschreibung

Befindet sich kein Mensch im Scanbereich des Roboters, so arbeitet dieser in der Betriebsart Automatikbetrieb. Sicherheitsabstände der Scanner müssen gemäß EN ISO 13855:2010 ausgelegt sein. Der Prozess sieht vor, dass der Roboter eine Scheibe aus dem Transportgebinde entnehmen muss. Dies kann er jedoch ohne menschliche Hilfe nicht. Er wird somit in einer Vorposition vor dem Transportgebinde halten und auf den Menschen warten. Signalisiert durch eine Leuchte, erkennt der Mitarbeiter, dass er aktiv werden kann. Geht er zu früh in den Bereich, stoppt der Roboter, da sein Automatikbetrieb einen Sicherheitshalt auslöst. Betritt der Mensch im richtigen Moment den Sicherheitsbereich, wird dieser zum Kollaborationsraum. Der Roboter wird weiter sicher gehalten im Stopp der Kategorie 2. Durch die aktive Zustimmung des Menschen am Roboterendeffektor wird der Roboter wieder aktiviert und in der Automatikbetriebsart Handführung durch den Menschen aktiv zur Scheibe geführt. Der Mensch setzt den optimalen Griffpunkt an der Scheibe und führt den Roboter mit der Scheibe aus dem Transportgebinde.

Der Roboter ist in diesem Bereich der Produktaufnahme mit Arbeitsräumen (normativ ist es der einschließende Raum) eingeschränkt, der Mensch kann zwar den Roboter frei im Arbeitsraum bewegen, wird diesen jedoch niemals in dieser Betriebsart verlassen können. So sind nur das Einfahren, Anheben und Herausfahren möglich. Kollisionen mit der Transportbox sind auf ein Minimum reduziert. Hat der Mitarbeiter die Scheibe aus der Transportbox mit dem Roboter gefahren, befindet sich dieser wieder in der Nähe seiner Vorposition. Der Mitarbeiter verlässt den Kollaborationsraum wieder. Anschließend wird ein freies Scanfeld erkannt. Der Roboter kann seinen Automatikprozess durch den autonomen Wiederanlauf starten und die schwere Scheibe auf die Fördertechnik manipulieren, bis er wieder zur Vorposition autonom gefahren ist und auf seinen Kollegen Mensch wartet.

Besonderheiten und Risiken

Gemäß der ISO TS 15066 muss bei der Risikobeurteilung im Einzelnen Folgendes berücksichtigt werden:

- Eine sicherheitsbewertete überwachte Geschwindigkeit, welche derart limitiert ist, dass der Bediener bei der Handführung keinen Gefährdungen ausgesetzt ist. Gefährdungen können durch ruckartige oder zu schnelle und nicht beherrschbare Bewegungen entstehen.

- Der Nachlauf des Roboters beim Loslassen der Zustimmeinrichtung muss betrachtet werden, um ein mögliches Quetschen an Hindernissen resultierend aus dem Nachlauf zu minimieren. Der Nachlauf ist rein aus der maximalen Geschwindigkeit abzuleiten und kann somit zugleich mit dem ersten Gedankenstrich minimiert werden.

- Gefährdungen durch den Endeffektor und das Produkt selbst. Die mehr als 20 kg schwere Scheibe könnte herabfallen oder sich bei Energieausfall lösen.

Risikominderung in der aktuellen Applikation

In der beschriebenen Applikation muss der Industrieroboter mit mindestens drei Arbeitsräumen und einem Schutzraum ausgestattet werden.

Arbeitsraum 1 = Automatikraum, in dem der Industrieroboter bei freiem Scanfeld seinen Automatikbetrieb ausführen soll. Die Geschwindigkeit muss in Abhängigkeit des Prozesses und seinen Risiken ermittelt werden.

Arbeitsraum 2 = Übergangsraum. Hier ist der Industrieroboter in der Vorposition vor dem Transportgebinde sowie während des Anlaufs nach dem Scheiben-Holen für den Automatikbetrieb. Die Geschwindigkeit kann hier reduziert sein, um in einem Not-Halt ein Durchfahren durch den Nachlauf zu minimieren.

Arbeitsraum 3 = Kollaborationsraum ist der Raum, den Menschen und Roboter während der Handführung nicht verlassen können. Die Geschwindigkeit sollte hier an den Menschen angepasst sein.

Schutzraum 1 = Hier muss die Fördertechnik maskiert werden, um ein ungewolltes Kollidieren des Roboters mit der Fördertechnik sicherheitstechnisch im Arbeitsraum 1 auszuschließen.

Es gibt durchaus Hersteller, die die Varianz an Scheiben handhaben können. Als wesentliche Restgefahr eines Vakuumgreifers ist die Gefahr des Produktverlustes bei Energieausfall oder Verlust des Vakuums zu betrachten. Da der Mensch während der Handführung unmittelbar in der Nähe der Gefahr stehen kann, ist diese zu minimieren.

Bei Kranen werden lose Lastaufnahmemittel in der EN 13155 beschrieben. Demnach müssen die Vakuumheber mit einer Einrichtung zur Vermeidung der Gefahren bei Vakuumverlusten ausgestattet werden. Die Einrichtung muss eine gewisse Zeit das Vakuum aufrechterhalten und bei Energieausfall dem nahestehenden Bediener signalisieren, dass es zu einem Notfall kommen wird.

Backupsysteme sind durch Notfallbatterien, Schwungscheiben bei Ventilatoren oder Rückschlagventilen zu realisieren. In der Praxis haben sich bei Industrierobotern Kombinationen aus Vakuumgreifer mit Rückschlagventil und Formschluss bewährt.

Abbildung 8.14 Schematischer Sauggreifer mit Formschluss, Greifer mit Scheibe

Im Verhältnis zu Kranen ist bei Robotern die Verweildauer des Produktes am Vakuumsauger geringer. Jede Scheibe wird mit einer MRK-freundlichen Doppelgabel unterfahren, von dem Sauger fixiert und in einer defensiven Fahrweise manipuliert.

Entscheidend ist, dass im Fall eines Energieverlustes die Scheibe aufgrund der Gewichtskraft in die Gabel fällt und somit durch den Formschluss des Doppelhakens am Herabfallen gehindert wird. Die defensive Fahrweise kann mit einer dauerhaften sicheren Toolorientierung gewährleistet werden, sodass die Scheibe dauerhaft auf dem Greifer liegt und nur bei der Produktablage den Formschluss verlässt.

8.4.2 Produktablage handgeführt

Grundsätzlich kann der Roboter dem Menschen bei der Positionierung bei vielen Arbeiten assistieren. Der Roboter fährt das Werkstück manuell oder autonom in eine optimale Position und wird dann stillgesetzt. Der Mensch beendet den Arbeitsprozess durch seine handwerklichen Fähigkeiten.

Die Arbeitsweise ist von den Aufgaben her identisch zur handgeführten Produktaufnahme im vorherigen Abschnitt. Es ändert sich lediglich die Reihenfolge der Arbeitsschritte.

Prozessbeschreibung

Bei dieser Applikation werden Fahrzeugkomponenten, wie zum Beispiel Dashboards oder Kabelbäume, an die Produktionslinie geliefert und für das jeweilige Fahrzeug bereitgestellt.

Der Industrieroboter nimmt die vorher korrekt bereitgestellten Komponenten autonom auf. Der Roboter befindet sich innerhalb seiner Automatikzone. Diese Zone ist allseitig durch Sicherheitseinrichtungen abgesichert. Der Roboter manipuliert das Produkt programmgesteuert (autonom) in Richtung Montageband, wo sich der Werker befindet. Kurz vor Erreichen des Kollaborationsraumes stoppt der Roboter und wird sicher stillgesetzt. Dem Werker wird mittels visueller Anzeige die Bereitschaft signalisiert. Der Werker betritt nun den abgesicherten Automatikbereich, welcher somit dann zum Kollaborationsraum wird, und übernimmt mittels Handsteuerung den Industrieroboter. Vom Menschen gesteuert wird das vom Roboter gehaltene Produkt zielgenau in das Fahrzeug manipuliert. Eine

Abbildung 8.15 Industrieroboter, Handführung am Beispiel der Sitzmontage (Messebeispiel)

Synchronisation zwischen Band und Industrieroboter kann Kollisionen mit Störkonturen des Fahrzeuges vermeiden. Ist die Position im Fahrzeug erreicht, wird das Produkt abgelegt und der Roboter vom Menschen via Hand zurück in den abgesicherten Automatikbereich geführt. Beim Verlassen des Raumes wird dieser als personenfrei erkannt und der nächste Automatikprozess kann starten.

Ein funktionaler Endeffektor muss nicht nur Produkte ablegen. Er kann auch Schrauber integriert haben, sodass beim Erreichen einer definierten Position am Fahrzeug der Werker den Schraubprozess starten kann. Der Endeffektor ist somit Hebezeug und Werkzeughalter in einem. In der Praxis kann dieser Prozess in der geführten Montage umgesetzt werden.

Solche Anwendungen sind eine Erweiterung der bekannten Hebezeuge, daher werden sie auch liebevoll intelligente Hebezeuge genannt. Wirtschaftlich wird es jedoch erst interessant, wenn eine große Anzahl an Produktvarianzen, regelmäßige oder zeitnahe Änderungen im Prozess erfolgen, welche durch den Industrieroboter effizienter angepasst oder verwaltet werden können im Vergleich zu einem reinen Hebezeug.

8.4.3 Qualitätskontrolle am Werkstück

In einem Aluminium-Gusswerk werden Zylinderköpfe für Pkw-Motoren autonom gefertigt. Jeder Zylinderkopf muss am Ende der Produktion eine manuelle Endkontrolle durchlaufen. Die menschliche Sensorik und Fähigkeit, komplexe Aufgaben schnell zu bewerten und zu lösen, kann derzeit keine Maschine komplett ersetzen. Daher wird diese Endkontrolle von erfahrenen Mitarbeitern manuell durchgeführt.

Ein erfahrener Qualitätsprüfer nimmt für diesen Prozess einen Zylinderkopf mit einer Masse von 12–15 kg per Hand auf und manipuliert ihn erst zu einer Fotodiagnose, bei der ein digitales Bild des aktuellen Zylinderkopfs erstellt wird. Anhand dieses Bildes können qualitative Abweichungen ermittelt werden. Diese geringen Abweichungen müssen danach von einem erfahrenen Mitarbeiter per Hand an einem Werktisch gegebenenfalls nachgearbeitet werden. Abschließend wird der nun der Qualität entsprechende Zylinderkopf auf ein Förderband per Hand manipuliert und anschließend von einem Roboter palettiert.

Aufgrund der körperlich sehr anstrengenden Arbeit werden diese Mitarbeiter „die starken Männer" genannt. Ihre Schichten habe mehr Pausen zur Erholung. Trotzdem schafft ein Mitarbeiter 500 Stück solcher Zylinderköpfe in seiner Schicht auf Qualität zu prüfen und nachzuarbeiten. Nur etwa jeder 10. Zylinderkopf muss vom Mitarbeiter geringfügig nachbearbeitet werden. Bei der nachträglichen Bearbeitung kann es sich um Entgraten, Bohren oder Schleifen handeln.

Ein Wunsch der Unternehmensführung war es, diese Mitarbeiter körperlich zu entlasten, da sich die anstrengende Arbeit auf die Gesundheit auswirkt. Eine Vollautomatisierung ist nicht gewünscht, da man die Sensorik des Menschen nicht ersetzen kann. Der Prozess muss jedoch auch taktgemäß sein, sodass die aktuelle Stückzahl an Produkten weiterhin geprüft werden kann.

Abbildung 8.16 Manuelle Qualitätskontrolle

Applikationsbeschreibung

Das primäre Ziel ist, eine Erleichterung für den Mitarbeiter durch einen assistierenden Industrieroboter zu schaffen. Der Produktdurchlauf darf nicht verringert werden. Der Roboter soll den Zylinderkopf autonom aufnehmen und dem Mitarbeiter in einer ergonomisch besseren Position zuführen. Der Mitarbeiter prüft die Qualität des Produktes, während das Produkt vom Roboter gehalten wird. Bei Bedarf wird der Zylinderkopf nachbearbeitet.

Der Mensch wird entlastet, da alle Hebe- und Manipulierarbeiten vom kräftigen Roboter übernommen werden. Der Mensch kann sich auf seine Stärke, die Sensorik, konzentrieren.

Der Arbeitsbereich ist zweigeteilt: autonom und kollaborierend. Die Übergabe erfolgt über einen Übergabebereich ohne trennende Schutzeinrichtung. Der Bediener kann mittels eines lokalen Bedienpults den Roboter über die Achsen 4, 5 und 6 bewegen, wenn dieser in der Übergabeposition ist. Die ergonomischen Bedingungen gleichen der Arbeit auf einem Werktisch. Das Produkt kann in allen erforderlichen Positionen erreicht werden.

Systembeschreibung

Ein Industrieroboter befindet sich hinter dem Förderband. Beide Objekte zusammen bilden den Automatikraum. Der Kollaborationsraum beginnt hinter dem Förderband und wird links von einer Diagnosewand mit Bildschirm und rechts von einer Werkzeugwand begrenzt. Der rückwertige Raum ist offen. Zwischen Automatikraum und Kollaborationsraum überwacht ein vertikales Laserscanerfeld den Zugriff von Personen. Fährt der Roboter in den Kollaborationsraum, wird das Laserfeld durch einen zweiten Feldsatz ersetzt, in dem der Roboter ausgeblendet ist. Ein unbemerktes Durchfassen oder Betreten ist weiterhin ausgeschlossen, da lediglich der Roboterarm im zweiten Feldsatz maskiert ist. Ein zweites horizontales Laserfeld überwacht den Kollaborationsraum auf 500 mm Höhe und bildet zusätzlich den durch Schutzeinrichtungen abgegrenzten Raum.

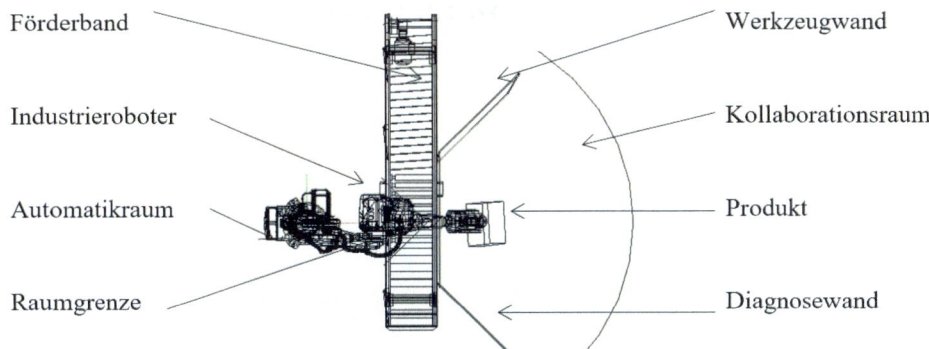

Abbildung 8.17 Aufbau der assistierenden Roboterzelle

Der Greifer des Industrieroboters muss den Zylinderkopf sicher festhalten können und in Notsituationen diesen gegen Herabfallen sichern. Eine Eliminierung der Freiheitsgrade durch Formschluss ist hierbei die optimale Lösung. Aufgrund der Arbeiten am Produkt, wenn dieses am Roboter befestigt ist, muss der Greifer diese Kräfte natürlich statisch aufnehmen können.

Sicherheitsbereich – Schutzfelder

Das Robotersystem beinhaltet zwei durch Schutzeinrichtungen getrennte Räume, einen Automatikraum und einen Kollaborationsraum. Der Automatikraum wird durch eine sicherheitsgerichtete Software begrenzt und ist zusätzlich gegen Zutritte durch Personen gesichert.

Der Kollaborationsraum wird durch ein vertikales Laserfeld gegen Zutritte zum Automatikraum begrenzt. Durchfährt der Industrieroboter das Laserfeld, wird dieser Bereich durch einen zweiten Feldsatz ausgeblendet. Um den Roboterarm herum bleibt das Laserfeld aktiv und detektiert jede Verletzung. Der Automatikraum ist gegen Zutritte gesichert. Daher muss der Prozess gestoppt werden, wenn eine Verletzung dieses Raumes stattfindet.

Der Kollaborationsraum hingegen ist flächendeckend durch ein horizontales Laserfeld abgesichert. Dieses Laserfeld markiert die Grenze vom Kollaborationsraum und detektiert jede Person in diesem Raum. Der rückwärtige Raum ist offen, um eine mögliche Flucht des Bedieners aus dem Kollaborationsraum ohne Hindernisse zu ermöglichen.

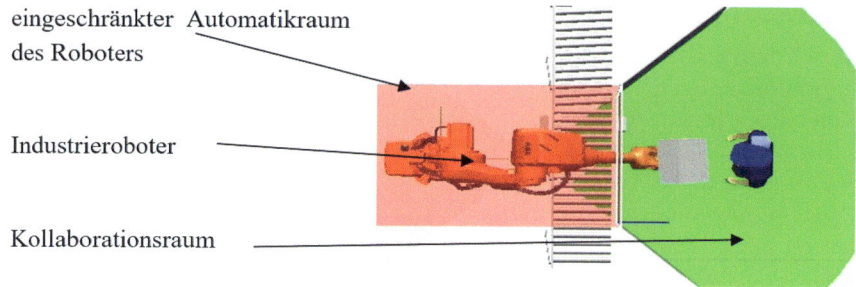

eingeschränkter Automatikraum
des Roboters

Industrieroboter

Kollaborationsraum

Abbildung 8.18 Automatikraum und Kollaborationsraum des Robotersystems

Gemäß EN ISO 10218-1 muss zusätzlich eine optische Anzeige eindeutig den kollaborierenden Betrieb des Roboters signalisieren. Diese Anzeige kann eine Signalleuchte darstellen, welche neben einem deutlich sichtbaren Warnschild montiert ist.

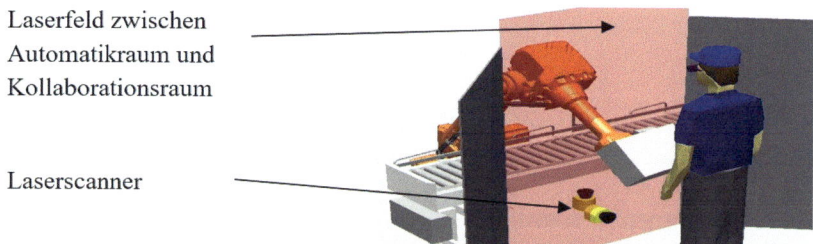

Laserfeld zwischen
Automatikraum und
Kollaborationsraum

Laserscanner

Abbildung 8.19 Schutzfeldgrenze zwischen Automatikraum und Kollaborationsraum

Sicherheitsabstände

Der Kollaborationsbetrieb begrenzt abhängig von der Risikobewertung die maximale TCP-Geschwindigkeit des Industrieroboters. Diese wird durch die Sicherheitssteuerung des Roboters sicher überwacht und kann als obere Grenze für die Berechnungen der Sicherheitsabstände des horizontalen Schutzfeldes angenommen werden.

Die maximale TCP-Geschwindigkeit wird auch auf den Automatikbereich des Roboters angewendet und sicher überwacht. Da die Anwesenheit des Bedieners im Kollaborationsraum für einen erfolgreichen Prozess erforderlich ist, kann ein reiner Automatikbetrieb prozessbedingt ausgeschlossen werden und ein vertikales Schutzfeld zur Zutrittsüberwachung direkt am Förderband ohne erhöhtes Risiko für den Bediener realisiert werden. Als Anhaltspunkt wird ein Abstand vom Schutzfeld zum gefährlichsten Prozess, dem Aufnehmen und Ablegen des Produktes auf dem Förderband, von 500 mm festgelegt. Dieser Abstand entspricht einer Berechnung mit einem Fünftel der maximalen Geschwindigkeit des Roboters (Gleichung 8.1).

$$S_{\text{vert}} = (1600 \times 0{,}14) + 8 \times (50 - 14) = 512\,\text{mm} \tag{8.1}$$

$$S_{\text{hor}} = (1600 \times 0{,}14) + 1200 - 0{,}4 \times 500 = 1224\,\text{mm} \tag{8.2}$$

Die Gleichung 8.2 gibt den Sicherheitsabstand für das horizontale Schutzfeld von 1224 mm vor. Das ist die minimale Außengrenze des Kollaborationsraumes. Der Abstand beginnt am vertikalen Schutzfeld, da prozessbedingt der Roboter erst nach Zutritt eines Bedieners den Kollaborationsraum befahren darf.

 Die Berechnungen sind Beispiele für einen Industrieroboter, der inklusive der Sensorik einen Nachlauf von 140 ms hat. Die Berechnung erfolgte gemäß der EN ISO 13855:2010. Diese Werte sind das Ergebnis der beschriebenen Applikation und werden definitiv von anderen Applikationen abweichen. ∎

Prozesserklärung

Der Prozess der Diagnose mit Foto ist in der assistierenden Roboterapplikation ausgegliedert worden und befindet sich nun direkt auf dem Förderband vor der Station. Es wird von jedem Produkt ein digitales Foto erstellt und durch eine Bildverarbeitung vorbeurteilt. Bei Unstimmigkeiten wird das Diagnosebild zusätzlich auf dem Bildschirm der Diagnosewand abgebildet. Der Bediener kann anhand dieses Fotos eventuelle Fehler am Produkt identifizieren.

Der Prozess der Freigabe erfolgt an der Diagnosewand mit hilfe des Bildschirms. Der Bediener muss entscheiden, ob ein Produkt der geforderten Qualität entspricht oder eventuelle Fehler aufweist. Der Bediener erteilt daraufhin die Freigabe des Produktes, welches vom Roboter mit der Qualitätsmarkierung versehen wird. Geprüfte Produkte werden auf dem Förderband zur Palettierstation weiterbefördert.

Entspricht ein Produkt nicht der geforderten Qualität oder sind Fehler nicht sicher auszuschließen, so kann der Bediener das Produkt vom Förderband in den Kollaborationsraum ausschleusen.

Der Prozess der Produktübergabe erfolgt nur bei fehlerhaften Produkten. Der Industrieroboter nimmt das Produkt auf und übergibt es durch den Übergabebereich in den Kollaborationsraum an den Bediener. Die Geschwindigkeit wird ab Erreichen des Kollaborationsraums linear reduziert. Programmbedingt sind keine Achsenbewegungen möglich, die ein Quetschen von Gliedmaßen ermöglichen. Dieser Prozess endet mit einem sicheren Stillsetzen des Roboters nach Kategorie 2 (sicheres Stillsetzen ohne Energieabschaltung), welches von der Sicherheitssteuerung überwacht wird.

Der Industrieroboter wird das Produkt nur nach aktiver Zustimmung durch den Bediener vom Automatikbereich in den Kollaborationsraum manipulieren.

Der Prozess des Nacharbeitens erfolgt direkt am sicher stillgesetzten Industrieroboter im Kollaborationsraum. Es handelt sich um eine Aktiv-Passiv-Methode. Das Produkt befindet sich auf einer für den Bediener ergonomischen Arbeitshöhe. Diese Arbeitshöhe kann für jeden Bediener verändert werden. Die Achsen 4, 5 und 6 des Industrieroboters sind in diesem Prozess aktiv. So ist es dem Bediener über ein Bedienpult möglich, vorab definierte Positionen des Produktes ergonomisch optimal zu erreichen. Diese Bewegungen sind so zu programmieren und zu begrenzen, dass Quetschungen für den Bediener ausgeschlossen sind. Der Prozess wird durch eine Freigabe des geprüften und gegebenenfalls nachgearbeiteten Produktes durch den Bediener an der Diagnosewand beendet.

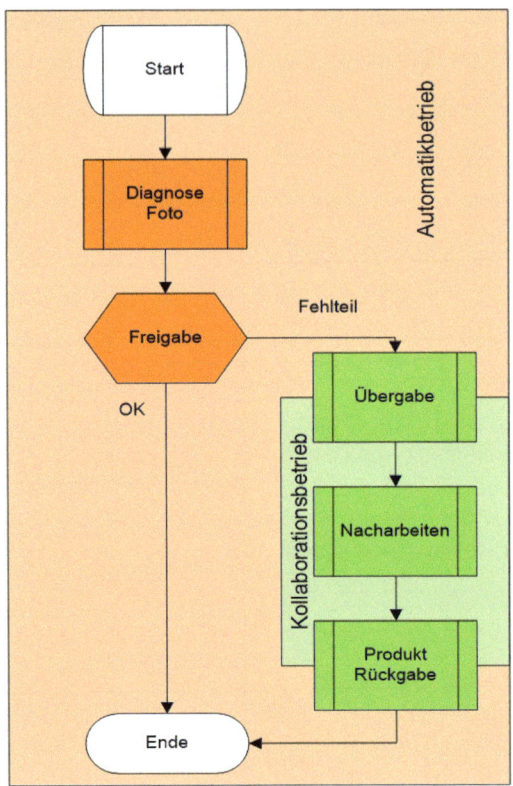

Abbildung 8.20 Prozessabbild des assistierenden Systems

Der Prozess der Produktrückgabe fördert den Zylinderkopf zurück in den Automatikbereich und wird durch die Freigabe im Prozess des Nacharbeitens gestartet. Erreicht der Industrieroboter mit dem Produkt den Automatikbereich, erfolgt zeitgleich die erforderliche Markierung des Produktes in der Bewegung. Abschließend wird das Produkt auf dem Förderband zur nächsten Station befördert.

Wirtschaftliche Betrachtung

Ein assistierendes System ermöglicht eine Kombination der Vorteile des Roboters und des Bedieners. Aufgrund der Arbeitsteilung wird dem Menschen die körperlich beeinträchtigende Arbeit vom Roboter abgenommen. Der Mensch kann länger aufmerksam arbeiten und eine höhere Anzahl an Produkten prüfen.

Frühere Gesundheitsprobleme aufgrund des Arbeitsplatzes werden minimiert. Das mögliche Arbeitsalter des Bedieners wird erhöht. Ältere qualifizierte Mitarbeiter besitzen mehr Erfahrungen, um Probleme effizienter zu lösen. Dies wird speziell in der Qualitätskontrolle benötigt. Durch diese Prozessoptimierung ist der erzeugte Mehrwert für das Unternehmen offensichtlich.

Inwieweit die Kosten des Mehrwertes die Anschaffungs- und Folgekosten eines Roboters decken, ist produktabhängig. Daher ist eine rein wirtschaftliche Betrachtung schwierig und sollte nicht ohne Weiteres allein für eine Entscheidung ausgewertet werden. Ein erfahrener Mitarbeiter in diesem Bereich der Qualitätskontrolle kostet ca. 60000 Euro im Jahr. Aufgrund der erhöhten körperlichen Beeinträchtigung werden mehrere dieser Mitarbeiter benötigt, um Krankheit, längere Pausenzeiten zur Erholung und Schichtbetrieb zu decken. Dieses hier beschriebene Robotersystem würde in etwa die gleichen Kosten von 60000 Euro in der Anschaffung erfordern. Die Kosten setzen sich zusammen aus dem Industrieroboter und der erforderlichen Sicherheitssensorik sowie der Installation.

Grundsätzlich sprechen nachfolgende Faktoren positiv für ein assistierendes System und sollten im Einzelfall geprüft werden:

- körperliche Entlastung des Mitarbeiters
- Spezialisierung des Mitarbeiters auf die Qualitätskontrolle und Nachbearbeitung
- Steigerung der Effizienz der Abteilung
- weniger arbeitsbedingte Krankheit und Ermüdung
- mögliche Personaleinsparung, Personalkostenreduzierung
- aktuell noch hoher Imagegewinn aufgrund neuer Technologien im Unternehmen

Ergebnis/Zusammenfassung

Ein sicheres assistierendes Robotersystem erfordert einen hohen Grad an sicherer Aktorik und Sensorik. Der Roboter muss in seiner maximalen Geschwindigkeit, Kraft und Bewegungsfreiheit überwacht und im Anlassfall sofort abgeschaltet werden können. Diese Überwachung übernimmt die Sicherheitssteuerung des Roboters. Der Bediener muss ebenfalls sicher und lückenlos detektiert werden. Arbeiten Mensch und Roboter kollaborierend zusammen, darf es kein erhöhtes Risiko für Verletzungen des Bedieners geben. Vorab ist die Programmierung bezüglich der Achsenstellungen und Bewegungen auf Risiken für den Menschen zu prüfen. Achsenstellungen, bei denen Quetschungen zwischen zwei Achsen möglich wären, sind zu unterbinden und gegebenenfalls sicher zu limitieren.

Es hat sich gezeigt, dass ein solches assistierendes System leichter zu konzipieren ist, wenn der tatsächliche Kollaborationsraum möglichst klein und wie in diesem Fall nur auf den Teil der Übergabe reduziert wird. Sämtliche Bewegungen und Prozesse, welche nicht die direkte Kollaboration erfordern, werden in einem durch Schutzeinrichtungen abgesicherten Automatikraum getätigt. Dort ist die Sicherheit auf eine reine Zutrittsüberwachung beschränkt. Mit dieser Trennung der Prozesse wird der Mensch nur einem moderaten Maß an Risiko ausgesetzt und der Roboter nicht zu sehr in seinen Fähigkeiten beschränkt und bleibt effizient.

Wird dem Menschen die kräftezehrende Arbeit der Manipulation durch den Roboter abgenommen, so kann dieser die freie Ressource für die eigentliche Aufgabe der Qualitätskontrolle nutzen. Ermüden und gesundheitliche Einschränkungen werden minimiert und somit die Effektivität pro Mitarbeiter an solch einer Station gesteigert. Ein hoher Mehrwert an Arbeitsplatzqualität ist die Folge. Wirtschaftlich betrachtet können erfahrene Qualitätsprüfer effektiver eingesetzt werden. Ein erhöhter Personalwechsel durch Ermüden wird minimiert. Die Kosten gegenüber einer reinen Handbearbeitung dieser Qualitätskontrolle sind hoch.

■ 8.5   Beispiel Klebeanwendung

Wenn man den Prozess betrachtet, sind Klebeapplikationen den Schweißapplikationen sehr ähnlich. Der Endeffektor ist nahezu lotrecht oder sagen wir definiert in einer Position auf einem Werkstück. Der Kleber wird über dem Werkstück leicht fliegend über dem Werkobjekt aufgebracht. Die Geschwindigkeit ist eher langsam, da gleichbleibend für den gesamten Prozess immer die gleiche Masse an Klebemittel aufgebracht werden muss.

Umsetzung mittels kollaborierenden Roboters

In einem Automobilwerk werden Fahrzeugscheiben an der Karosse verklebt. Früher wurde der Kleber von sehr erfahrenen Mitarbeitern exakt auf die Scheibe gebracht. Anschließend wurde die Scheibe von zwei Mitarbeitern aufgenommen und am Fahrzeug fixiert. Das Aufbringen des Klebemittels ist eine sehr anstrengende Aufgabe, da diese höchste Konzentration erfordert. Da Roboter wiederholgenau arbeiten, können sie den Prozess sehr gut für den Menschen erledigen. In einer Pilotanlage wurde die Scheibe von dem Bediener auf eine definierte Ablage gelegt. Die Scheibe war horizontal aufgelegt. Der Bediener bestätigt durch Betätigung einer Starttaste die korrekte Lage der Scheibe und der Roboter beginnt den Prozess der Klebemittelaufbringung. Dafür fährt der an einem Galgen hängende Roboter von oberhalb auf eine Scheibenkante herab. Er positioniert sich und beginnt im Uhrzeigersinn die Scheibe an der Kante komplett abzufahren und bringt mittels Extruder das Klebemittel auf die Scheibe. Die Spitze des Endeffektors ist als exakte Kontur des Klebemittels ausgeführt. Nachdem der Roboter auf die komplette Scheibe Klebemittel aufgebracht hat, wird am Ende eine überlappende Bahn Klebemittel aufgelegt und der Prozess ist beendet. Anschließend fährt der Roboter nach oben. Der Endeffektor wird in einer oberhalb gelegenen Reinigungsstation von den Kleberesten befreit. Er verweilt dort bis zum nächsten Auftrag.

Besonderheiten und Risiken

Wir gehen grundsätzlich hier davon aus, dass vom Klebemittel in der Klasse Materialien und Substanzen keine erhöhten Risiken ausgehen. Die Besonderheiten und Risiken im Bereich der Robotik sind einerseits, dass eine Fahrzeugscheibe recht groß sein kann. Viele Leichtbauroboter erreichen diese Fläche nur, wenn sie über der Scheibe hängend befestigt sind. Das Aufbringen des Klebemittels auf die Scheibe kann nur in horizontaler Lage erfolgen. Über Kopf hängende Roboter durchfahren jedoch den Schädelbereich des Menschen, gemäß der DIN EN 33402-2 in der Höhe von 185 cm bis 140 cm. Dies sind die Maße von der Kopfoberkante des 95-Perzentil-Mannes bis zur Gesichtsunterkante der 5-Perzentil-Frau. Gefahren von Kollisionen mit dem Schädel sind daher als Risiko zu bewerten. Explizite Gesichtskollisionen sind trotzdem eher unwahrscheinlich, da eine Fahrt lotrecht von oben nach unten eher den Schädel berühren würde, solange der Mensch nicht nach oben schaut. Unterhalb von 1400 mm verfährt der Roboter fliegend auf der Scheibe und kann den Körper berühren. Zum Auftragen des Klebemittels muss der Roboter die Scheibe nicht berühren. Wir gehen davon aus, dass eine Scheibe ergonomisch auf ca. 800 mm bis 1000 mm Bodenhöhe aufgelegt wird. Bei dem Aufsetzen auf die Scheibe kann es zu Quetschungen mit der Hand kommen oder, wenn seitlich angefahren wird, eher zu scherenden Risiken zwischen Scheibe und Endeffektor.

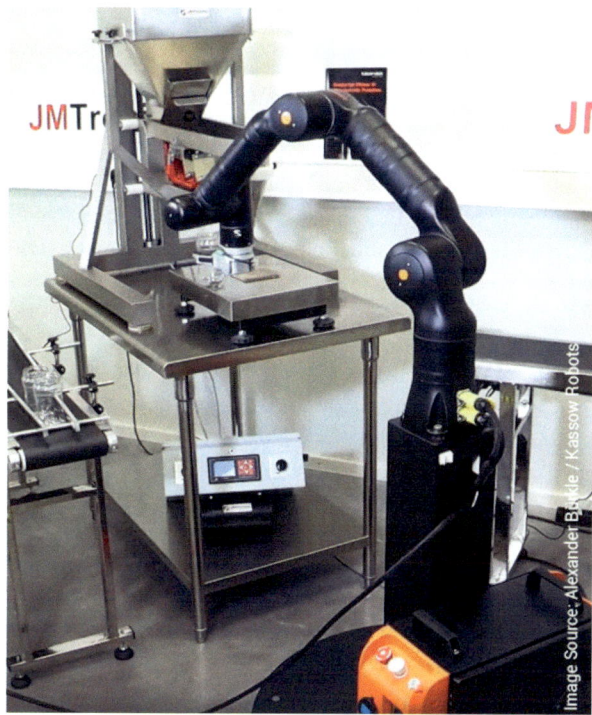

Abbildung 8.21 Klebeapplikation durch Kassow Robots (Quelle: Alexander Bürkle/Kassow Robots)

Risikominderung in der aktuellen Applikation

Wenn es konstruktiv möglich ist, so sollte der Robotergalgen direkt an der Scheibe stehen und der Roboter über der Scheibe in seiner Homeposition verweilen. Ist die Scheibe in Position, so dient diese als Hindernis oder Barriere. Kein Mensch kann im Raum des Roboters stehen. Ist dies nicht möglich, so ist die Fahrt aus der höhergelegenen Homeposition derart in der Geschwindigkeit zu limitieren, dass mögliche Kollisionen mit dem Schädel als Stoßen vertretbar sind. Die Fahrt nach unten in den Bereich unterhalb des Gesichtes (unter 140 cm) sollte lotrecht sein. Das Signal zur Durchfahrt muss vom Menschen erfolgen, der dies als Bestätigung der freien Fläche an den Roboter in Form der Quittierung auslöst.

Das Aufsetzen auf der Scheibe kann Quetschungen der Hand verursachen. Im Kraft- und Leistungsmodus kann dies gut durch Limitierungen und sehr niedrige Schwellwerte für die Kraft behandelt werden. Der Roboter muss zum Kleben die Scheibe nicht berühren, daher benötigt er keine Kraft. Der Wert in der TCP-Kollisionserkennung kann auf den niedrigsten Schwellwert eingestellt werden.

Alternativ kann ein Endeffektor wie in Abschnitt 10.5 verwendet werden, welcher in der Z-Richtung frei beweglich ist und mögliche Kollisionen nach unten dementsprechend vermeidet. Seitliche Fahrten auf der Scheibe stellen lediglich Gefahren des Stoßens dar. Mit einer geringen Höhe bei der Fahrt über der Scheibe ist ein Einziehen ausgeschlossen. Tendenziell werden seitliche Fahrten und Kollisionen gut erkannt und sind selten ein Hindernis in der Kraft und dem Druck.

Der Druck bei einer Kollision kann rein aus der Kollisionsfläche entschärft werden. Die Seiten des Endeffektors gehören beim Kleben nicht zu den prozessrelevanten Flächen und könnten komplett gecovert werden. Prozessrelevant ist die Klebedüse an der Auslassseite des Klebers vorne und unten. Diese ist definiert von der Kleberstärke und Kontur, welche sehr oft in Form eines Dreiecks sein muss. Dies gilt jedoch nur für die Innenseite, sprich den Teil der Düse, aus dem das Klebemittel herauskommt. Die Außenseite kann an drei Seiten mit kollisionsfreundlichen Materialien in der Fläche größer als $1\,\text{cm}^2$ gestaltet werden. Auch die Unterseite sollte so viel Kollisionsfläche wie möglich aufweisen. Die Energie bei einer Kollision kommt aus der Geschwindigkeit und der Masse. Kleben ist, wie eingangs beschrieben, dem Schweißen sehr ähnlich. Die Geschwindigkeit des Auftragens ist eher langsam, wenn man eine qualitativ gute Kleberaupe haben möchte. Das Bahnenlegen ist daher gut zu beherrschen und der Roboter kann grundsätzlich in der maximalen Geschwindigkeit limitiert werden. Es macht auch absolut keinen Sinn, wenn man zwei bis drei Minuten zum Auftragen des Klebers benötigt und nun am Ende des Prozesses mit sehr hohen Transfergeschwindigkeiten noch ein bis zwei Sekunden Taktzeit herausholen möchte. Es kann sein, dass an Ecken der Roboter bei gleichbleibender Klebegeschwindigkeit sehr schnelle Orientierungsfahrten mit dem Gelenk A2 zu A3 machen wird. Dies kann zu Kollisionen führen oder bei falscher Limitierung eines 6-Achsers zur Verlangsamung der Prozessgeschwindigkeit am TCP. Hier haben 7-Achs-Roboter gegenüber 6-Achsern Vorteile in der Kinematik wie in Abbildung 8.21 ersichtlich und können aufgrund der besseren kinematischen Kette optimiertere Achsstellungen aufweisen als ihre 6-Achs-Kollegen.

■ 8.6   Beispiel Montage

„Wir sind auf einem neuen Weg", sagte Frank Klingemann (damals CEO von Kuka Systems) im Jahre 2013 auf dem INDUSTRYforward, „wo der Roboter mit dem Menschen Hand in Hand arbeitet". Man ging damals davon aus, dass die Montage der neue Weg sein wird. Oft wird dies in einem Satz mit der Industrie 4.0 genannt. Die Idee, flexible Applikationen zu nutzen, war damals in aller Munde. Der Roboter als Springer sowie die Zusammenarbeit zwischen Mensch und Roboter war das große Ziel. Bis Ende 2015 wollte man den Roll-Out starten. Tatsächlich war es sehr schwer, im Archiv unserer Applikationen Beispiele für die Montage, welche ein echtes Zusammenbauen oder Fertigen mit dem Menschen zusammen zeigen, zu finden. Vorzeigeprojekte gab es sehr viele. Sie sind jedoch nicht über den Prototypenstatus hinausgekommen. Gerade in der Automobilindustrie ist das Thema heute immer noch sehr heiß. Ein gutes Beispiel ist die Endmontage, die fast vollständig in der Hand der Mitarbeiter liegt (im wahrsten Sinne der Worte). Eine Kollaboration ist daher dringend erforderlich und auch gewünscht. Auch mit dem Blick auf das Handwerk und auf kleine und mittlere Unternehmen ist die Robotik immer noch ein Teil, der fast vernachlässigt oder noch nicht umgesetzt wurde.

Umsetzung mittels kollaborierenden Roboters

Eine Applikation soll Taschenlampen mittels mehrerer Roboter zusammenbauen, beschriften und am Ende an den Menschen ausgeben. Die Baumaterialien werden in sortenreinen

Gebinden bereitgestellt. Sie werden lagerichtig präsentiert. So können die Roboter sämtliche Komponenten programmgesteuert aufnehmen, ohne dass eine Objekterkennung notwendig wäre. Sämtliche Roboter sind mit Parallelbackengreifern ausgestattet. Dank der unendlichen Achse 6 kann selbst das Schrauben mit dem Roboter ohne zusätzliches Werkzeug ausgeführt werden. Jeder Roboter entnimmt für sich die erforderlichen Einzelteile und setzt die Taschenlampe Schritt für Schritt zusammen. So wie es der Mensch auch machen würde. Da auch die Batterie eingesetzt wird, erfolgt eine Funktionsprüfung an einer Diode. Bei bestandener Prüfung wird am Ende der Montage die fertige Taschenlampe in einen separat in Verkehr gebrachten und konformen Beschriftungslaser gesetzt und beschriftet. Zum Schluss wird das fertige Produkt in ein Transportgebinde gelegt. Für Qualitätskontrollen kann es auf Anfrage an einen Menschen aus dem Prozess herausgenommen werden.

Besonderheiten und Risiken

Schauen wir uns in der Fertigungstechnik die Montage an, so werden wir zwangsläufig zum Fügen, Handhaben und Prüfen kommen. Speziell das Thema Fügen kann man weiter in Verschrauben, Schweißen, Kleben, Löten oder Clipsen unterteilen. Wir haben schon das Kleben und Schweißen im Abschnitt 8.5 und 8.8 beschrieben. Gerade beim Verschrauben und Clipsen erkennen wir sofort mechanische Gefährdungen, die ausgehend vom montierenden Roboter vorhanden sind. Das ist das Scheren, Quetschen und Stechen, was einerseits mit so wenig Kraft erfolgen muss, dass der Mensch unbeschadet bleibt, und andererseits so kraftvoll erfolgen muss, dass der Prozess selbst auch funktioniert. Der Cobot kann solche Tätigkeiten ausführen, wenn man ihn lässt. Auch wenn wir das (eigentlich) triviale Zusammensetzen von Einzelteilen betrachten, so stoßen wir sehr oft auf Scherstellen, welche durch das Übereinanderlegen der einzelnen Komponenten entstehen. Als Beispiel dient hier ein einfacher Deckel auf einem Behälter. Die Scherstelle ist oben an der Behälterkante, wenn wir den Deckel schließen. Das heißt, wenn wir den Deckel von oben auf den Behälter setzen, so überlappt der Deckel die Außenkanten des Behälters. Es ergibt sich eine Scherstelle. Als sekundäres Risiko können die Einzelteile gesehen werden, beisielsweise die spitzen Komponenten. Gerade Einzelkomponenten werden oft nicht für den kollaborativen Einsatz designt. Sie können daher Druckstellen erzeugen.

Risikominderung in der aktuellen Applikation

Schauen wir uns die einzelnen Risiken in der Art der Minderung Schritt für Schritt an. Beim Clipsen hat es sich gezeigt, dass der Roboter durchaus die Kraft zum Clipsen aufbringen kann. Jedoch unterscheidet er nicht sicher zwischen Hand und Clips. So wurden Applikationen derart gemindert, dass der Cobot einen etwas aufwendigeren Endeffektor, welcher eine für den Prozess anwendbare Clips-Mechanik hat, zu den Clips-Stellen manipuliert. Der Endeffektor wird allumschließend um die Clips-Stelle gelegt. Dann, bei stehendem Roboter, wird nur durch die im Endeffektor liegende Mechanik der Clips gesetzt. Außen ist der Endeffektor kollisionsfreundlich gestaltet, sodass bei den reinen Transferfahrten keine Gefährdungen entstehen können. Ein Verschrauben oder Zusammenschrauben mittels Schrauben ist auch in dem Abschnitt 8.2 beschrieben. Hier schauen wir uns das Verschrauben von Einzelteilen an, beispielsweise den Deckel der Taschenlampe. Im reinen Kraft- und Leistungsbetrieb kann dies zweistufig erfolgen. In der ersten Stufe des Prozesses wird der Deckel innerhalb des Endeffektors gehalten, sodass er von den Greiferfingern umschlossen werden kann. So werden Druckstellen am Deckelrand vermieden, da man zuerst mit den Fingern kollidieren würde. Zum Aufsetzen auf das Taschenlampengehäuse wird bis zu einem Abstand von 25 mm über dem Gehäuse mit einer Transfergeschwindigkeit gefahren, welche in Abhängigkeit der biomechanischen Werte ausgeführt wird. Unterhalb von 25 mm kann gemäß EN ISO 13854 ein Quetschen der Finger stattfinden und die Kraftwerte müssen sensibler sein. Im Programm selbst, also nicht im sicheren Teil, nutzt man nun auch noch für die letzten Millimeter den Tastsinn des Roboters, bis man auf dem Gehäuse angestoßen ist. Dann beginnt man mit der Drehung der Achse 6. Man kennt die Steigung des Gewindes und kann so schraubenartig den Roboter nach unten fahren. Auch hier entweder bis zum Erreichen der geometrischen Endposition oder bis die Achse 6 ein Drehmoment erzeugt, was einem festen Sitz des Deckels auf dem Gehäuse entspricht. Im Programm, sprich in grauer, nicht sicherer Technik sorgt dies für einen sicheren Prozess. Wenn es nicht gelingt, den Kompromiss zwischen der Fügekraft und der Kollisionskraft zu finden, so kann man diese Prozesse auch weit weg, unerreichbar vom Menschen, zaunlos auslegen. Erreicht der Mensch bestimmungsgemäß die Gefahrenstelle nicht, so ist sie auch kein Risiko mehr. Das nennt sich Sicherheit durch Abstand. Welcher Abstand genau gemeint ist, ist natürlich abhängig von der Applikation. Geregelt wird ein Mindestsicherheitsabstand in der EN ISO 13857. Sollte ein Abstand aufgrund von Platzmangel nicht möglich sein, so bleibt leider nichts anderes übrig, als die nicht durch inhärent sichere Konstruktion oder Kraft- und Leistungslimitierung zu minimierenden Gefährdungen hinter trennenden und berührungslos wirkenden Schutzeinrichtungen sicher auszuführen. Dies kann für die gesamte Applikation notwendig sein oder rein für gefahrbringende Prozesse, welche in einem durch Sicherheitseinrichtungen umgebenen Raum stattfinden. In der eingangs genannten Applikation zum Bau der Taschenlampen in Abbildung 8.22 war es der Fall, dass man sich an drei Seiten für trennende Schutzeinrichtungen entschieden hat. Dahinter hatte die Montage stattgefunden. An der

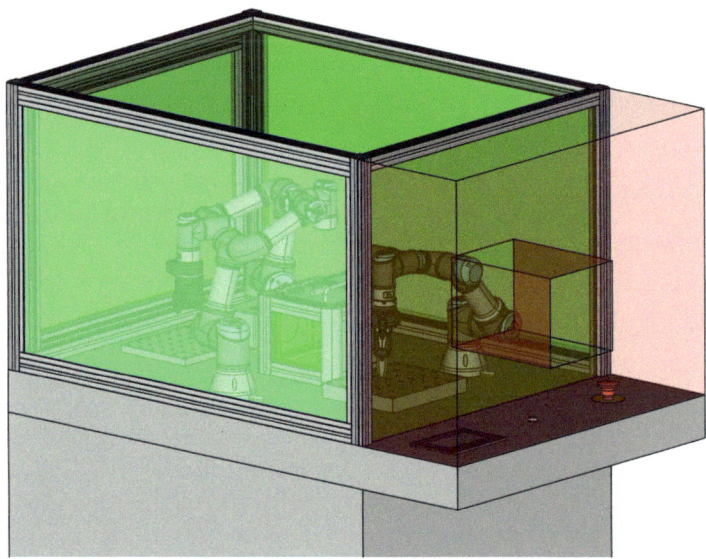

Abbildung 8.22 Applikation zum Bau von Taschenlampen

Vorderseite war keine Schutzeinrichtung verbaut, da hier der Abstand von der Bedientafel hin zu den ersten Gefahrenstellen groß genug war. Virtuell wurde in der Mitte der offenen Seite eine Ebene installiert, welche in der Innenseite den normalen, sprich schnellen Modus erlaubte. Hat der Roboter diese virtuelle Ebene in Richtung Menschen durchfahren, so war er in der Leistung limitiert, um ein mögliches Stoßen vertretbar zu gestalten. Quetschungen um den Roboter herum mit der Kontur der trennenden Schutzeinrichtung werden verhindert, indem weitere Ebenen genutzt wurden, um den Roboter in einen Raum zu zwingen. Er kann also nur innerhalb des Fensters nach außen fahren. Dieses Übergabefenster kann auch mittels Räumen realisiert werden, abhängig von der Robotersteuerung und deren Möglichkeiten. Bei der Verwendung von trennenden Schutzeinrichtungen ergeben sich immer Quetschstellen zwischen dem Roboter und der Schutzeinrichtung. Normativ soll der Roboter die Schutzeinrichtung nicht erreichen oder diese soll so stabil gebaut sein, dass sie auch als Anschlag fungieren kann. In der Welt der Cobots sollte der Roboter im Abstand von 100 mm vor Erreichen der Schutzeinrichtung limitiert sein, um gemäß EN ISO 13854 ein Quetschen von Hand und Unterarm auszuschließen.

■ 8.7 Beispiel Qualitätssicherung

Qualitätskontrollen sind in der heutigen Welt der lückenlosen Rückverfolgbarkeit ein sehr wichtiger Teil des QS-Systems und ein stark wachsendes Feld im Maschinenbau. Gerade wenn in Produktionsstraßen verschiedene Derivate von Produkten produziert werden, welche mit einer herkömmlichen starren Kontrolle in Form einer fest verbauten Bildverarbeitung nicht lückenlos in allen Merkmalen abgedeckt werden können, kann man weitere Bildverarbeitungsmodule einsetzen. Oder man kann die Bildverarbeitung auf ein bewegliches Modul setzen.

Umsetzung mittels kollaborierenden Roboters

Die Idee, eine Bildverarbeitungseinheit als Endeffektor an einen Cobot zu setzen, bietet sich da geradezu an. Die Bildverarbeitungseinheit wird durch den Cobot abhängig vom zu prüfenden Typ exakt an die Stelle des Merkmals bewegt. Danach wird ein Nachweis für die Qualitätssicherung erstellt. Der Roboter fährt Merkmal für Merkmal ab. Das kann sogar im Fließbetrieb funktionieren.

Typische Prozessbeschreibung

Für die Merkmalserkennung kann ein auswertbares Foto oder aber auch Zeilen- und Linienlaser für Spaltmaße verwendet werden. Der Roboter positioniert den Sensor im gewissen Abstand über dem Merkmal. Ein Bild wird erzeugt. Dieses wird in einer nachgeschalteten Bildverarbeitungseinheit ausgewertet und anhand von SOLL-Bildern bewertet. Typischerweise erfolgt eine Bildaufnahme in einem bestimmten Abstand zum Merkmal, d. h., bestimmungsgemäß verläuft der Prozess ohne Berührung der Produkte. Der Abstand selbst ist abhängig vom Objektiv und der Lichtquelle. Personen sind für diesen Prozess nicht erforderlich, können sich jedoch im Umfeld befinden oder zur gleichen Zeit andere Merkmale prüfen.

Besonderheiten und Risiken

Hauptsächliche Risiken bei solch einem Prozess sind transiente oder flüchtige Kontakte mit dem Roboter und seinem Endeffektor. Quetschungen zwischen dem Roboter und zum Beispiel dem Prüfobjekt können sekundär stattfinden, wenn der Abstand bei der Prüfung zu gering ist. Je mehr Merkmale erkannt werden müssen je Takt, desto schneller muss der Roboter von Merkmal zu Merkmal manipulieren. Dadurch können bei Kollisionen aufgrund der Geschwindigkeit hohe Kräfte wirken. Kameras sind oft mit einer Lichtquelle gekoppelt. Gefährdungen durch scharfkantige Kühlkörper, Kameragehäuse und natürlich die Wärmeentwicklung sind die Folge.

Risikominderung in der aktuellen Applikation

Die beste Risikominderung ist, wenn der Abstand gemäß der EN ISO 13854 realisiert werden kann und der Roboter in seinem Arbeitsraum sicherheitstechnisch nicht näher an das Prüfobjekt kommen kann. Somit entfallen alle Quetschungen bei korrekter Auslegung. Dies ist gemeinsam mit dem Sensorhersteller zu bewerten. Als nächster sehr effizienter Schritt ist eine restriktive Kraft- und Leistungseinstellung des Roboters möglich. Der Roboter muss lediglich die Kamera im Raum halten können. Er benötigt daher wenig Kraft und Leistung. Jede Berührung ist eine Störung und sollte auch so behandelt werden.

Sollte es doch zu einer Kollision mit einem Menschen kommen, so sollte diese sich rein auf die Kraft aus der Geschwindigkeit beziehen können, und der Druck sollte eher zu vernachlässigen sein. Sensoren, Kameras oder Laserabstandsmesser kann man oft an 5 von 6 Seiten mit einem Cover kollisionsfreundlich umschließen. So gibt es keine scharfen und spitzen Stellen, welche ein Druckproblem in der Kollision erzeugen könnten. Gerade transiente Kollisionen können so bei konstruktiver Beseitigung von Druckrisiken mit hohen Geschwindigkeiten auftreten. Wie im Kapitel 10 beschrieben, kann der Oberkörper Geschwindigkeiten von bis zu 500 mm/s ertragen. Hände können sogar Geschwindigkeiten bis 1000 mm/s ohne Schmerzeintritt ertragen. Die ISO TS 15066 gibt den Schmerzeintritt für den Schädel mit 130 N an. Sie unterscheidet nicht zwischen quasistatisch und transient. Versuche mit einem Messschlitten und der für den Schädel relevanten Masse haben diese 130 N erst bei transienten Geschwindigkeiten von 550 mm/s zeigen können. Voraussetzung ist jedoch die konstruktive Minderung des Druckes durch Flächenmaximierung. Zudem muss eine exponierte Kollision mit dem Kaumuskel ausgeschlossen werden können.

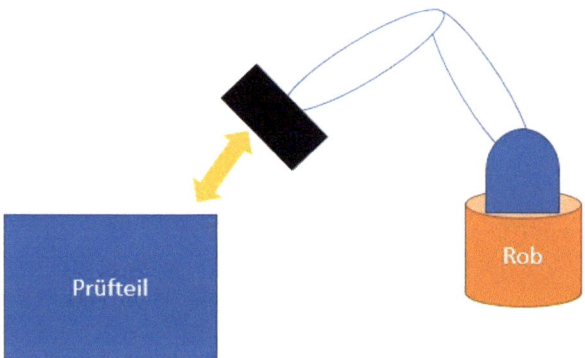

Abbildung 8.23 Schematische Sicht der Qualitätskontrolle

■ 8.8 Beispiel Schweißen mit dem Cobot

Wenn man die aktuellen Verkaufszahlen der Cobots nach Branchen analysiert, ist das Schweißen mit dem Cobot eines der am größten gewachsenen Felder der möglichen Anwendungen. Zusätzlich ist keine andere Branche aktuell derart vom Fachkräftemangel betroffen wie die des Schweißhandwerks. Lehrlinge für das Schweißen sind rar geworden und die verbleibenden Fachkräfte und Schweißexperten sind dem verdienten Ruhestand schon zeitlich sehr nah. Die Ursachen des Fachkräftemangels werden wir hier im Buch nicht klären können und auch nicht wollen, vielmehr jedoch können wir die Symptome lindern.

Das Schweißen, also das Handschweißen, ist ein Bereich, in den der Cobot sehr gut hineinpasst. Der Cobot wird hier in den nächsten Jahren die Vollautomation nicht ersetzen können, welche immer wieder das gleiche Bauteil schweißt, und das im Drei-Schicht Betrieb. Auch reden wir hier nicht von der Industrieroboterzelle, welche im Automobilbau Karosserieteile verbindet. Die Cobotschweißapplikation ist das Bindeglied zwischen dem Handarbeitsplatz und der Industrieroboterzelle. Sie wird gerne als roboterunterstützter Handarbeitsplatz bezeichnet, was den Verwendungszweck sehr gut beschreibt.

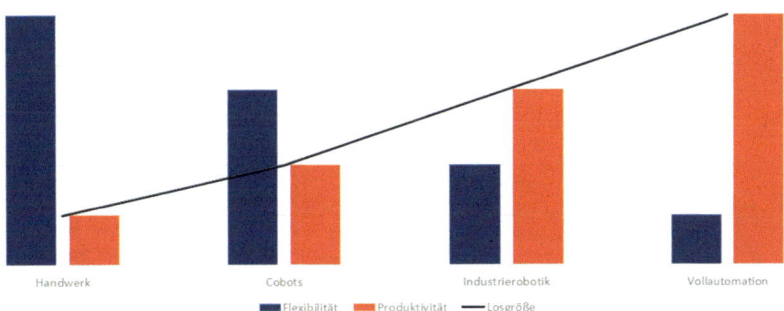

Abbildung 8.24 Einsatz der Cobots in der Industrie

Sehr oft sind in Unternehmen Handarbeitsplätze vorhanden, welche komplett ausgestattet sind. Es fehlt nur noch der Schweißer selbst. Diese Plätze haben einen Schweißtisch, eine Absaugung darüber und allseitig herum einen Blendschutz nach EN 25980. So ist auch der Grundgedanke, dass der Cobot in einer schon vorhandenen Umgebung den fehlenden Schweißer kompensiert. Generell findet man am Markt zwei Konzepte und Umsetzungen von Cobot-Schweißapplikationen: klassisch mit Zaun sowie als offenes Konzept ohne Zaun.

8.8.1 Offene Applikationen

Umsetzung mittels kollaborierenden Roboters

In einem kleinen Unternehmen gab es jahrelang drei Schweißer und somit auch drei Handschweißplätze gemäß dem Schweißfachverband DVS. Eine Zentralabsaugung saugt sämtliche Gase und Rauche von den Plätzen ab. Diese ist jährlich geprüft und funktionsbereit.

Sämtliche Arbeitsplätze weisen einen Blendschutz auf nach EN 1598. Persönliche Schutzausrüstung in Form von Helm, Handschuhen und Langarmkleidung ist vorhanden. Nur noch ein Schweißfachmann ist im Unternehmen beschäftigt, an neuen Lehrlingen oder Fachkräften mangelt es seit Jahren. Daher hat das Unternehmen drei Cobots für das Schweißen installiert. Diese werden von dem verbliebenen Fachmann programmiert und betrieben. Gerade die Programmierung von Cobots ist gegenüber der Programmierung von klassischen Industrierobotern einfacher geworden. Das Unternehmen musste den Schweißfachmann nicht wochenlang zu einer Schulung von Industrierobotern entsenden, um eine Programmiersprache zu lernen. Das sogenante Ease-of-Use-Prinzip ist in den Cobots enthalten und auch gefordert. Wir werden aus einem erfahrenen Schweißexperten, der vorher noch nie einen Roboter bediente, keinen Roboterprogrammierer machen können. Zugleich wird kein Unternehmen seinen Mitarbeiter wochenlang dafür entbehren, dass er wie beim Schweißen benötigt einen Startpunkt und einen Endpunkt teachen kann und dazwischen eine Bahn programmiert. Da hat das Unternehmen Universal Robots mit seinem UR+-Ökosystem für die Bedienung und Integration einen Meilenstein gesetzt. Unternehmen können für ihre Produkte sogenannte UR-Caps erstellen, was einer App auf dem Handy nahekommt. Es wird die Bedienung auf das Wesentliche reduziert für den normalen Bediener.

Prozessbeschreibung

Die Cobots werden in die vorhandene Umgebung eingebunden und vom Fachmann programmiert und auch betrieben. So ist es möglich, mit einem Experten drei Arbeitsplätze zu betreuen.

Abbildung 8.25 Beispiel des offenen Konzeptes am Lorch Cobot Welding Packager (Quelle: Lorch)

Besonderheiten und Risiken

Offene Robotersysteme haben immer das Risiko einer Kollision mit beweglichen Komponenten. Gerade beim Schweißen ist es der Roboter selbst, aber auch der Endeffektor inklusive seinem Draht. Wenn der Roboter mit dem Menschen kollidiert, kann der Mensch oder seine Gliedmaßen auf das Produkt gedrückt werden. Weitere Risiken sind die extremen Temperaturen beim Schweißprozess selbst. Einmal am Ausgang der Schweißdüse und in der Schmelze und dann auch auf dem Produkt bis zur Abkühlung. Auch Lärm kann ein Risiko sein, da gerade beim MIG-MAG-Schweißen ein Schall von > 85 dBA auftreten kann. Weitere typische und zu beachtende Risiken aufgrund des Prozesses sind die Strahlungsemission und die Gefährdungen aus Werkstoffen und Substanzen.

Risikominderung in der aktuellen Applikation

Grundsätzlich sind sämtliche Kollisionen so zu gestalten, dass es zu keinen Gefährdungen kommen kann. Gemäß der Maschinenrichtlinie sind Gefährdungen potenzielle Quellen von Verletzungen. Schweißen selbst hat zwei sehr große Vorteile.

1. Schweißen ist sehr langsam. Eine MIG-Schweißnaht mit einem Draht wird in der Regel mit unter 100 mm/s verfahren, je nach Pendeln auch noch langsamer. Eine Limitierung des Roboters selbst im Safe Limited Speed (SLS) ist daher lediglich bei Umorientierungen oder Transferfahrten ein Hindernis. Auch hier gilt aber die Regel, es macht keinen Sinn, am Ende durch eine hohe gefährliche Transferfahrt noch ein paar Sekunden Taktzeit zu retten, wenn der gesamte Prozess vorher prozessbedingt langsam war.

2. Kein physischer Kontakt wird benötigt. Das Schweißen an sich ist ein Schweben des Drahtes über der Schmelze und ein Abtropfen von Metall. Es wird somit keine Kraft benötigt, lediglich um den Brenner zuhalten. Daher kann der Cobot sehr sensitiv eingestellt werden.

Mit diesem Wissen kann man den Roboter grundsätzlich sehr konservativ limitieren. Ist der Cobot auch im Raum limitiert und kann seinen Tisch technisch nicht verlassen, so sind weitere Kollisionen mit Menschen, inklusive dem Schweißertisch als Barriere, minimiert.

Ein weiteres Risiko ist der Draht beim Schweißen. Dieser kann bei Kollisionen einen Einstich in die Haut hervorrufen. Nun muss man aber im Detail schauen, denn Draht ist nicht gleich Draht. Es gibt beim Schweißen sehr dünne Drähte, welche eher abknicken als stechen, aber auch dicke Drähte, welche dann sehr steif sind und keineswegs zu knicken beginnen. Auch ist für die Risikobetrachtung entscheidend, wann mit dem Draht kollidiert werden kann. Als Beispiel muss genannt werden, dass vor jedem neuen Arbeitsbeginn der Draht vom Werker vorbereitet werden muss. Er wird mittels Drahtschneider beschnitten im 90°-Winkel. Zu spitz abgeschnitten würde einen schlechten Beginn in der Schweißung hervorrufen. Nach jedem Schweißen ist der Draht eher rund als spitz, da er vorab noch einen Schmelztropfen abgegeben hatte. Der im ersten Blick spitze Draht ist somit bei detaillierter Betrachtung in der Realität gar nicht mehr so spitz wie in der Theorie. Im Handbetrieb generell und auch beim Industrieroboterschweißen ist dieses Risiko bei der manuellen Vorbereitung ebenso bekannt und wird mittels durchstichsicheren Handschuhen nach DIN 388 und 420 minimiert. Gerade im Metallhandwerk gehören Handschuhe zur Grundausstattung der Mitarbeiter. Dies wurde auch so im Entwurf der EN ISO 10218-2:2021 erkannt und mit einer Anmerkung wie folgt festgehalten: Es können Risikominderungsmaßnahmen zur Implementierung durch den Benutzer, einschließlich persönlicher Schutzausrüstung wie Kopfschutz (z. B. Industriehelm), Gesichtsschutz, Visier, Augenschutz (zum Beispiel Schutzbrille) und Schutzkleidung empfohlen werden. Gemäß der EN ISO 12100 ist die Risikominderung in drei Stufen zu erfüllen, wobei die einzelnen Stufen in Hierarchien aufgebaut sind, wie auch im Abschnitt 10.6 beschrieben und nachfolgend kurz aufgelistet:

1. inhärent sichere Konstruktion
2. sicherheitstechnische Maßnahmen
3. persönliche Schutzausrüstung

Der Draht selbst ist prozessrelevant, er kann daher weder durch etwas anderes ersetzt noch beseitigt werden. Unter die technischen Maßnahmen werden hier die Limitierungen des Roboters gezählt, welche generell die Energie, mit der ein Einstich auftreten kann, mindern. Der Einstich ist am besten als Druckspitze zu sehen, denn die Energie des Roboters ist mit der Kraft gleichzusetzen, welche aufgrund der fehlenden Kollisionsfläche der Drahtspitze als Druckmaximum gefährlich wird. Es gibt auch Ansätze den Draht erst unmittelbar vor Erreichen des Bauteils aus dem vor dem Einstich schützenden Gehäuse zu fahren. Der Drahtvorschub ist elektromechanisch im Brenner vorhanden, jedoch noch nicht für den kollaborierenden Einsatz optimiert. Eine weitere technische Maßnahme ist das Verwenden eines Zustimmtasters wie in Abschnitt 9.2 beschrieben, da einige Bedienpanels mit Schutzhandschuhen schwer oder gar nicht zu bedienen sind. Zuletzt sind die eingangs genannten Schutzhandschuhe zu verwenden, um vor der Gefahr des Einstiches zu schützen, welche weder konstruktiv noch technisch ausreichend gemindert werden konnte. Es hat sich bei Versuchen mit dem Cobot gezeigt, dass selbst ungünstige spitze Drähte durch Sicherheitshandschuhe gemäß der DIN 388 und 420 keinen Durchstich aufweisen, wenn der Roboter gemäß der ISO TS 15066 korrekt limitiert ist.

Untersuchungen in der Unfallhistorie innerhalb der letzten 15 Jahre haben bei einem weltbekannten Schweißanlagenhersteller aufgezeigt, dass Verletzungen in Form des Einstichs in die Haut mittels Drahts aufgetreten sind. Bemerkenswerterweise traten diese Unfälle alle nur auf, weil der Schutzhandschuh in keinem der bekannten Fälle benutzt wurde, obwohl es eine eindeutige organisatorische Anweisung gegeben hatte, so auch die Aussagen der betroffenen Personen. Auch beim Risiko Hitze schützen eben diese Schutzhandschuhe. Einerseits beim Berühren des Brenners während des Betriebes und natürlich beim Entnehmen des restwarmen Produktes. Vermehrt werden wassergekühlte Brenner eingesetzt, welche nach nur wenigen Sekunden nach dem Schweißen auf unter 40 °C kommen können. Strahlungsemission kann nur durch einen Blendschutz gemäß EN 25980 erfolgen. Oft ist dieser in Unternehmen schon vorhanden. Er gehört in jedem Fall als Schutzeinrichtung zu dem Cobot und muss, wenn nicht vorhanden, zusätzlich installiert werden.

Der letzte Punkt ist die Absaugung der Gase des Prozesses. Auch hier ist dies in Form einer Esse oft über dem Arbeitsplatz bereits installiert. Falls nicht, gilt hier das Gleiche. Die Absaugung muss nachgerüstet werden. Wenn Absaugung oder Blendschutz fehlen, stellt dies einen Konformitätsmangel gemäß Maschinenrichtlinie dar. Es ist daher bei der Planung unbedingt mitzubeachten und gegebenenfalls nachzurüsten.

8.8.2   Geschlossene Applikationen

Umsetzung mittels kollaborierenden Roboters

Hier wird die einfache Programmierung des Cobots in einer klassischen Zelle genutzt. Soll heißen, einer Applikation mit allseitiger trennender Schutzeinrichtung. Eine Begrenzung des Roboters in der Leistung und der Geschwindigkeit ist daher nicht erforderlich. Dieses Konzept wird analog zur offenen Applikation auf eine bestehende Struktur aufgebaut. Der

Betrieb hat in der Regel den Schweißertisch und darüber eine Absaugung. Es wird der Cobot sowie der passende Schutz in Form eines Blendschutzes allseitig verbaut.

Prozessbeschreibung

Die Cobots werden in die vorhandene Umgebung eingebunden, vom Fachmann programmiert und auch betrieben. Auf dem Schweißertisch wird die trennende Schutzeinrichtung montiert, die Tür wird mit der Steuerung verriegelt. Die Programmierung erfolgt bei offener Schutzeinrichtung, also bei offenen Türen. Ist die Programmierung abgeschlossen und überprüft, kann der Prozess beginnen, wenn die Türen korrekt geschlossen sind.

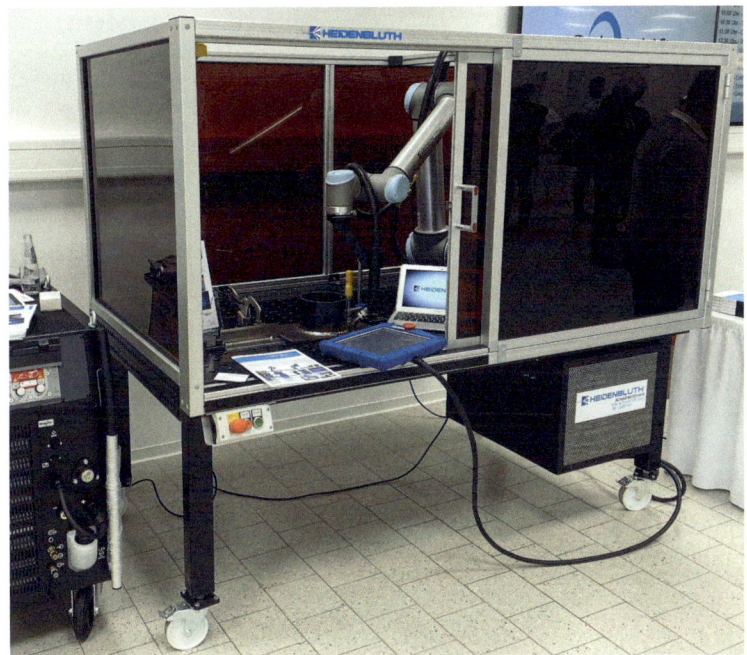

Abbildung 8.26 Messeexponat für eine geschlossene Applikation

Besonderheiten und Risiken

Geschlossene Robotersysteme haben immer das Risiko einer Kollision mit beweglichen Komponenten an dem Zaun selbst beim Teachen. Weitere Risiken sind natürlich die extremen Temperaturen, welche wie beim offenen System am Produkt bis zur Abkühlung vorhanden sind. Lärm ist beim geschlossenen System definitiv ein Risiko, da gerade beim MIG-MAG-Schweißen ein Schall von > 85 dBA auftreten kann. Weitere typische und zu beachtende Risiken aufgrund des Prozesses sind die Strahlungsemission und die Gefährdungen aus Werkstoffen und Substanzen.

Risikominderung in der aktuellen Applikation

Kollisionen, Strahlung, Hitze sowie Gefährdungen von Materialien sind mit trennenden Schutzeinrichtungen grundsätzlich zu lösen, wenn diese auch hoch genug gemäß EN 13857 ausgeführt sind und ein Übergreifen ausgeschlossen ist. Um das Risiko von Kollisionen bei offenen Türen mit der trennenden Schutzeinrichtung zu minimieren, muss der Cobot vor Erreichen dieser limitiert werden. Der Cobot darf nicht näher an die Schutzumhausung als 100 mm zum Vermeiden von Handquetschungen, 120 mm, wenn der ganze Arm als Risiko des Quetschens möglich ist, bis hin zu 300 mm, wenn der Kopf zwischen Roboter und Schutzumhausung nicht gequetscht werden soll. Diese Mindestabstände zur Vermeidung des Quetschens von Körperteilen entsprechen den Anforderungen der EN 13854 und sind auch im Abschnitt 10.6.1 beschrieben. Dies schränkt bei konformer Ausführung den Arbeitsbereich nochmals ein. Es verhindert jedoch in der Validierung das Quetschen von Körperteilen.

Die Hitze wird nur zum Teil minimiert mittels der trennenden Schutzeinrichtung. Es bleibt immer noch die Hitze am Produkt, wenn dieses entnommen wird. Hier hilft wie auch im Handbetrieb bei offenen Applikationen der hitzebeständige Schutzhandschuh.

Der letzte wichtige Punkt ist die Absaugung. Diese ist gemäß Maschinenrichtlinie ein fester Bestandteil der konformen Auslegung und muss Bestandteil der Applikation sein. Entweder ist sie vorhanden oder sie wird während der Installation mit aufgebaut. So oder so, sie fließt in die Konformitätsbewertung mit ein.

Generell gilt bei der Verwendung von Cobots, die hinter einer Schutzeinrichtung arbeiten, dass diese in der Regel nicht ausreichend in der Kraft und Leistung limitiert sind, da die Schutzeinrichtung primär arbeitet. Gemäß der EN ISO 12218-1 muss jeder Roboter mit einem dreistufigen Zustimmtaster ausgestattet sein, es sei denn, er ist gemäß ISO TS 15066 in der Kraft und Leistung sowie räumlich ausreichend begrenzt, was nur durch einen Nachweis in Form der Kraftmessung bestätigt werden kann. Ein Zustimmtaster bei geschlossenen Applikationen ist daher zwingend erforderlich, wie auch im Kapitel 9 beschrieben, um den Cobot mit einer Ersatzmaßnahme zu programmieren und ihn bei offenen Schutztüren überhaupt validieren zu können.

■ 8.9   Beispiel Schleifen und Polieren

Wenn man aus der bekannten Industrie hinein in das Handwerk oder Kleingewerbe schaut, erkennt man viel mehr Anwendungsmöglichkeiten. Eine weitere interessante Anwendung ist das Schleifen und Polieren durch den Cobot. Gerade ein Cobot mit integrierter Kraftsensorik bietet sich hier an, da es bei vielen Oberflächen nicht um das Abschleifen auf eine bestimmte Höhe des Produktes geht, sondern vielmehr um eine homogene Oberfläche von Naturwerkstoffen. Der Mensch würde die Oberfläche fühlen und oft mit der Kontur mitgehen. Ein Cobot, welcher in der Kraft geregelt ist, macht es auch.

Umsetzung mittels kollaborierenden Roboters

Für Industrieroboter gibt es Schleif- und Polier-Kits schon sehr lange. Für Cobots und in der Regel zaunlose Applikationen sind diese Kits etwas angepasst und analog zu Handbediengeräten verfügbar. Ausführungen sind mit pneumatischer Aktorik oder mit elektrischer Aktorik möglich.

Abbildung 8.27 Das Robotiq Sanding Kit (Quelle: Robotiq)

Besonderheiten und Risiken

Die Gefahren, welche vom Roboter ausgehen, sind hier wie auch beim Schweißen und Kleben eher sekundär, da auch das Schleifen und Polieren eine eher langsame Bewegung des Endeffektors verlangt, wenn die Qualität des Prozesses hoch sein soll.

Primär ist es der Prozess, der den Einsatz nicht gerade trivial macht. Werden Schwung-schleifer benutzt, so rotiert die Schleifscheibe nicht wirklich, sondern schwingt auf dem Werkstück. Hier entstehen zwar Vibrationen, jedoch keine Fangstellen. Bei Exzenterschlei-fern kann es sein, dass wenn der Endeffektor vor Erreichen des Werkstückes im freien Raum gestartet wird, aus dem exzentrischen Lauf ein starker rotatorischer Lauf entsteht. Dieser stellt die sogenannte Fangstelle für lose Kleidung und Haare dar. Weitere Risiken aufgrund des Prozesses sind:

- Auswurf eines losen Werkstückes
- Bildung von Staub und Spänen mit Gefahren durch Materialien und Substanzen
- Brandentstehung aufgrund der Reibungshitze
- Explosion in Abhängigkeit vom Staub

Die Gefährdungen durch den Roboter sind sekundär, aber nicht zu vernachlässigen. Diese entstehen (wie fast immer) aufgrund der Bewegung selbst. Der Roboter muss von seiner Homeposition auf das Werkstück fahren. Dies ist immer erst eine stoßende Kollision und beim kontaktbehafteten Anfahren eine quetschende Kollision. Die Bewegungen während des Schleifens und Polierens sind vom Roboter eher als langsam zu werten.

Risikominderung in der aktuellen Applikation

Den Prozess selbst kann man nur entschärfen, indem es eine Fangerkennung im Endeffektor in Form von Kupplungen gibt. Ohne diese wird eine zaunlose, rein in der Methode 4 ange-wendete Applikation sicherheitstechnisch schwer umsetzbar. Abdeckungen um das Tool haben sich nicht bewährt, da diese auf dem Werkstück Spuren hinterlassen. Grundsätzlich gilt, dass das Fangen bestenfalls konstruktiv beseitigt oder technisch gelöst werden muss.

Für die Gefahren durch Materialien und Substanzen haben fast alle am Markt bereitgestellten Endeffektoren einen integrierten Anschluss für eine Absaugung direkt an der Quelle. Diese Absaugung muss selbstverständlich für Stäube geeignet sein. Bei korrekt ausgeführter Absaugung wird auch das Risiko von Explosionen aufgrund von Stäuben relativ einfach zu lösen sein, wenn nicht sogar hinfällig.

Abhängig von der Aktorik kann der Prozess eine erhöhte Schallemission aufweisen. Es ist zu prüfen, ob eine Bereitstellung von persönlicher Schutzausrüstung in Form von Gehörschutz ausreichend ist oder der Prozess baulich in der Schallemission gemindert werden muss. Generell gilt in der spanenden Bearbeitung, ob von Hand oder maschinell, dass das Tragen eines Augenschutzes in Form einer Schutzbrille verpflichtend ist.

Limitierungen des Roboters verhindern Bewegungen außerhalb des benötigten Arbeitsbereiches. Die Geschwindigkeit des TCP kann für den Prozess weitestgehend beschränkt werden, da der Roboter den Endeffektor eher langsam im Prozess führt.

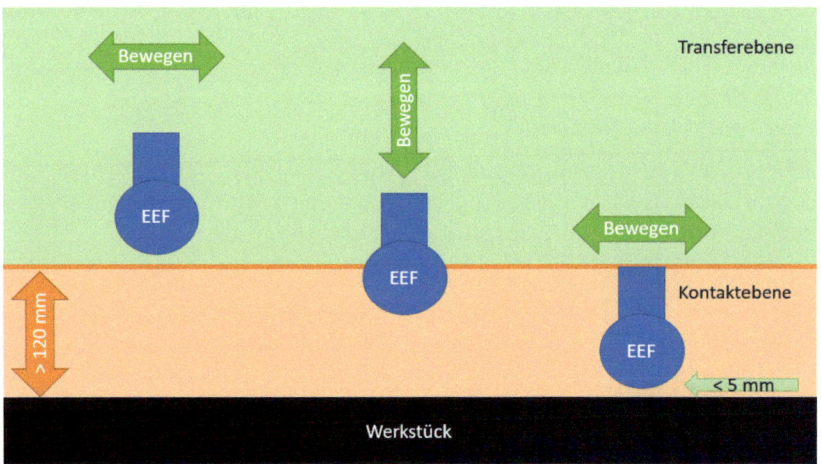

Abbildung 8.28 Transfer und Kontaktebenen zum Werkstück

Das Aufsetzen auf das Werkstück muss mit einer defensiven Programmierung erfolgen. Es ist von Vorteil, wenn der Roboter an großen Flächen eher mittig auf ein Werkstück fährt als seitlich scherend. Je mittiger, desto weniger erreichbar ist er für die Hand in dem Moment. Dafür platziert er sich in einer Ebene von mehr als 120 mm über dem Werkstück vor der sogenannten Transferebene und taucht dann lotrecht auf das Werkstück ab in die Kontaktebene, wie in Abbildung 8.28 ersichtlich. Bei mehr als 120 mm Abstand können die Hand und die oberen Gliedmaßen gemäß EN 13854 nicht gequetscht werden. Bewegungen in der Kontaktebene sollten so dicht auf dem Werkstück wie nur möglich erfolgen. So kommt es zwar zum Stoßen seitlich mit dem Roboter in X- und Y-Richtung, jedoch nicht mehr zum Quetschen in Z-Richtung, da man bis zum Ende des Prozesses den Endeffektor auf dem Werkstück belässt. Wird der Abstand auch nicht größer als 5 mm, so wird es für Finger sehr unwahrscheinlich, zwischen Endeffektor und Werkstück zu gelangen. Beide Ebenen werden Limitierungen des Roboters in Abhängigkeit der Risiken haben können.

9 Der Zustimmtaster: notwendig oder überflüssig?

Fragen, die dieses Kapitel beantwortet:

- Warum wird dem Zustimmtaster ein eigenes Kapitel gewidmet?
- Wozu dient der Zustimmtaster in traditionellen Applikationen?
- Welche normativen Referenzen gibt es bezüglich des Zustimmtasters?
- Wird ein Zustimmtaster auch in kollaborativen Anwendungen benötigt?
- Wann geht es auch ohne Zustimmtaster und ist dies überhaupt zulässig?

Vielleicht fragen Sie sich gerade, was denn der Zustimmtaster mit dem Thema kollaborative Roboter zu tun hat und warum es hier eine eigenes Kapitel über dieses Thema gibt. Die Antwort auf die Frage, warum es hier ein eigenes Kapitel über den Zustimmtaster gibt, ist recht einfach! Weil es zwingend notwendig ist!

Die Praxis zeigt, dass es über dieses Thema sehr viele unterschiedliche Meinungen gibt und hier sehr viel gefährliches Halbwissen durch den Markt geistert, welches wir in diesem Kapitel einmal versuchen wollen zu sortieren, einzuordnen und zu bewerten.

■ 9.1 Aufgabe des Zustimmtasters in traditionellen Anwendungen

Um die Diskussion über den Zustimmtaster in kollaborativen Applikationen zu verstehen, muss einem erst einmal klar sein, was seine Aufgabe in einer herkömmlich traditionellen Roboterapplikation ist. Dort ist der Zustimmtaster eine sogenannte Ersatzmaßnahme und die EN ISO 10218:2011 fordert im Abschnitt 5.8.3:

„Das Handbediengerät oder die Teachsteuereinrichtung müssen eine dreistufige Zustimm-einrichtung gem. IEC 60204-1 besitzen. Durch kontinuierliches Halten in der Mittelstellung (Freigabeposition) muss die Zustimmeinrichtung die Roboterbewegung sowie alle anderen vom Roboter gesteuerten Gefährdungen zulassen.“

Aber was bedeutet hier Ersatzmaßnahme? Wenn Sie eine herkömmliche Roboterzelle entwerfen, dann wird diese Zelle sich im täglichen Gebrauch wahrscheinlich im Automatik-modus befinden. Der Roboter arbeitet hierbei automatisiert sein Programm ab und auch alle anderen zur Applikation gehörenden beweglichen Teile bewegen sich entsprechend Ihrer programmierten Vorgaben. Der Mensch wird in diesem Modus meist vor dem Roboter geschützt, indem ein Schutzzaun um die Roboterzelle errichtet wird. So kann sich der Roboter frei in seinem Programm bewegen und keine Person wird gefährdet. In der Regel haben solche Zellen aber auch an irgendeiner Stelle eine Tür, durch welche man in die Roboterzelle hineingelangt. Dies ist notwendig, um Fehler und Störungen innerhalb der Zelle beheben zu können oder auch Wartungsarbeiten und Ähnliches durchzuführen. Der Zutritt in eine solche Zelle erfolgt dann meist über eine Anforderung (siehe Abbildung 9.1). Wurde der Zugang von einer Person angefordert, werden hier zuerst alle beweglichen Teile in der Applikation sowie der Roboter selbst in eine sichere Position gebracht und dort dann gestoppt. Anschließend gibt die Sicherheitssteuerung die Zugangstür frei und die Person kann in die Zelle eintreten.

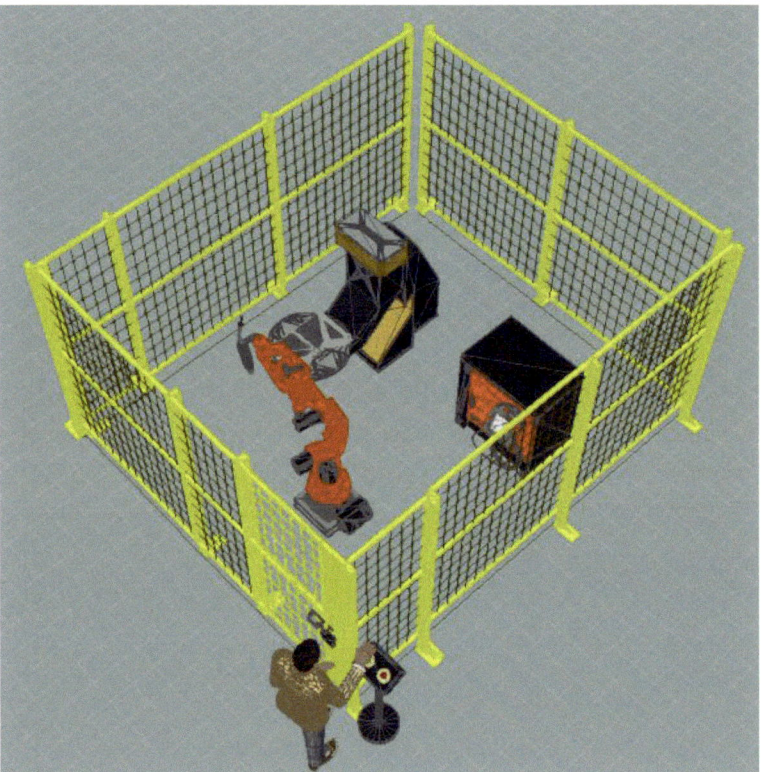

Abbildung 9.1 Beispiel einer traditionellen Roboterzelle

Ist die Tür der Zelle geöffnet, kann sich der Roboter erst einmal nicht mehr bewegen. Nun kann es aber vorkommen, dass z. B. ein Programmierer den Roboter von Hand verfahren muss, um eine bestimmte Position zu erreichen und zu programmieren. Oder ein Programm welches programmiert wurde, muss vorsichtig abgefahren werden und dabei muss am Endeffektor des Roboters die Position genau überprüft werden. In beiden Fällen müsste sich hier der Roboter bewegen, während sich jemand in der Zelle und in der Nähe des Roboters befindet. Würde man hier keine speziellen Lösungen schaffen, würden sich einige

Unbedachte in der Roboterzelle einschließen lassen und dann z. B. das Programm von einer außerhalb der Zelle stehenden Person starten lassen, um selbst zu kontrollieren, ob der End-effektor sich in der Applikation genau so bewegt, wie es von ihm erwartet wird. Wenn aber hier plötzlich der Roboter eine unerwartete Bewegung macht, kann es innerhalb der Zelle sehr schnell sehr gefährlich werden. Um daher zu verhindern, dass sich jemand mit der Intention der Prozessbeobachtung oder des manuellen Verfahrens in der Zelle einschließen lässt und sich somit einer erheblichen Gefahr aussetzt, benötigt man eine Lösung für diese Fälle. Und diese Lösung ist der Zustimmtaster. Wie bereits erwähnt, ist der Zustimmtaster eine Ersatzmaßnahme. Er ist ein Ersatz für die eigentliche primäre Sicherheit, nämlich den Zaun um den Roboter herum. Wird diese Schutzmaßnahme außer Kraft gesetzt, indem die Tür geöffnet wird, so muss eine andere Schutzmaßnahme verfügbar sein, wenn man den Roboter dann dennoch bewegen möchte/muss. Hierzu muss die Betriebsart von Automatik auf manuell bzw. den sogenannten T1- oder T2-Mode umgeschaltet werden. T1 bedeutet hierbei, dass sich der Roboter manuell mit maximal 250 mm/s bewegen kann. Beim T2-Mode kann sich der Roboter dabei in seiner tatsächlichen Prozessgeschwindigkeit bewegen. Jedoch kann er sich sowohl in T1 als auch T2 nur so lange bewegen, solange der Zustimmtaster in seiner Mittelposition gehalten wird. Macht der Roboter hier eine plötzliche und unerwartete Bewegung und die Person innerhalb der Zelle lässt vor Schreck den Zustimmtaster los, so stoppt der Roboter sofort. Gleiches passiert, wenn die Person vor Schreck verkrampft und den Taster ganz durchdrückt. Natürlich ist diese Art der Sicherheit bei Weitem nicht so sicher, wie außerhalb des Zauns zu stehen. Jedoch ist es keine Option, diese Ersatzmaßnahme nicht zur Verfügung zu stellen, da dies dazu verleiten würde, sich in der Zelle einschließen zu lassen.

Aus der vorgenannten Erläuterung ist zu ersehen, dass der Zustimmtaster dann benötigt wird, wenn die primäre Schutzvorrichtung, also der Zaun, umgangen werden muss und sich der Roboter dennoch bewegen muss, während sich jemand im Schutzbereich um den Roboter befindet.

■ 9.2 Der Zustimmtaster in kollaborierenden Anwendungen

Betrachtet man sich die in Abschnitt 9.1 erläuterte Verwendung eines Zustimmtasters in einer herkömmlich traditionellen Zelle und stellt diese nun einer kollaborierenden Zelle gegenüber, so muss man zwei verschiedene Arten von kollaborierenden Roboterapplikationen unterscheiden:

a. solche kollaborierenden Roboterapplikationen, in welchen der gesamte eingeschränkte Arbeitsraum des Roboters als Kollaborationsraum definiert ist und bei denen der Roboter theoretisch überall mit einer Person zusammenstoßen kann

b. kollaborierende Roboterapplikationen, bei denen sich an den Leitsatz *„Der Kollaborationsraum nur so groß wie nötig und so klein wie möglich"* gehalten wurde und es neben dem kollaborativen Teil der Applikation auch noch einen Nicht-kollaborativen-Teil gibt.

Betrachten wir hierzu zuerst den Fall (a). Hierbei kann eine Person überall in den Arbeitsbereich des Roboters eintreten oder eingreifen und dadurch eine Kollision mit dem Roboter verursachen. Das Risiko einer Verletzung wurde nun hier durch die Kraft- und Leistungsbegrenzung gemindert. Dies muss natürlich im Rahmen der Risikobeurteilung durch Messungen und Berechnungen wie in Abschnitt 6.2.1 und 6.2.2 verifiziert werden. Ist dies geschehen und es wurde dabei festgestellt, dass die Kräfte und Drücke durch die Kraft- und Leistungsbegrenzung so weit reduziert wurden, dass keine Verletzungen mehr bei einer Kollision entstehen können, ist die Applikation dann sicher. Hierbei ist die Sicherheit nun jedoch nicht durch eine Roboterzelle, welche den Menschen vom Roboter trennt, gewährleistet. In dieser Applikation ist das primäre Sicherheitskonzept eben die Kraft- und Leistungsbegrenzung. Während Sie bei der traditionellen Roboterzelle den Zaun als primäres Schutzkonzept umgehen müssen, um am Roboter zu stehen, ist in dieser Art der Applikation das primäre Schutzkonzept noch immer aktiv. Auch wenn Sie sich an den Roboter heran bewegen und neben ihm stehen möchten, während er sich bewegt. Oder wenn ich ihn manuell von Hand verfahren möchte. In allen Fällen ist die Kraft- und Leistungsbegrenzung als primäres Schutzkonzept immer noch aktiv und es ist weiter gegeben, dass die Applikation sicher ist. In einem solchen Fall nun zu sagen, weil ich von Automatik auf Hand umschalte, wird nun ein Zustimmtaster benötigt, würde absolut keinen Sinn machen. Dies hat man auch beim Verfassen der ISO TS 15066 erkannt. Dort findet man im Abschnitt 5.4.5 folgende Festlegung:

„ISO 10218-1:2011 5.8 enthält Bestimmungen für ein Handbediengerät mit einer Zustimmeinrichtung und einer Not-Halt-Funktion. Wenn bei einer Risikobeurteilung bestimmt wird, dass die üblicherweise durch die Anwendung einer Zustimmeinrichtung erreichte Risikominderung alternativ durch inhärent sichere konstruktive Maßnahmen oder sicherheitsbewertete Begrenzungsfunktionen erreicht werden würde, dann darf das Handbediengerät für ein kollaboratives Robotersystem auch ohne Zustimmeinrichtung ausgestattet sein."

Dieser Abschnitt in der ISO TS 15066 beschreibt genau den oben dargestellten Fall. Die Roboterzelle ist zwar nicht inhärent sicher, jedoch wird die Sicherheitsfunktion Kraft- und Leistungsbegrenzung und eventuell auch räumliche Positionsbegrenzungsfunktionen verwendet. Diese wurden durch Messungen validiert und die Applikation als sicher bestimmt. Ein Zustimmtaster ist daher gemäß ISO TS 15066 nicht erforderlich.

Jedoch müssen hier nun noch zwei größere „Aber …" hinzugefügt werden.

Wenn doch die ISO 10218-1 als Norm einen Zustimmtaster fordert, kann da so einfach eine technische Spezifikation, diese Forderung wegwischen? Hier gibt es einige Argumente, die klar dafür sprechen, dass dies kein Problem darstellt! Zum einen ist sowohl die ISO-Norm als auch eine technische Spezifikation des ISO eine anerkannte Regel der Technik. Anerkannte Regeln der Technik sind technische Festlegungen, die von einer Mehrheit repräsentativer Fachleute als Wiedergabe des Stands der Technik angesehen werden. Diese Definition ist so in der EN 45020:2006 – „Normung und damit zusammenhängende Tätigkeiten" zu finden. Von dieser Definition her sind beide Dokumente erst einmal gleichgestellt, da beide von dem gleichen Gremium verfasst wurden. Nämlich von der Working Group 3 des Technical Comittees 299 der ISO, welches sich mit dem Thema „Safety in industrial Robotics" beschäftigt. In diesem sitzen Roboterfachleute aus der ganzen Welt und man kann hier durchaus davon sprechen, dass es sich hierbei um ein Gremium repräsentativer Fachleute handelt. Darüber hinaus sollte Ihnen bewusst sein, dass Normen sich öfter selbst widersprechen. Eine Norm kann Ihnen dabei die eine Vorgabe machen und die andere Norm gibt Ihnen eine andere Richtung vor. Dies kann in der Regel zwei Ursachen haben:

1. der Scope (Anwendungsbereich) der beiden sich widersprechenden Normen ist ein anderer (z. B. Norm für Industrieroboter und Norm für Serviceroboter)

2. beide Normen sind zwar auf das Produkt anzuwenden, jedoch ist eine der beiden Normen eine produktspezifischere Norm.

Um den ersten Fall zu vermeiden ist es immer wichtig, den jeweiligen Anwendungs- und auch den Ausschlußbereich einer Norm genau zu lesen. Im zweiten Fall sticht die spezifischere Norm die allgemeinere Norm aus. Hier liegt nun eine Norm vor, welche für alle Arten von Industrierobotern gilt. Dem gegenüber steht eine technische Spezifikation, welche sich speziell dem Thema der kollaborativen Roboter widmet. Die spezifischere technische Regel ist dabei dann die ISO TS 15066. Es sollte also kein Problem darstellen, dass die ISO 10218-1 einen Zustimmtaster fordert und die ISO TS 15066 diese Forderung etwas relativiert und unter gewissen Umständen zurücknimmt.

Das zweite große „Aber ... " ist nun jedoch die Tatsache, dass die Applikation ja nicht aus dem Nichts heraus erscheint. Die Applikation beginnt damit, dass der Roboter am Anfang aus einer Kiste herausgeholt wird und auf seine vorgesehene Stelle geschraubt wird. Zu diesem Zeitpunkt wurden wahrscheinlich noch keine Messungen der Kräfte und Drücke vorgenommen. Dadurch kann noch nicht sicher gesagt werden, dass keine Gefährdung vorliegt. Es kann zwar sein, dass der Roboter an dieser Stelle keine Gefahr darstellt. Jedoch ist dies noch nicht validiert, was bei kraft- und leistungsbegrenzten Roboter mit Hilfe von Kraft- und Druckmessungen getan wird. Natürlich ist das Problem hier weniger die Montage, die einen Zustimmtaster notwendig macht. Es geht hier viel mehr um die dann folgenden Tätigkeiten, wie das Einrichten und Programmieren. Solange in dieser Phase nicht bereits nachgewiesen ist, dass keine Kräfte und Drücke auftreten können, die für eine eventuelle Gefährdung sorgen können, sollte zwingend ein Zustimmtaster zur Anwendung kommen. Es gilt immer der Grundsatz, solange nicht nachgewiesen wurde, dass keine Gefährdung vorliegt, ist von einer Gefährdung auszugehen! Man würde daher bei der Integration bis hin zum finalen Abschluss der Risikobeurteilung einen Zustimmtaster benötigen, der dann demontiert und aus der Funktion genommen werden kann, sobald die Risikobeurteilung positiv abgeschlossen wurde und anhand von Kraft- und Leistungsmessungen nachgewiesen wurde, dass zu keiner Zeit eine Gefährdung vorliegt bzw. das Risiko für einen Mitarbeiter in einem akzeptablen Bereich liegt.

Des Weiteren muss auch noch über den zweiten Fall (b.) gesprochen werden.

Nachdem im bisherigen Abschnitt stets von einer Applikation ausgegangen wurde, in welcher der Kollaborationsraum = der eingeschränkte Bewegungsbereich des Roboters ist, betrachten wir nun eine mögliche Applikation, welche nur einen sehr kleinen Kollaborationsraum hat, wobei andere Bereiche der Applikation auf eine andere Art abgesichert sind. Lassen Sie uns hierzu noch einmal die in Abschnitt 6.3 beschriebene und in Abbildung 6.7 dargestellte Messeapplikation heranziehen. In dieser Applikation haben wir im roten Bereich die Kollaborationsart des sicheren überwachten Halts und nur in einem kleinen Teil der Applikation an der Vorderseite einen Bereich mit einem echten Kollaborationsraum. Während im Letzteren das primäre Schutzkonzept auf der Kraft- und Leistungsbegrenzung beruht, welche sowohl im Automatik- als auch im manuellen Modus aktiv ist, baut das Schutzkonzept im roten Bereich darauf auf, dass der Roboter gestoppt wird, sobald jemand in diesen Bereich hineingreift. Will nun ein Programmierer in den beiden jeweiligen Bereichen den Roboter im manuellen Modus von Hand verfahren, so ist dies problemlos möglich, wenn sich der Roboter im vorderen grünen Bereich aufhält. Hier ist der Programmierer, auch beim Verfahren von Hand, weiter durch die Kraft- und Leistungsbegrenzung abgesichert, was auch im Rahmen der Risikobeurteilung durch rechnerische Ermittlung der Transferenergien validiert wurde. Greift nun aber der Mitarbeiter in den hinteren Bereich hinein und versucht dort den Roboter von Hand zu bewegen, so ist dies erst einmal nicht möglich, weil durch den Eingriff in die Lichtschranke die Roboterbewegung blockiert wird. Hierbei ist es egal, ob sich der Roboter gerade in der Betriebsart Automatik oder manuell befindet. Möchte man den Roboter bewegen, müsste in der Betriebsart manuell die Lichtschranke überbrückt werden. Damit geht aber einher, dass das primäre Schutzkonzept ausgeschaltet wird. Da die Kollisionsstellen innerhalb des roten Bereichs nicht validiert wurden, ist hier zuerst einmal von einer möglichen Gefährdung auszugehen. Aus diesem Grund wird hier nun ein Zustimmtaster als Ersatzmaßnahme benötigt.

Anhand dieser Beispiele sollte klar werden, dass zwar nicht unbedingt in absolut allen kollaborierenden Roboterapplikationen ein Zustimmtaster benötigt wird, er jedoch in 99 % der Fälle dennoch gefordert ist.

■ 9.3   Erkenntnisse zum Zustimmtaster in kollaborierenden Anwendungen

Lassen Sie uns das Thema rund um die Diskussion des Zustimmtasters hier noch einmal zusammenfassen.

Zwar gibt die ISO TS 15066 Ihnen die Möglichkeit eine Applikation ohne Zustimmtaster zu betreiben. Es ist dabei kein Problem, dass die ISO 10218 als Norm einen Zustimmtaster in ALLEN Roboterapplikationen fordert und die ISO TS 15066 als einfache technische Spezifikation diese Forderung für bestimmte kollaborierende Anwendungen zurücknimmt. Die ISO TS 15066 ist eine anerkannte Regel der Technik und gibt damit den Stand der Technik wieder. Die Einhaltung des Stands der Technik ist das, was die Maschinenrichtlinie fordert. Die Maschinenrichtlinie fordert nicht die Einhaltung spezieller Normen wie z. B. der EN ISO 10218. Die Einhaltung dieser Normen führt lediglich zu der Vermutungswirkung, dass Sie bei deren Einhaltung auch den Forderungen der Maschinenrichtlinie entsprechen. Rechtlich ist dies also unproblematisch.

Ihnen muss jedoch bewusst sein, dass die Voraussetzungen, welche die ISO TS 15066 für eine kollaborierende Applikation ohne Zustimmtaster fordert, erst am Ende der Integrationstätigkeiten (Einrichten, Programmieren usw.) und mit Abschluss der Risikobeurteilung vorliegen. Sie werden daher in der Regel bis zu diesem Zeitpunkt einen Zustimmtaster verwenden müssen und könnten diesen dann nach der Feststellung, dass die Kräfte und Drücke innerhalb der Applikation zu keiner Zeit zu einer Gefährdung führen, demontieren und die Applikation ohne Zustimmtaster betreiben. Ob dies dann Sinn macht, sollten Sie als Integrator oder Betreiber der Applikation entscheiden.

Ein weiterer ganz entscheidender Punkt ist, dass die Messungen von Kräften und Drücken sehr aufwendig und zeitintensiv sein können. Speziell potenzielle Klemmstellen erfordern hier viel Aufwand, um an diesen die Gefährdung durch Messungen zu ermitteln. Aus diesem Grund empfiehlt es sich, die möglichen Klemmstellen möglichst gering zu halten. Dies kann durch mehrere Maßnahmen erreicht werden. Die effektivste Maßnahme wird hier jedoch immer sein, den Kollaborationsraum möglichst klein zu halten. Durch Reduzierung des Raumes, in welchem Mensch und sich bewegender Roboter tatsächlich aufeinander treffen können, würden effektiv Klemmstellen ausgeschlossen und damit viel Messaufwand und Kosten im Rahmen der Risikobeurteilung eingespart. Dies wird jedoch dann oft durch eine Mischapplikation, in welcher die Kollaborationsarten Kraft- und Leistungsbegrenzung und sicherer überwachter Halt zusammenwirken, erreicht. Auch hier noch einmal der Verweis auf die Messeapplikation in Abschnitt 6.3 und die Abbildung 6.7. Dies ist hier ein sehr schönes Beispiel für einen solchen Mix. Sie sparen sich hier zwar den Aufwand für sehr viele Messungen auf der einen Seite, jedoch wird auf der anderen Seite kein Betrieb mehr ohne Zustimmtaster möglich sein, da Sie ohne diesen die Roboter innerhalb des roten Bereichs nicht mehr per Handführung bewegen dürfen. Es ist also hier eine Abwägung, ob der Wegfall eines Zustimmtasters einen erheblichen Mehraufwand rechtfertigen würde.

In den ersten Jahren der kollaborativen Robotik herschte hier oft sehr viel Unverständnis über dieses Thema. Auch haben einige Roboterhersteller die Zusammenhänge in solchen kollaborativen Applikationen nicht gesehen oder nicht sehen wollen. Daher gab es lange Hersteller, welche ihre Roboter ohne einen Zustimmtaster ausgeliefert haben. Auch Universal Robots als Marktführer in diesem Bereich hat diesem Thema in den ersten Jahren keine Beachtung geschenkt. Etwa 2016 hat man dann aber dieses Problem erkannt und es wurde die Möglichkeit geschaffen einen externen Zustimmtaster an das System anzuschließen. Seit Ende 2020 hat Universal Robots nun auch einen Teach Pendant mit einem integrierten Zustimmtaster verfügbar und ist somit den Forderungen des Marktes nachgekommen. Leider gibt es jedoch noch sehr viele andere Hersteller, welche diesem Thema immer noch nicht nachkommen. Da ein gut integrierter Zustimmtaster eigentlich auch bei kollaborierenden Anwendungen keine Behinderung oder umständlichere Bedienung zur Folge hat, sollten Sie bei der Auswahl Ihres kollaborierenden Roboters dringend darauf achten, dass Sie einen Hersteller wählen, welcher Ihnen einen im System integrierten Zustimmtaster bietet. Neben Universal Robots bieten dies z. B. KUKA, Yakawa, Doosan und andere.

Mit Hinblick auf die anstehende Veröffentlichung der neuen Version der ISO 10218-1 und -2 sollte auch nicht unerwähnt bleiben, dass die Inhalte der ISO TS 15066 dort in den Teil 2 der Norm gewandert sind. In diesem neuen zweiten Teil der ISO 10218 wird es dann auch nach derzeitigem Stand nur noch eine Ausnahme geben, bei der kein Zustimmtaster mehr gefordert ist. Dies ist dann nur noch bei inhärent sicheren Robotern möglich, welche in der neuen Norm als Klasse-1-Roboter definiert sind. Klasse-1-Roboter sind hierbei Manipulatoren mit einer maximalen möglichen Nutzlast von 10 kg, einer maximalen Kraft von 50 N und einer maximalen Geschwindigkeit von 250 mm/s. Diese Werte sind dabei als feste Werte und nicht als einstellbare Sicherheitsparameter zu verstehen. Realistisch betrachtet, wird damit für alle Roboter – sowohl traditionell als auch für kollaborierende Roboter – ein Zustimmtaster gefordert.

10 Regeln für die Planung und den Bau einer kollaborierenden Applikation

Fragen, die dieses Kapitel beantwortet:

- Rechtliche Grundlage bei der Erstellung einer Roboterapplikation?
- An was muss man sich halten und was ist freiwillig anwendbar?
- Welche Normen gibt es und muss ich diese einhalten?
- Warum empfiehlt es sich, eine Norm einzuhalten?
- Was gibt es außer den Normen noch und wie ist da die rechtliche Stellung?
- Was ist eine technische Spezifikation in der Normung?

Die technischen Möglichkeiten, den Umgang zwischen Mensch und Industrieroboter sicher zu gestalten, sind heutzutage sehr vielfältig. Schon beim 5. Workshop für OTS-Systeme in der Robotik am Fraunhofer IPA im Jahr 2009 wurde von Frau Oberer-Treitz [4] eine Klassifizierung anhand der Maßnahmen der Sicherheit gewählt, welche anschaulich die einzelnen Stufen von Sicherheitssystemen darlegt. Frau Oberer-Treitz ordnet die Sicherheit ausgehend von der höchsten Stufe hin zur geringsten. Folgende Stufen werden betrachtet: passive Sicherheit, aktive Sicherheit und die Möglichkeit der Leistungsüberwachung als letzte direkte Stufe.

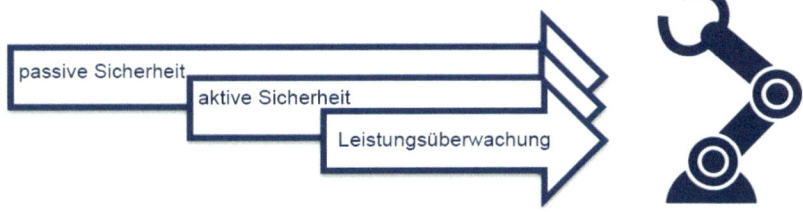

Abbildung 10.1 Maßnahmen der Sicherheit bei Industrierobotern

In den letzten zehn Jahren hat sich sehr viel getan in der Art und Weise, wie man Robotersysteme technisch absichern kann. Dank einer immer schneller werdenden Rechenleistung von Mikrocontrollern oder CPUs können nun auch komplexe Datenmengen schneller analysiert werden, als es früher der Fall war.

Die Klassifizierung ist bis heute gleich geblieben. Mittlerweile sind leider manche jahrelang bewährten Methoden in Vergessenheit geraten. Einige Techniken wurden medial derart stark gepusht, dass es den Anschein erweckt, als ob es keine anderen Maßnahmen mehr geben würde.

Die nachfolgenden Abschnitte sollen die teils vergessenen Methoden wieder ins Bewusstsein bringen. Denn wie schon seit langem bekannt, sind es die Kombinationen der diversen Maßnahmen, welche effiziente Roboterapplikationen sicher gestalten können.

Passive Sicherheit – Kollisionsfolgenminderung

Als passive Sicherheit kann man alle Maßnahmen, die zur Minimierung eines zu erwartenden Schadens im Falle einer Mensch-Roboter-Kollision beitragen, zählen [5]. So wurde es in den 1970er-Jahren von der Automobilindustrie erstmals definiert und soll die erste Stufe an Sicherheitssystemen von Industrierobotern darstellen. Diese passiven Schutzeinrichtungen wirken unabhängig von der aktuellen Umgebung des Roboters und stellen eher die Grundstufe des Sicherheitssystems dar. Sie sind vorhanden, noch bevor der Roboter die ersten Bewegungen machen kann. Sie beinhalten nachfolgende Einrichtungen:

- physische Absperrungen zum Roboter
- kollisionsfreundliches Material des Roboters (Knautschzonen, Schaumstoff)
- Crash-Tests mit Industrierobotern (real und virtuell)
- Studien zum Thema Sicherheit bei Mensch-Roboter-Interaktionen
- Auswertungen von Unfallstatistiken

Diese erste Stufe der Sicherheit befasst sich zusammenfassend mit der Analyse von Systemen und deren Folgen bei Schäden. Auf diesem Gebiet wurden viele internationale Projekte bearbeitet, welche in Zukunft bessere Grundlagen für Industrieroboter liefern sollen.

In der ISO TS 15066 sind drei passive Maßnahmen benannt, welche bei der Konzeptionierung zur Risikominderung in Betracht gezogen werden sollten:

- Vergrößerung von Kontaktflächen
- Absorbieren der Kollisionsenergie
- Reduzierung der bewegten Massen

Wie das in der Praxis aussieht, wird im Abschnitt 10.6.1 zur inhärent sicheren Konstruktion detaillierter beschrieben. Man kann aber deutlich erkennen, dass all diese passiven Maßnahmen keine Erfindung der letzten Jahre sind, sondern auf dem Wissen und den Erfahrungen der letzten 50 Jahre aufbauen. Umso unverständlicher ist es, wenn man heutige Applikationen sieht, welche den passiven Maßnahmen nicht den erforderlichen Stellenwert geben, den sie verdient hätten.

Aktive Sicherheit – Kollisionsvermeidung

Maßnahmen, die auf Grundlage der aktuellen Situation in der Umgebung des Roboters zur Kollisionsvermeidung beitragen, werden als aktive Sicherheitsmaßnahmen klassifiziert. Um die aktuelle Situation des Systems zu ermitteln, benötigt das Robotersystem Sensoren, welche den aktuellen Standpunkt des Roboters und der Hindernisse sowie optimalerweise auch den Standort des Menschen erkennen.

Proaktiv	Reaktiv

• Anwendung bei Robotern mit
  • hoher Leistung
  • hoher Geschwindigkeit
  • hoher Massenträgheit
• Sensorik
  • optische Sensoren
  • kapazitive Sensoren
  • Ultraschallsensoren
	• Anwendung bei Robotern mit
	  • geringer Leistung
	  • geringer Geschwindigkeit
	  • geringer Massenträgheit
	• Sensorik
	  • Kraft- und Momentensensorik
	  • Leistungsaufnahme

Abbildung 10.2 Vergleich von proaktiven und reaktiven Kontaktarten mit dem Roboter

Die aktive Sicherheit kann in zwei Kategorien unterteilt werden, je nach der Art ihres Kontaktes mit dem Hindernis. Man spricht von proaktiver Kontaktart – vor dem Kontakt und reaktiver Kontaktart – nach dem Kontakt.

Auch Kombinationen der beiden aktiven Schutzmechanismen sind möglich. Solche Lösungen werden hybride Methoden genannt, da sie das Beste aus beiden Welten vereinen. Bei Gefahr sollen große und schnelle Roboter vom proaktiven in den reaktiven Schutz fahren. Gerade im Blick auf kollaborierende Systeme sind die hybriden Methoden sehr interessant. Weitere Details wurden bereits im Kapitel 8 näher beschrieben.

Leistungsüberwachung

Die letzte Sicherheitsstufe ist die direkte Leistungsüberwachung und Anpassung des Industrieroboters. Diese zählt zu den direkten und unmittelbaren Maßnahmen, da sie von der Robotersteuerung beeinflusst wird. Die Leistungsüberwachung des Roboters ermöglicht eine Begrenzung der Roboterleistung, um Schäden an Hindernissen sowie Personen zu verhindern bzw. zu minimieren.

Die Begrenzung der Roboterleistung kann vorab passieren. Der Roboter arbeitet mit dieser Leistungsbegrenzung schon, bevor ein Mensch dem Roboter zu nahe kommt. Kleine Tischmanipulatoren, beispielsweise, wurden aufgrund der Sicherheitsanforderungen schon im Jahr 2008 auf 80 W begrenzt. In der aktuellen EN ISO 10218-1 (2011) ist diese pauschale Begrenzung der Leistung nicht mehr definiert. Jedoch findet man im Entwurf der EN ISO 10218-1 (2021-09) Definitionen von Roboterklassen wieder, in welchen die Klasse-1-Roboter mit maximal 10 kg Gesamtmasse, 50 N maximaler Kraft und einer maximalen Geschwindigkeit von 250 mm/s beschrieben sind. Diese Maßnahmen kann man als Leistungsbegrenzung vom Werk aus sehen. So wird die bei einer Kollision übertragene Energie, welche sich ergibt aus der halben bewegten Masse multipliziert mit der Geschwindigkeit zum Quadrat, konsequent werkseitig limitiert (siehe auch Abschnitt 6.2.2).

Größere Industrieroboter hingegen werden bei einem erhöhten Sicherheitsrisiko für Menschen gedrosselt, von der Steuerung und von einer Sicherheitssteuerung dauerhaft überwacht. So können sie dauerhaft oder situationsabhängig limitiert werden, bis die Gefahr gebannt ist. Danach arbeiten sie mit voller Kraft und Leistung weiter. In Notsituationen oder bei unbeabsichtigtem Kontakt zwischen Mensch und Roboter schalten leistungsüberwachte Roboter sofort die Leistung ab oder begrenzen sie auf einen vorher definierten Höchstwert.

■ 10.1   Der Kollaborationsraum

Schlägt man im Duden das Wort kollaborieren nach, findet man Synonyme wie zusammenarbeiten, am selben Strang ziehen oder Hand in Hand arbeiten. Alle diese Wörter sind gleich definiert: „gemeinsam für bestimmte Ziele arbeiten" oder „zur Bewältigung der Aufgaben gemeinsam Anstrengungen unternehmen". Und genau so ist es auch in der Robotik. Der Kollaborationsraum ist von jeher jener Raum, in dem Menschen und Industrieroboter gemeinsam eine Aufgabe umsetzen.

Gemäß der EN ISO 10218-2 (2011) ist der Kollaborationsraum als der „Arbeitsraum innerhalb des geschützten Bereichs, in dem der Roboter und der Mensch während des Produktionsbetriebs gleichzeitig Aufgaben ausführen können", definiert. Umgangssprachlich hat sich in der Welt der Anwendungen das Wort Kollaboration auf den tatsächlichen Kontakt, also die Arbeit Hand in Hand, reduziert. Ein bloßes im-gleichen-Raum-Sein wird als Kooperation oder Koexistenz benannt.

Die Raumgestaltung ist jedoch fast gleich und sollte immer mit dem Blick auf eine Kollisionsfreundlichkeit ausgelegt sein. Zur Erinnerung: Der Mensch und der Roboter befinden sich im gleichen Raum. Das ist auch in der Norm so definiert. Der Mensch könnte den Roboter nach Lust und Laune berühren, da ihn nichts vom Kollegen Roboter trennt. Ob nun gewollt, also bestimmungsgemäß als Kollaboration, oder ungewollt und nicht bestimmungsgemäß in der Kooperation oder Koexistenz, wir erwarten einen Kontakt. Mit dieser Situation müssen wir umgehen können.

Bevor wir den Raum kollisionsfreundlich gestalten, müssen wir wissen, welche Kollisionen möglich sind. Natürlich fällt uns zuerst immer die Kollision zwischen dem Roboter und dem Menschen ein. Als Zweites ist die Kollision mit dem Endeffektor oder dem Produkt, welches sich im oder am Endeffektor befindet, denkbar (dargestellt in Abbildung 10.3). Die indirekte Kollision wird hingegen sehr oft vergessen. Von indirekter Kollision ist die Rede, wenn der Roboter den Menschen oder seine Hände und Gliedmaßen während der Kollision irgendwo im Raum gegen ein Hindernis drücken oder stoßen kann.

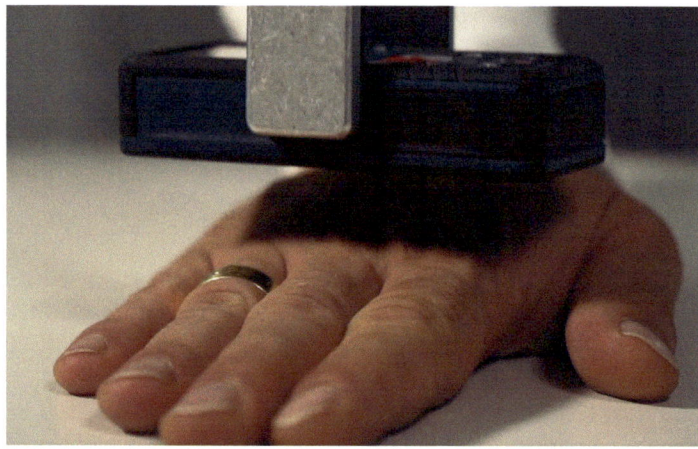

Abbildung 10.3 Kollision Endeffektor auf Hand und Hand auf Tisch

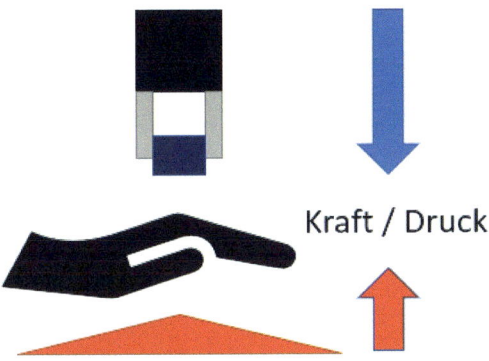

Kraft / Druck

Abbildung 10.4 Darstellung der Kollision und daraus resultierenden Kraft und Druck

Entsprechend muss auch der Kollaborationsraum gestaltet sein. Getreu dem Motto: Kollisionen vermeiden ist immer besser als Kollisionen zu behandeln. Wenn der Roboter ein Objekt im Raum erreichen kann, so kann er auch einen Menschen gegen das Objekt drücken oder stoßen. Wir haben nun exakt zwei Möglichkeiten Kollisionen im Raum zu verhindern:

1. Sämtliche für den Prozess nicht relevanten Objekte befinden sich außerhalb des maximalen Roboterraumes und können somit physikalisch aufgrund der maximalen Auslenkung des Roboters nicht erreicht werden.

2. Der Roboter wird sicherheitstechnisch derart im Raum limitiert, dass er technisch die Objekte nicht erreichen kann. Für die sichere Zusammenarbeit wurden Mindestabstände festgestellt, die das Quetschen von Körperteilen zu vermeiden versuchen. Die Mindestabstände können mithilfe der Norm EN ISO 13854[1] ermittelt werden. Gemäß Tabelle 10.1 kann bestimmt werden, ob ein Körperteil gequetscht werden kann, um das Risiko in der Beurteilung besser abzuschätzen.

Tabelle 10.1 Quetschmöglichkeit

Abstand	Körperteil
500 mm	gesamter Körper, von Schulter zu Schulter
300 mm	ungünstigste Kopfhaltung
120 mm	Oberarm
100 mm	Hand oder Faust

Im ersten Schritt mussten wir also feststellen, wo sich im Raum unsere Objekte befinden und ob Quetschen möglich ist. Im zweiten Schritt müssen wir uns überlegen, wo sich der Mensch während des Betriebes befindet und welche Arten von Bewegungen er wohl durchführen wird. (Dieses Wissen benötigen wir, um zu bestimmen, wo sich beispielsweise seine Hände oder Füße befinden.) Das kann man aber leider nur sehr schwer allgemein beantworten. Wir wissen nicht exakt, was der Mensch im Kollaborationsraum machen wird.

---

[1] Sicherheit von Maschinen – Mindestabstände zur Vermeidung des Quetschens von Körperteilen (ISO 13854:2017); deutsche Fassung EN ISO 13854:2019

Vorhersagen können wir jedoch seine bestimmungsgemäßen Handlungen. Wenn der Mensch als Beispiel ein Produkt auf eine definierte Stelle legen soll, so können wir vorhersagen, dass dort definitiv seine Hände sein werden. Auch können wir vorhersagen, ob der Mensch stehend in der Applikation ist oder ob er sitzend arbeitet.

Als Hilfestellung kann die Norm DIN 33402-2:2020[2] herangezogen werden, welche sämtliche relevanten Maße der deutschen arbeitenden Bevölkerung im Alter von 18 bis 65 Jahren gelistet hat. Leider sind die Angaben der DIN 33402-2 nicht identisch mit den Körperregionen der ISO TS 15066. Daher müssen einige Werte errechnet werden, zum Beispiel indem man von der Schädeloberkante das Gesicht subtrahiert.

In der ISO TS 15066 sind die Körperregionen angegeben. Zu jeder Region sind Werte für den Schmerzeintritt definiert. Es ist daher für eine effiziente Auslegung der Applikation relevant, wo sich welches Körperteil im Raum befinden kann. In Tabelle 10.2 sind einige Werte aufgelistet.

Tabelle 10.2 Position verschiedener Körperteile

Referenz in ISO TS 15066	Körperteil	Höhe gemäß DIN 33402-2	Referenz in DIN 33402-2
1	Stirn	1430 < 1855 mm	Auge und Schädel
2	Schläfe	1430 < 1735 mm	Auge
3	Kieferbereich	1345 < 1620 mm	Schädel – Gesicht
4,5	Hals	ab 1269 mm	Schulter
9	Brustbein	960 < 1550 mm	Brust
11	Beckenknochen	710 < 1175 mm	Schritt – Ellbogen
27	Kniescheibe	400 < 480 mm	Tibialhöhe (= Kniegelenkhöhe)

Es sollten nur die für den Prozess unbedingt benötigten Hindernisse im Raum bestehen bleiben. Kann man sie nicht eliminieren oder technisch unerreichbar machen, so sind dies mögliche Kollisionsstellen. Sie müssen dementsprechend in ihrem Risiko bewertet und validiert werden. Dies erfolgt mit der Messung der resultierenden Kräfte und Drücke (siehe Abschnitt 6.2.1). Im Kollaborationsraum dürfen nur noch akzeptable Restgefahren übrig bleiben.

■ 10.2 Sinnvolle Verknüpfung von Sicherheitsfunktionen

Verknüpfungen von Sicherheitsfunktionen sind in der Regel Synergien aus zwei Welten. Betrachtet man sie einzeln, erfüllen sie ihren Zweck sicherheitsgerichtet. Kombiniert man sie, können sich positive Synergien bilden. Ein System wird effizienter und wirtschaftlicher.

---

[2]   DIN 33402-2:2020 Ergonomie – Körpermaße des Menschen – Teil 2: Werte

10.2.1 Sicherheitskonzept – hybrides MRK-System

Arbeitsweise:

- dauerhafte aktive Kraft- und Leistungsbegrenzung bezogen auf die oberen Gliedmaßen
- Überwachung des Zutrittes durch einen Flächenscanner mit Stoppen des Roboters bei Verletzung

Als reines System nach Methode „Sicherheitsbewerteter überwachter Halt" ist der Sicherheitsabstand gemäß Abschnitt 4.1 auszulegen. Wird zusätzlich das Konzept „Dauerhafte Kraft/Leistungsbegrenzung" mit umgesetzt (siehe Kapitel 6), so kann, bei verifizierten Kraft- und Druckwerten für die oberen Gliedmaßen, von einem dauerhaften „Hand"-sicheren System ausgegangen werden. Bei Verwendung einer horizontalen Personenerkennungseinrichtung, wie einem Flächenscanner, muss der normative Zuschlag C von 1200 mm gemäß EN ISO 13855 zum Sicherheitsabstand addiert werden. Dieser ergibt sich rein aus der Möglichkeit unerkannt mit den oberen Gliedmaßen mit zusätzlicher Beugung des Oberkörpers in den Bereich einzudringen (siehe Abbildung 10.5).

S gemäß EN 13855   S nach Abzug der Armlänge von 850mm

Abbildung 10.5 Kombination Laserscanner und Kraft- und Leistungsbegrenzung

Mit einem dauerhaften Hand- bis Oberarm-sicheren System kann eine normative Armlänge von 850 mm vom normativen $C = 1200\,mm$ subtrahiert werden.

Neuberechnung des Zuschlages C:

$$C = (1200\,\text{mm} - 850\,\text{mm}) - 0{,}4 \times 290\,\text{mm} = 234\,\text{mm}$$

Der Mindestsicherheitsabstand im Hybriden System ergibt sich somit:

$$S = (K \times T) + C = (1600\,\text{mm/s} \times 0{,}293\,\text{s}) + 234\,\text{mm} = 702{,}8\,\text{mm}$$

Der neu ermittelte Mindestsicherheitsabstand muss gemnäß EN ISO 13855 in einem Abstand zur nächsten Gefährdung ausgelegt werden. Bei einer Roboterapplikation beginnt der Sicherheitsabstand generell bei der maximalen Auslenkung des Roboters inklusive Endeffektor (Kreislinie) oder, wenn aktiviert, bei den Sicherheitsgrenzen des Roboters (mit Linien abgegrenzte Ebenen), sprich dem eingeschränkten Raum. Dieser kann auch noch durch sichere Achsbegrenzungen (zwei Linien aus Kreismittelpunkt) weiter eingeschränkt sein. Die Abbildung 10.6 skizziert mit Pfeilen den neu berechneten Sicherheitsabstand und die dazugehörenden Bezugsgrenzen von der jeweiligen Ebene.

Der TCP des Roboters liegt im Endeffektor, somit ist er jener Punkt, der die Sicherheitsebenen nicht überwinden kann. Es ist möglich, den gesamten Endeffektor inklusive Werkstück

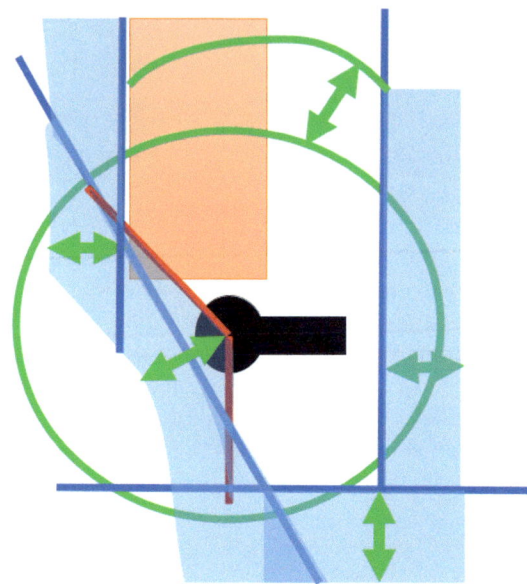

Abbildung 10.6 Limitierungen und Abstände

zu maskieren. Dieser ist als die normativ definierte „Gefährdung durch bewegliche Teile des Roboters" zu sehen.

In unserem Beispiel erhalten wir einen Mindestsicherheitsabstand von 702 mm. Empfehlenswert ist jedoch einen Abstand von 800 mm zu nutzen, auch wenn eine Nachbarmaschine oder eine weitere bauliche Barriere in der Nähe ist. Denn gemäß den technischen Regeln für Arbeitsstätten (ASR) – Fluchtwege und Notausgänge dürfen Wege, welche auch zur Flucht genutzt werden können, an keiner Stelle eine lichte Breite von weniger als 800 mm bei einem Einzug von bis zu 5 Personen aufweisen. Der oben genannte Mindestsicherheitsabstand von 702 mm ist kleiner als die geforderten 800 mm. Zwischen zwei Stationen müssen diese 800 mm jedoch eingehalten werden, wenn es sich auch um einen Fluchtweg handelt. Es ist daher zu empfehlen, dass der Abstand S auf diese 800 mm erhöht wird, um die gesamte Fläche zwischen zwei angrenzenden Stationen abzudecken.

Wann wirkt welche Sicherheitsfunktion?

Fall 1 – eine Person nähert sich dem Robotersystem und wird von dem Flächenscanner auf 300 mm Höhe erkannt. Das System stoppt im überwachten Halt, bis die Person den Sicherheitsbereich wieder vollständig verlassen hat. Bei allseitiger Erkennung und keiner Möglichkeit des Hintertretens kann ein autonomer Wiederanlauf das System starten. Andernfalls muss die Sicherheitsfunktion manuell außerhalb des Gefahrenbereiches zurückgesetzt werden.

Fall 2 – ein Bediener hält seine Hand unerkannt vom Flächenscanner in die Roboterapplikation. Diese kollidiert mit dem Roboter. Aufgrund der korrekt eingestellten Kraft- und Leistungsbegrenzung führt diese Kollision zum Stopp des Roboters, jedoch nicht zu einer Gefährdung.

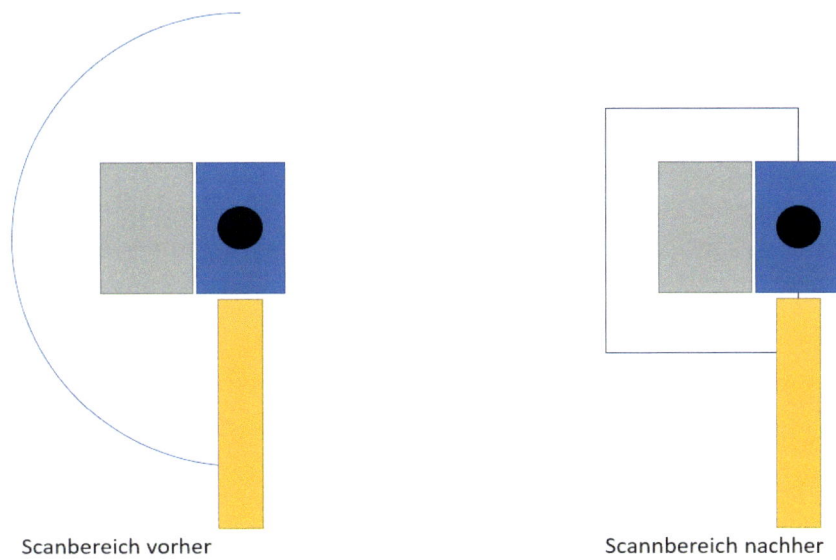

Scanbereich vorher   Scannbereich nachher

Abbildung 10.7 Gegenüberstellung Scanbereiche vorher vs. nachher

Fall 3 – Bediener beugt sich unerkannt vom Flächenscanner in den Sicherheitsbereich mit dem Oberkörper. Der verbleibende Sicherheitsabstand ist groß genug, um den Roboter in seiner maximalen Auslenkung nicht erreichen zu können.

10.2.2 Personenerkennung zum Wechsel in Kraft- und Leistungsbegrenzung

Arbeitsweise:

- Überwachung des Sicherheitsabstandes
- Reduzierung der Kraft und Leistung

Gemäß der ISO TS 15066 dürfen sich bei der Betriebsweise „Geschwindigkeits- und Abstandsüberwachung" Roboter und Personen gleichzeitig im Kollaborationsraum bewegen. Die Risikominderung wird durch ununterbrochene Aufrechterhaltung mindestens des Sicherheitsabstandes zwischen Person und Roboter erreicht. Während der Roboterbewegung kommt das Robotersystem der Bedienperson nie näher als bis zum Sicherheitsabstand, wenn dies dynamisch mit dem Roboter möglich ist. Andernfalls ist der Sicherheitsabstand statisch und der Roboter bewegt sich in dem statischen Sicherheitsbereich mit ausreichendem Abstand in Abhängigkeit von seinem maximalen oder eingeschränkten Raum. Wenn sich der Abstand auf einen Wert unterhalb des Sicherheitsabstandes verringert, stoppt das Robotersystem. Wenn sich die Bedienperson vom Robotersystem wegbewegt, kann das Robotersystem die Bewegung automatisch wieder aufnehmen, solange mindestens der Sicherheitsabstand beibehalten wird. Wenn das Robotersystem seine Geschwindigkeit herabsetzt, kann sich auch der Sicherheitsabstand entsprechend verringern (siehe auch Abschnitt 10.2.6).

Eine dynamische Abstandsgestaltung ist heute noch immer sehr selten umgesetzt. Damit ist eine kontinuierliche Erkennung des Menschen gemeint. Auf Basis der Erkenntnisse wird eine ständige Neubewertung der sicheren Robotergrenzen ermittelt. Die dynamische Abstandsgestaltung wird jedoch in naher Zukunft kommen müssen. Denn nur so ist eine effizient Kollisionsvermeidung tatsächlich realisierbar. Sehr weit verbreitet sind aktuell statische Sicherheitsabstände die durch Flächenscanner, um den Roboter selbst realisiert werden. Grundsätzlich funktioniert das System wie bei der Methode sicherheitsbewerteter überwachter Halt. Nur, dass wir eben nicht sicher halten, sondern in die Kraft- und Leistungsbegrenzung wandeln.

Betrachten wir das System:

Ein Robotersystem ist mit einem Flächenscanner, welcher den Zutritt von Personen erkennt, allseitig umschlossen. Ist der Bereich frei, so ist keine Person gefährdet. Dadurch wird die maximale Geschwindigkeit des Roboters ermöglicht. Tritt eine Person in den Sicherheitsbereich, wird in die Kraft- und Leistungsbegrenzung geschaltet. Diese Limitierungen sind abhängig von den Risiken in der Applikation.Verlässt die Person den Sicherheitsbereich wieder, so kann der Roboter zurück in den normalen Betrieb schalten.

Auswahl der Berechnungsmethode:

Die ISO TS 15066 gibt eine Berechnungsmethode an, die den Abstand dauerhaft und dynamisch zwischen Bediener und Roboter innerhalb des Kollaborationsraumes ermittelt. Die beschriebene Methodik mit statischen Feldern bietet nicht die Notwendigkeit, dass der Bediener innerhalb des Kollaborationsraumes aktiv sein muss. Daher kann die in der EN ISO 10218-2 definierte Methodik der EN ISO 13855 zur Ermittlung des Sicherheitsabstandes herangezogen werden. Allerdings mit der Bedingung, dass der Sicherheitsabstand gemäß Kapitel 5 anhand der maximalen Auslenkung des Roboters inklusive Endeffektor und maximalem Produkt beginnt oder dementsprechend von einer unüberwindbaren Grenze aus.

Abstandsberechnung nach EN ISO 13855 K6.3, Schutzfeld parallel zur Annäherungsrichtung für CR35iA mit 596 ms Anhaltezeit

$$S = (K \times T) + C$$

$$K = 1600 \, \frac{mm}{s} \qquad \text{normative Schrittgeschwindigkeit von Personen}$$

$$T \qquad \qquad \text{Systemnachlauf in ms}$$

$$C = 1200 \, mm - 0{,}4 \times H \quad \text{mit } H \text{ als Höhe des Schutzfeldes}$$

Werte gemäß Herstellerangaben:

$T(\text{CR35iA}) = 596 \, ms$ bei $750 \, \frac{mm}{s}$

$T(\text{microScan3 Pro EFI-Pro}) = 95 \, ms$ (gemäß Datenblatt)

$T(\text{SPS}) = 13{,}5 \, ms$ (gemäß Datenblatt EFI Standard E1 für Flexisoft)

$T = T(\text{CR35iA}) + T(\text{microScan3}) + T(\text{SPS}) = 704{,}5 \, ms$

$C = 1200 \, m - 0{,}4 \times 300 \, mm = 1080 \, mm$

$S = (K \times T) + C = (1600 \, \frac{mm}{s} \times 0{,}7045 \, s) + 1080 \, mm = 2207 \, mm$

Eine Nachlaufwegmessung kann sich positiv auf den Sicherheitsabstand auswirken, da in sämtlichen Dokumentationen die konservativsten Reaktionszeiten angegeben sind. Es ist anmerkend zu beachten, dass es keine verlässlichen Werte von der Reaktionszeit von 750 $\frac{mm}{s}$ auf 250 $\frac{mm}{s}$ gibt. Daher müssen Werte aus dem Handbuch des Herstellers angenommen werden, welche bis zum Stopp ermittelt wurden. In diesem Abschnitt wurde mit SICK-Komponenten und Scannern gerechnet, da diese in der Praxis in der Regel zur Anwendung kommen.

Die Limitierung der resultierenden Kräfte und Drücke im System ist stark abhängig von der individuellen Applikation. Generell gilt hier immer die sichere Konstruktion anzuwenden, also erst Kollisionen vermeiden und dann behandeln und minimieren. Das Robotersystem muss in der verbleibenden Kraft und dem Druck durch Messungen gemäß ISO TS 15066 verifiziert werden.

Wann wirkt welche Sicherheitsfunktion?

Fall 1 – eine Person nähert sich dem Robotersystem und wird von dem Flächenscanner auf 300 mm Höhe erkannt. Das System wechselt in den Kraft- und Leistungsmodus. Bei allseitiger Erkennung und keiner Möglichkeit des Hintertretens kann ein autonomer Wiederanlauf das System starten. Andernfalls muss die Sicherheitsfunktion manuell außerhalb des Gefahrenbereiches zurückgesetzt werden.

Fall 2 – ein Bediener hält seine Hand oder sonstige Körperteile unerkannt vom Flächenscanner in die Roboterapplikation. Der Sicherheitsabstand ist groß genug, um den Roboter in seiner maximalen Auslenkung nicht erreichen zu können.

Fall 3 – der Bediener steht unmittelbar neben dem Roboter und es kommt zur Kollision. Der Roboter ist in der Kraft und Leistung reduziert und sämtliche verbliebenen Kräfte führen nicht zu Gefährdungen.

10.2.3 Konzept Sequenzerkennung durch Scanner und Logik – Hintertretschutz

Heutige Sicherheitsscanner können bis zu 8 simultane Scanfelder zeitgleich auswerten. Werden mehrere simultane Scanfelder eines Scanners übereinandergelegt, so kann durch eine sichere Prozesslogik die Bewegungsrichtung von Personen in den Scanfeldern ausgewertet werden. Man erhält somit die Information, dass sich eine Person nähert oder entfernt. Diese Sequenzauswertung kann somit auch ein undefiniertes Verhalten wie Hintertreten erkennen und das System in den sicheren Zustand überführen. Die Felder selbst müssen ein einfaches Überschreiten oder Auslassen eines Feldes verhindern und einen Mindestabstand von 1200 mm aufweisen.

Zustände im Detektionsbereich

- freier Bereich – kein Scanfeld ist betreten – Freigabe
- Zutritts zum Bereich – Sequenz: Feld 1, Feld 1 + 2, Feld 1 + 2 + 3, jeweils überlappend
- Entfernen vom Bereich – Sequenz: Feld 3 + 2 + 1, Feld 2 + 1, Feld 1 jeweils überlappend

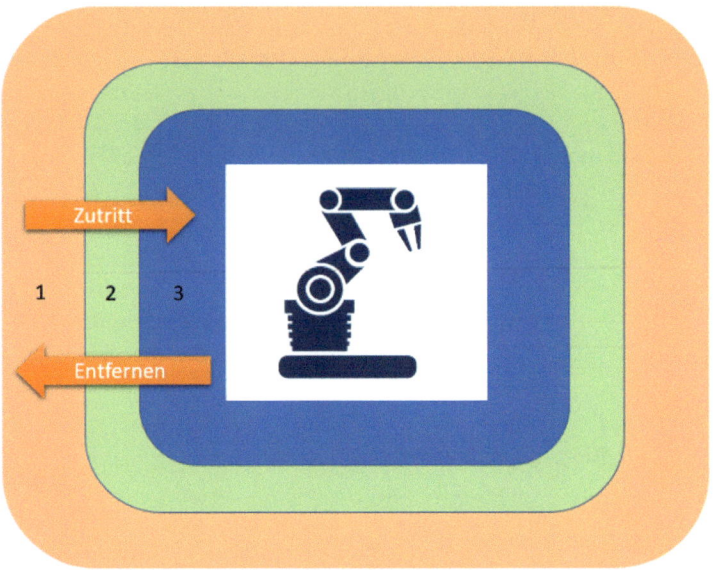

Abbildung 10.8 Beispiel einer Sequenzerkennung bei allseitigem Zutritt

Alle anderen Zustände oder Sequenzen müssen mit einem Stopp 0 oder 1 beendet werden und erfordern ein Reset, da das System hintertreten sein kann. Als Beispiel des Hintertretens ist die Sequenz: Feld $3 + 2 + 1 \rightarrow 0$ = Person hat hintertreten.

Ein autonomer Wiederanlauf kann bei korrekter Sequenz erfolgen und kann das System automatisch quittieren. Alle anderen Zustände erfordern einen manuellen Reset des Scanbereiches. Der Bereich muss dann von einem Menschen kontrolliert werden. Mit der Quittierung bestätigt der Mensch, dass der Bereich frei ist.

Abbildung 10.9 Beispiel einer Sequenzerkennung von einer Zutrittsseite

10.2.4 Hintertretschutz/Personendetektion durch Radar

Als Hintertretschutz sind sekundäre Absicherungen in einem Sicherheitsraum zu bezeichnen, welche innerhalb des Gefahrenbereiches Personen flächendeckend detektieren. Sie helfen dem reinen Durchtretschutz, wie Türen oder Lichtgitter zu erkennen, ob hinter der

Schutzeinrichtung Personen im Gefahrenbereich sind, also ob sie die primäre Absicherung hintertreten haben. Durch eine Verriegelung nach EN ISO 13849-1 kann bei erkannter Person im Hintertretschutz der Durchtretschutz nicht quittiert werden und das Gesamtsystem erhält keine Freigabe zum Wiederanlauf oder Start.

In weiterer Folge und bei Ausschluss, dass sich Personen unerkannt im Gefahrenbereich aufhalten können, kann mit einem Hintertretschutz auch ein autonomer Wiederanlauf realisiert werden.

Sichere Radarsysteme sind in den letzten Jahren verstärkt aufgetreten und können nun auch Systeme bis zum Performance Level d in der Kategorie 3 gemäß EN ISO 13849-1 abbilden. Ob diese Sicherheitseinrichtung allein als Hintertretschutz für eine Applikation ausreichend ist, ergibt die Risikobeurteilung.

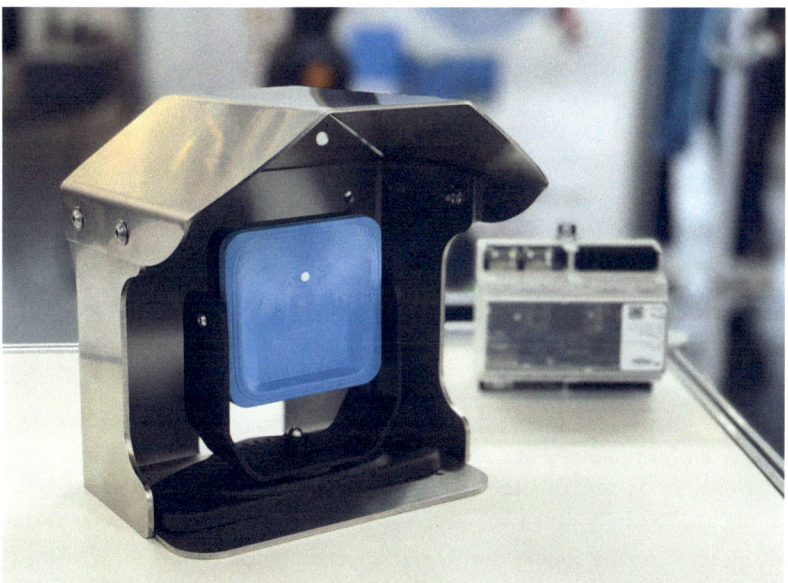

Abbildung 10.10 Radarsystem SBV-01 von INXPECT

10.2.5 Limitierung der V_{max} = Reduzierung des S_{BWS}

Ein wichtiger Faktor bei der Planung einer Roboterapplikation ist immer der Platzbedarf. Das Ziel ist es, ein Optimum zwischen Produktivität und Raumbedarf zu finden. Die Anforderungen der Maschinenrichtlinie müssen jedoch weiterhin erfüllt werden. Der durch Schutzeinrichtungen abgegrenzte Raum des Roboters muss einen Mindestabstand zwischen der Grenze und der sich innerhalb der Schutzeinrichtung befindenden Gefahr, dem Roboter, haben. Abhängig von der Art der Schutzeinrichtung ist der Mindestabstand in unterschiedlichen Normen beschrieben.

Die Gefahr, von der aus der Abstand bestimmt wird, ist festgelegt durch den maximalen Bewegungsraum des Roboters inklusive Werkzeug oder Werkstück. Dieser Raum kann normativ durch mechanische, elektrische oder elektronische Begrenzungen der Achsen eingeschränkt werden und somit auch die Gefahr auf einen kleinen Raum minimiert werden. In der Leichtbaurobotik hat sich die elektronische Begrenzung im Raum oder Ebene durchgesetzt.

Sicherheitsabstände für trennende Schutzeinrichtungen werden in der EN ISO 13857 behandelt und sind abhängig von der Höhe der Schutzeinrichtung und der Höhe der Gefahr. Als Beispiel muss bei einem 2,20 m hohen Schutzzaun kein Mindestabstand berücksichtigt werden, wenn die Gefahr hinter dem Zaun kleiner als 1,8 m hoch ist. Der Sicherheitsabstand bei nicht trennenden Schutzeinrichtungen wird in der EN ISO 13855 behandelt und ist abhängig von der Art der Montage der Schutzeinrichtung sowie einer Rechnung aus der Zutrittsgeschwindigkeit mal Nachlaufzeiten plus Konstante.

Technische Voraussetzungen

Für eine sichere Minimierung des Sicherheitsabstandes bei OTS-Systemen muss der Arbeitsraum des Roboters durch technische Maßnahmen eingeschränkt werden und die tatsächliche Geschwindigkeit der Achsen und des TCPs muss sicherheitsgerichtet nach Kategorie 3 PLd überwacht werden.

Erforderliche Komponenten

- sichere Geschwindigkeitsüberwachung
- sichere Raum/Achsbegrenzungen

Interpretation der EN ISO 10218-1

Laut EN 10218-1 muss jede Betriebsanleitung eines Roboters Informationen über die Anhaltezeit und den Anhalteweg der ersten drei Achsen beim Auslösen eines Stoppsignals enthalten. Der Anhang der EN 10218-1 beschreibt den Vorgang der Messung und schreibt eine Messung in 33 %, 66 % und 100 % der Nutzlast und der Maximalgeschwindigkeit vor.

In Abbildung 10.11 ist der Zusammenhang zwischen Nutzlast und Geschwindigkeit des Industrieroboters mit der Auswirkung auf die Anhaltezeit ersichtlich. Da die Anhaltezeit stark sinkt, wenn die Nutzlast oder die maximale Geschwindigkeit des Roboters sinkt, sollte bei einer Bestimmung der Anhaltezeit immer die maximale Nutzlast und Geschwindigkeit festgelegt werden.

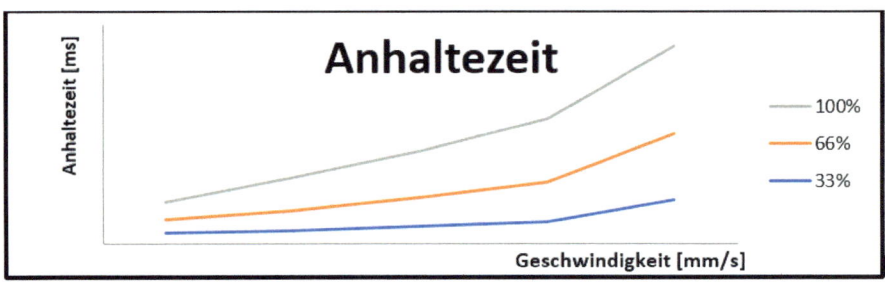

Abbildung 10.11 Abhängigkeit der Anhaltezeit von Geschwindigkeit und Nutzlast

Interpretation der EN ISO 13855

Die Norm schreibt eine Berechnung des Mindestsicherheitsabstandes gemäß folgender Formel vor:

$$S = (K \times T) + C \tag{10.1}$$

Die Variable K ist grundsätzlich mit $2000 \frac{mm}{s}$ anzuwenden. Wird der errechnete Sicherheitsabstand S größer als 500 mm, so kann K auf $1600 \frac{mm}{s}$ reduziert werden. Der Nachlauf des Systems T ergibt sich aus der Anhaltezeit des Roboters nach EN ISO 10218-1 und der Nachlaufzeit der Sicherheitssteuerung. Die Konstante C ist grundsätzlich abhängig von der Art der Montage der Schutzeinrichtung. Es wird zwischen horizontaler Anwendung und vertikaler Anwendung unterschieden. (siehe Tabelle 10.3)

Tabelle 10.3 Änderung des Parameters C in Abhängigkeit von der Einbauart des Schutzfeldes

Horizontal	Vertikal
$C = 1200\,mm - 0{,}4 \times$ Höhe	$C = 8 \times$ (Detektionsvermögen $- 14$)
Bedingung: $C > 850\,mm$	Bedingung: $C > 0\,mm$

Anwendung

Ziel dieser Analyse ist eine Minimierung des Sicherheitsabstandes. Grundsätzlich sollte man ein vertikales Schutzfeld verwenden, da so der Sicherheitsabstand kleiner als 850 mm möglich ist. Selbst wenn eine Personendetektion erforderlich ist, sollte zusätzlich ein vertikales Schutzfeld zum horizontalen errichtet werden, um Platz am Sicherheitsbereich zu sparen. Horizontale Schutzfelder haben einen Mindestwert von 850 mm für die Variable „C", da eingreifende obere Gliedmaßen berücksichtigt werden müssen. Die Formel zur Berechnung aus der EN ISO 13855 erfordert zur Ermittlung des Sicherheitsabstandes die Nachlaufzeit T, welche die Summe aus der Roboteranhaltezeit und den Systemverlusten darstellt. Möchte man den Sicherheitsabstand verkleinern, so muss man die Variable T verkleinern.

Die Angaben der Anhaltewege und Anhaltezeiten stellen die Grundlagen der Berechnungen dar und beziehen sich auf die maximale Geschwindigkeit einer Achse bei Volllast am Endeffektor. In den nachfolgenden Rechnungen und Herleitungen werden Größen wie Trägheit, Reibung in den Achsen, Last am Roboter und Temperaturänderungen als konstant angesehen und somit nicht berücksichtigt. Ziel ist es, bei gleichen Umgebungsbedingungen die Abhängigkeit der Zeit und des Weges von der Robotergeschwindigkeit zu zeigen.

Die Anhaltezeit des Roboters ist die Summe aus Bremszeit und Reaktionszeit.

$$t_A = t_B + t_R \tag{10.2}$$

t_A – Anhaltezeit des Roboters

t_B – Bremszeit des Roboters

t_R – Reaktionszeit des Roboters

Mit der Annahme, dass ein Industrieroboter bei einem Sicherheitshalt oder Nothalt immer mit derselben maximalen Verzögerung den Roboter bremst, wird die Verzögerung als konstant angenommen. Die Kraft der Bremsen ist immer gleich groß und maximal. Die Last, also die Masse des Roboters, ist auch unverändert, also als konstant zu sehen. Daher ergibt sich eine konstante Verzögerung a in allen Fällen.

Die reine Bremszeit des Roboters ergibt sich aus dem Quotienten der Geschwindigkeit der Achse und der konstanten Verzögerung, wie in nachfolgender Formel ersichtlich.

$$t_A = \frac{v}{a} \qquad (10.3)$$

v – Geschwindigkeit der Achse
a – Beschleunigung/Verzögerung

Aufgrund der konstanten Verzögerung a ist die Zeit linear von der Geschwindigkeit abhängig. Nachfolgende Abbildung 10.12 zeigt den Zusammenhang zwischen Geschwindigkeit und Zeit. Nach Gleichung 10.3 kann die Verzögerung in jedem Punkt ermittelt werden. Diese ist zugleich die Steigung der Funktion. Anhand des Verlaufes kann man die Linearität erkennen, da die Verzögerung oder Steigung der Funktion in jedem Punkt gleich ist.

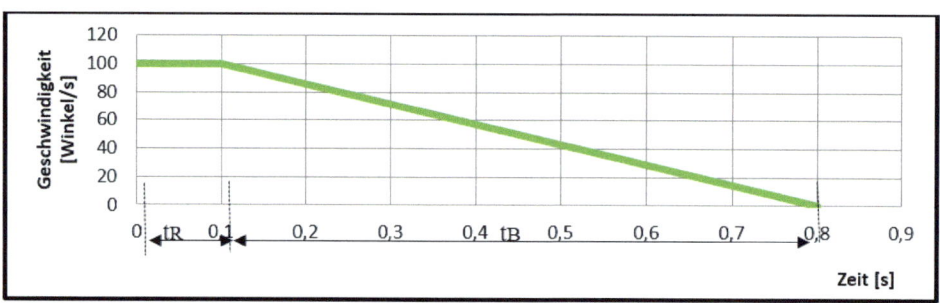

Abbildung 10.12 Geschwindigkeits-/Zeit-Diagramm

Die Summe aus Bremsweg und Reaktionsweg ist

$$S_A = S_B + S_R \qquad (10.4)$$

S_A – Anhalteweg des Roboters
S_B – Bremsweg des Roboters
S_R – Reaktionsweg des Roboters

Der reine Bremsweg des Roboters ergibt sich anhand der quadratischen Funktion aus Geschwindigkeit und Verzögerung, wie in nachfolgender Formel ersichtlich.

$$t_A = \frac{v^2}{2 \times a} \qquad (10.5)$$

v – Geschwindigkeit der Achse
a – Beschleunigung/Verzögerung

Die Verzögerung ist weiterhin als Konstante in der Berechnung gegeben, so ergibt sich eine quadratische Abhängigkeit zwischen der Geschwindigkeit der Roboterachse und dem Bremsweg der Achse.

Ergebnis und Fallbeispiel

Bleiben Last, Umgebung und Verzögerung beim Roboter unverändert, so kann man mit einer Reduzierung der maximalen Geschwindigkeit im Prozess eine Reduzierung der Bremszeit erwirken. Die Abhängigkeit zwischen Geschwindigkeit und Bremszeit ist linear. Somit gilt: Halbiert man die Geschwindigkeit, halbiert man die Bremszeit. Zusätzlich muss die Reaktionszeit des Roboters berücksichtigt werden, da diese unverändert bleibt und die Anhaltezeit die Summe aus Reaktionszeit und Bremszeit ist.

Der Bremsweg hingegen ist von der quadratischen Geschwindigkeit der Roboterachse abhängig. Daher gilt, bei Halbierung der maximalen Geschwindigkeit viertelt man den Bremsweg, wenn man von Verlusten durch Hitze und Reibung absieht.

Mit dieser Methode ist es möglich, die Ansprechzeit der in Gleichung 10.1 befindlichen Variable T zu verkleinern und zu einem geringeren Sicherheitsabstand zu gelangen. Voraussetzung für eine sichere Geschwindigkeitsüberwachung ist eine Limitierung dieser im Arbeitsraum und eine Begrenzung der Achsen. Diese aktive Überwachungsfunktion der Roboterachsen stoppt den Roboter bei Überschreiten der eingestellten maximalen Geschwindigkeit.

Fallbeispiel eines Roboters mit maximaler Geschwindigkeit von 100°/s in Achse 1

Als Schutz wird ein vertikales Lichtgitter mit 14 mm Detektionsvermögen gewählt. Die Berechnung nach EN ISO 13855 ergibt einen Mindestsicherheitsabstand von 1280 mm zum eingeschränkten Raum des Roboters.

$$S = (1600 \times 0{,}8) + 8 \times (14 - 14) = 1280 \, \text{mm}$$

Begrenzt man nun die Achse 1 von 100°/s auf 25°/s sicher, viertelt sich aufgrund der Linearität zwischen Geschwindigkeit und Zeit auch die Bremszeit von 0,8 s auf 0,2 s. Aufgrund der Reaktionszeit des Roboters sollte man einen Sicherheitsfaktor zu der errechneten Bremszeit hinzuziehen. In diesem Fallbeispiel wird die Variable T von 0,2 s auf 0,35 s erhöht. Der neue Sicherheitsabstand bei sicherer reduzierter Geschwindigkeit lautet nun 560 mm, wie in nachfolgender Berechnung ersichtlich wird.

$$S = (1600 \times 0{,}35) + 8 \times (14 - 14) = 560 \, \text{mm}$$

Heutige Industrieroboter:

Heutige Leichtbauroboter können direkt in den Sicherheitsfunktionen in der Nachlaufzeit sowie im Nachlaufweg limitiert werden. Als Beispiel ist dies in Abbildung 10.13 bei einem Universal Robots der E-Serie zu sehen. Ein aufwendiges Berechnen und Erstellen von Excel-tabellen entfällt dadurch. Man kann diese Sicherheitsfunktionen auch schon im Entwurf

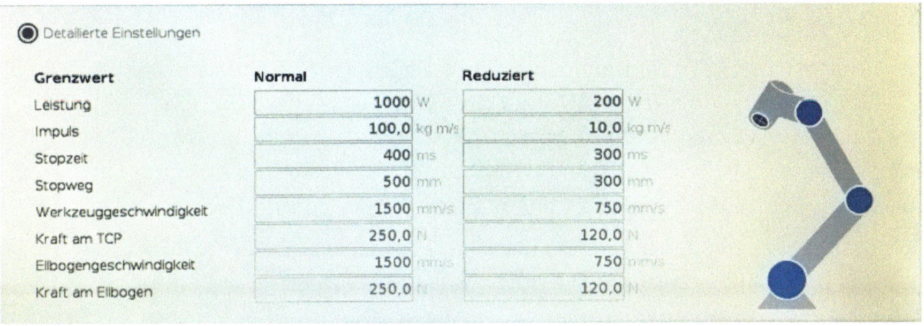

Grenzwert	Normal		Reduziert	
Leistung	1000	W	200	W
Impuls	100,0	kg m/s	10,0	kg m/s
Stopzeit	400	ms	300	ms
Stopweg	500	mm	300	mm
Werkzeuggeschwindigkeit	1500	mm/s	750	mm/s
Kraft am TCP	250,0	N	120,0	N
Ellbogengeschwindigkeit	1500	mm/s	750	mm/s
Kraft am Ellbogen	250,0	N	120,0	N

Abbildung 10.13 UR10e Sicherheitsfunktionen

der EN ISO 10218-1 im Anhang als „Begrenzung der Anhaltezeit" und „Begrenzung des Anhalteweges" finden.

Die Methodik ist identisch und hat das Ziel, durch definierte Bremszeiten und daraus limitierte Nachläufe einen möglichst geringen und dennoch sicher ausreichenden Mindestsicherheitsabstand gemäß EN ISO 13855 zu generieren.

Zusammenfassung

Um den Sicherheitsabstand bei OTS-Systemen normgerecht zu minimieren, müssen folgende Punkte berücksichtigt werden:

- die Bewegung der Achsen ist auf den tatsächlichen Betriebsraum zu begrenzen
- ein vertikales Schutzfeld hat immer einen kleineren Zuschlag „C" in der Berechnung als ein horizontales
- ist die Auflösung des Schutzfeldes besser als 15 mm, so wird $C = 0$
- je geringer die maximale sichere Geschwindigkeit im Prozess ist, desto geringer wird die Bremszeit, desto kleiner wird die Ansprechzeit T

Diese Maßnahme kann bei allen Robotertypen angewendet werden, welche über sichere Begrenzungen der Geschwindigkeit verfügen. Selbstverständlich geht der Platzgewinn zu lasten der Taktzeit des Robotersystems, da die Geschwindigkeiten geringer als die maximal möglichen sind. Diese Methodik ist daher nur bei Systemen mit geringen Taktzeiten wirtschaftlich zu realisieren.

10.2.6   Geschwindigkeitskaskaden, wenn wenig Platz vorhanden ist

Aufbauend auf den vorangegangenen Abschnitten ist eine prozess- oder raumabhängige Geschwindigkeitsbegrenzung ratsam, wenn man einen Kompromiss aus Geschwindigkeit und Platzbedarf ermitteln muss. Das Konzept sieht vor, dass die maximale Geschwindigkeit des Roboters sicher begrenzt wird, je näher er der Schutzeinrichtung kommt. Diese Zonen im Sicherheitsraum müssen separat errechnet werden. So arbeitet der Roboter mit vorgesehener Prozessgeschwindigkeit, wenn er sicher entfernt ist. Fährt er prozessbedingt zu einer Übergabe am Rand des Sicherheitsbereiches, so reduziert er seine Geschwindigkeit linear abhängig von der Entfernung. Mit dieser Reduzierung sind normgerechte Mindestabstände von 100 mm realisierbar.

Die Reduzierung der Geschwindigkeit erweitert den Arbeitsraum des Roboters innerhalb des durch Schutzeinrichtungen abgegrenzten Raumes. Abbildung 10.14 zeigt die einzelnen Zonen. Ohne eine sichere Reduzierung der TCP-Geschwindigkeit müsste die Bewegung des Roboters bei 1280 mm vor dem Schutzfeld begrenzt sein. Durch die Reduzierung der Geschwindigkeit kann der Roboter näher an die Schutzeinrichtung kommen und die Flächennutzung der Zelle wird optimiert. Bedingung für diese Reduzierung ist eine sichere Überwachung der Robotergeschwindigkeit im SLS – Safe Limited Speed.

Die Berechnung des Abstandes erfolgt nach der Formel, welche aus EN ISO 13855 entnommen wurde. Die Norm gestattet diese Auslegung, da als Variable die Bremszeit genommen wird, welche, wie im vorangegangenen Abschnitt beschrieben, von der maximalen Geschwindigkeit ableitbar ist.

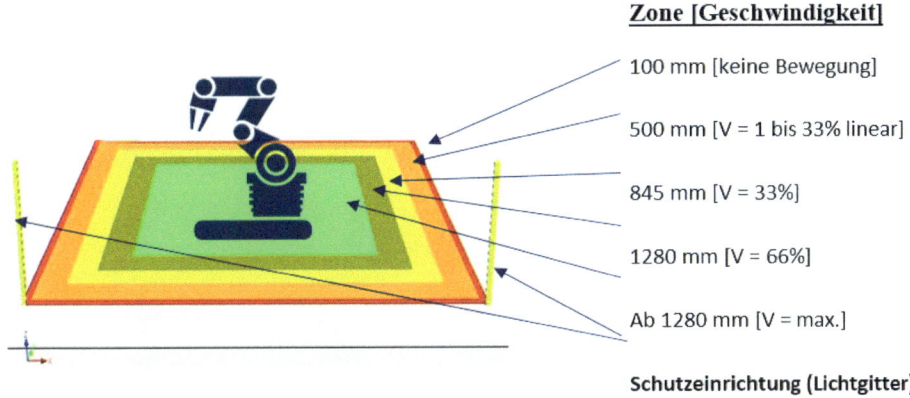

Abbildung 10.14 Geschwindigkeitszonen vor der Schutzeinrichtung

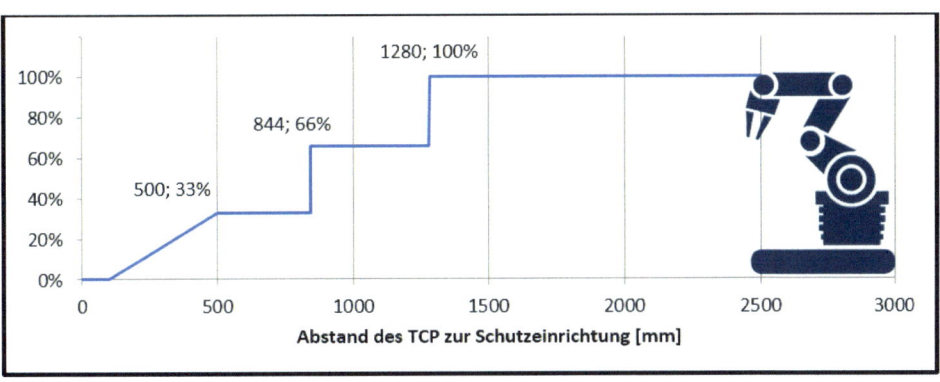

Abbildung 10.15 Geschwindigkeitsverlauf des TCP bei Entfernung zur Schutzeinrichtung

Berechnung der Mindestsicherheitsabstände nach EN ISO 13855:

Konstanten in der Berechnung:

- Roboter
- T = Bremszeit bei Stopp
- C = 0 bei Lichtgitter mit einer Auflösung besser als 15 mm

Tabelle 10.4 Berechnung der Mindestabstände nach EN ISO 13855

$S = (K \times T) + C$	Beispiele T	S bei $K = 1600\, \frac{mm}{s}$	S bei $K = 2000\, \frac{mm}{s}$
v – maximal	0,8 s	1280 mm	1600 mm
v – 66 %	0,528 s (abgeleitet)	844,8 mm	1056 mm
v – 33 %	0,264 s (abgeleitet)	422,4 mm (500 mm)	528 mm

Die einfachste Ausführung dieser Geschwindigkeitszonen kann auch nur aus zwei Bereichen bestehen. Dies sind dann ein normaler Bereich und ein reduzierter Bereich. Für viele Applikationen wurden diese als „Hochgeschwindigkeitszonen" und „Kontaktzonen" deklariert.

Robotertypen, welche sicherheitstechnisch mehrere Räume abbilden können, kann man so auch in feinere Kaskaden unterteilen.

10.2.7   Autonomer Wiederanlauf

Mit der Maschinenrichtlinie 2006/42/EG ist ein autonomes Wiederingangsetzen von Maschinen möglich, wenn keine Gefahr für Menschen besteht.

Bei Maschinen, die im Automatikbetrieb arbeiten, darf das Ingangsetzen oder Wiederingangsetzen nach einer Abschaltung und durch die Änderung ihres Betriebszustandes ohne Bedienereingriff möglich sein, sofern dadurch keine Gefährdungssituation entsteht (EU, 2006).

Dieses Prozessfortfahren ohne Bedienereingriff erspart die Stoppquittierung und das manuelle Ingangsetzen des Roboters nach einem Sicherheitshalt und soll so die Stillstandsverluste des Roboters auf die tatsächlichen, durch den Bediener verursachten Verluste minimieren.

Technische Voraussetzungen

Für ein autonomes Wiederanlaufen ist eine lückenlose Personendetektion im Sicherheitsbereich des Roboters erforderlich. Die Sicherheitseinrichtung darf nicht hintertretbar, unterkriechbar sowie übersteigbar sein.

Ist der Roboter mit einer Positions- und Geschwindigkeitsüberwachung der Kategorie 3 oder Performance Level d nach EN ISO 13849-1 ausgestattet, so ist ein sicheres Stillsetzen ohne Energieabschaltung möglich. Andernfalls muss das Stillsetzen eine Energieabschaltung der Antriebe nach EN 60204-1 Kategorie 1 zur Folge haben.

Anwendungen

Ein autonomes Wiederingangsetzen ist mit einem höheren Kostenaufwand zu realisieren als eine vergleichbare Applikation mit trennenden Schutzeinrichtungen, wie zum Beispiel Schutzzaun und Tür. Die Mehrkosten entstehen durch den zwingenden Einsatz von Personendetektoren, wie Laserscannern und Lichtschranken. Es ist zu prüfen, ob sämtliche Bereiche des Sicherheitsraumes durch die Sensoren abgedeckt werden und keine Schatten durch Objekte entstehen, bei denen sich Personen unbemerkt aufhalten könnten. Ist dies der Fall, müssen mehrere Sensoren für den Raum überwachend eingesetzt werden.

Aufgrund der höheren Kosten gegenüber einer Applikation ohne autonomes Wiederanlaufen ist vorab zu prüfen, wie oft der Bediener den Sicherheitsbereich betreten muss und wie groß die dadurch entstandenen Verluste in der Produktivität des Roboters tatsächlich sind.

Eine Umfrage hat ergeben, dass Bediener eine Ersparnis von 15 Sekunden bis hin zu 2 Minuten pro Stillstand durch das autonome Wiederanlaufen als realistisch einschätzen. In Abbildung 10.16 ist ein Einsparungspotenzial von 15 s auf eine gesamte Stillstandszeit von 1,5 bis 25 Minuten visualisiert. Die Grafik zeigt deutlich, dass ein starkes Einsparungspotenzial bei kurzen Unterbrechungen im Prozess liegt, so wie sie durch kurze Prozessbeobachtungen oder kurzes Betreten des Arbeitsraumes entstehen.

Eine Ersparnis setzt sich aus folgenden entfallenden Tätigkeiten bei OTS-Systemen zusammen:

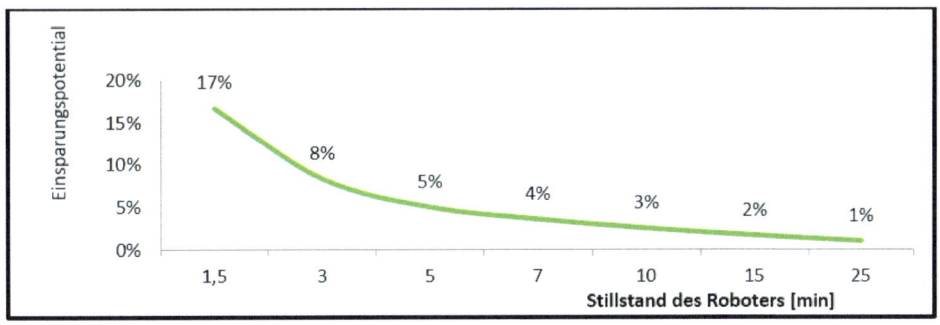

Abbildung 10.16 Verhältnis von Einsparungspotenzial zu Stillstandsdauer

- zur Schutztür gehen
- Stoppen des Roboters, gegebenenfalls fahren in sichere Position
- Öffnen einer Schutztür
- Schließen einer Schutztür
- Sichtprüfung des Sicherheitsbereiches durch den Bediener
- Starten des Roboterprogramms

Kosten und Nutzen

Aufgrund des Umfrageergebnisses (aus der Abbildung 10.16) wird in diesem Fallbeispiel eine theoretische Einsparung von 15 Sekunden bewusst festgesetzt. So dient dieses Beispiel als die untere Grenze. Weiterhin haben die befragten Personen eine durchschnittliche Roboterstehzeit von 3 Minuten oder mit 2 % bis 5 % angegeben, welche der Bediener durch Betreten des Sicherheitsraumes verursacht.

Konstanten in der Berechnung:

- Dauer einer Störung: 3 Minuten
- Ersparnis pro Störung: 15 Sekunden
- Schichtbetrieb
    - 1 Schicht = 1 × 8 h × 5 Tage × 52 Wochen = 2080 h/Jahr
    - 2 Schicht = 2 × 8 h × 5 Tage × 52 Wochen = 4160 h/Jahr
    - 3 Schicht = 3 × 8 h × 5 Tage × 52 Wochen = 6240 h/Jahr
- Intervall einer Störung in Stunden: [1; 2; 4; 8; 16; 24; 120]

Arbeitet ein Industrieroboter in einem 2-Schicht-Betrieb und es tritt eine gewollte oder ungewollte Beeinträchtigung durch den Menschen für 3 Minuten oder 2 % bis 5 % der Prozesszeit auf, so kann durch ein autonomes Wiederanlaufen des Prozesses, bei einem Stillstand pro Stunde, ein Verlust von 1040 Minuten im Jahr verhindert werden. Im 3-Schicht-Betrieb sind es 1560 Minuten und im 1-Schicht-Betrieb 520 Minuten. Zum Vergleich sind 480 Minuten genau eine Schicht, die man mehr produzieren könnte. Bei einer Beeinträchtigung alle 8 Stunden sind es im 2-Schicht-Betrieb noch 130 Minuten. Im 3-Schicht-Betrieb 195 Minuten und im 1-Schicht-Betrieb 65 Minuten. Ergänzende Daten pro Schicht und Störintervall können in Abbildung 10.17 gesichtet werden.

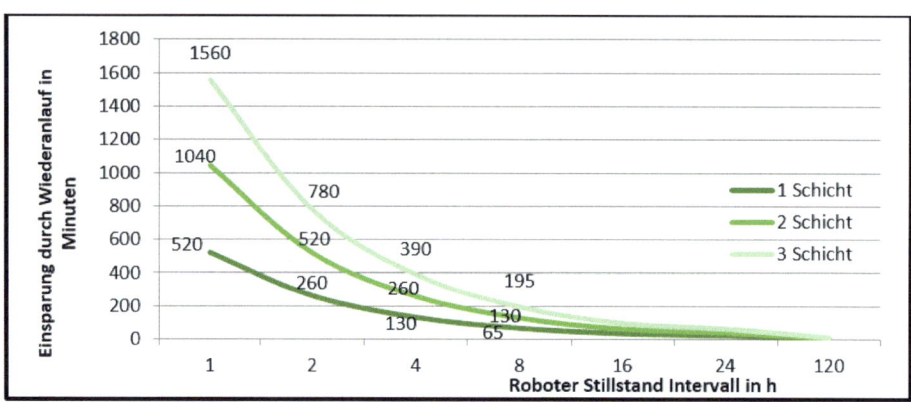

Abbildung 10.17 Einsparung im Jahr durch autonomes Wiederanlaufen

Zusammenfassung

Wirtschaftlich gesehen, muss geprüft werden, ob der Gewinn an Produktionszeit im Jahr die Mehrkosten für die aufwendigere Sensorik rechtfertigt. Werden hochwertige Produkte gefertigt, so rechnet sich ein autonomes Wiederanlaufen schon bei geringen Stillständen, bei Niedrigpreisprodukten erst nach hohen Stillständen oder gar nicht. Bei einem Stillstand in 8 h können im Jahr so 390 Minuten bei einem 3-Schicht-Betrieb mehr produziert werden. Das sind 6 Stunden 30 Minuten.

Bewertet man den Erwerb der Sensorik nach der Sicherheit des Bedieners, so sollte immer ein autonomes Wiederanlaufen implementiert werden, da aufgrund der genaueren und aufwendigeren Sensorik für die Personendetektion ein ungewolltes Anlaufen des Roboters nahezu ausgeschlossen werden kann, wenn sich Personen im Sicherheitsbereich befinden. Unfälle wie bei hintertretbaren, trennenden Schutzeinrichtungen sind so nicht mehr möglich.

Autonomer Wiederanlauf bei Kraft- und Leistungsbegrenzungen

Das im vorangegangenen Abschnitt beschriebene System detektiert eine Person mit Sensoren um den Roboter. Wird jedoch ein Roboter mit dauerhafter Kraft- und Leistungsbegrenzung verwendet, so wird oft eine sekundäre Sensorik eingespart. Die Person wird erst bei einer Kollision erkannt und der Roboter in den sicheren Betriebszustand versetzt.

Auch hier kann man einen Wiederanlauf nach einem Kontakt realisieren. Die Umsetzung erfolgt hier sogar einfacher als mit einem System von Sensoren, da der Wiederanlauf eine Stufe vorher angesetzt wird. Man kann sagen, wir fangen das System ab, bevor die Sicherheitseinrichtung reagieren muss.

Als Beispiel nehmen wir einen Roboter mit einer Kraftschwelle von zum Beispiel 140 N in den Sicherheitseinstellungen. Wir parametrieren den Roboter wie beschrieben mit 140 N und verifizieren dieses Limit für den Handbereich gemäß ISO TS 15066 durch eine Messung der Kräfte und Drücke. In unserem Beispiel überschreiten wir die Werte der ISO TS 15066 nicht und können somit eine schmerz- und verletzungsfreie Kollision bestätigen. Das System ist nun korrekt eingestellt und verifiziert, Handverletzungen sind eher ausgeschlossen. Kollidiert nun der Roboter mit der Hand des Menschen, so schaltet er bei Erreichen der

140 N in den sicheren Betriebszustand. Von diesem Stopp kommen wir nicht wieder in den Betrieb ohne manuelles Rücksetzen, dies ist normativ nicht möglich.

Daher setzen wir vorher im Programm eine Force-Detection oder eine Kraftabfrage ein. Diese Abfrage überwacht im reinen Programmablauf die TCP-Kraft. In unserem Beispiel überwachen wir diese Abfrage mit 100 N. Zusätzlich speichern wir den Pfad des Roboters in einem Stack für die letzten Bewegungen. Das Programm ist je nach Robotertyp und Sprache zu erstellen. Der Ablauf ist nachfolgend rudimentär beschrieben:

- TCP-Krafterkennung auf 100 N
- Mitschreiben der letzten Bewegungen
- wenn 100 N erreicht, dann Bewegung stoppen und zurückfahren ca. 50 mm
- Timer auf 5 Sekunden
- Programm wieder aufnehmen
- bei erneutem Erreichen der 100 N Roboter stoppen und melden

Das Abfangen einer Kollision vor Erreichen der eingestellten Sicherheitslimits ermöglicht uns ein Reagieren im Programm ohne Auslösen eines Not-Halts. Der Roboter ist somit weiter aktiv. Die im Beispiel gezeigten 100 N sind weit unterhalb der verifizierten 140 N und daher kein Risiko. Sollte das Hindernis beim Wiederanlaufen weiterhin vorhanden sein, so macht es keinen Sinn, den Roboter wiederholt in einer Dauerschleife probieren zu lassen, und er sollte daher vom Programm gestoppt werden. Solch eine Routine wurde in der Industrie liebevoll die B-Probe genannt, was den Zweck eindeutig beschreibt.

■ 10.3 Autonomer Wiederanlauf bei Kraft- und Leistungsbegrenzungen

Reinigungsposition des Roboters   In der Lebensphase Reinigung muss ein Bediener innerhalb des Roboterbereiches sein. Es kann nicht vorhergesagt werden, wo der Roboter seinen letzten Arbeitsschritt ausführt und wo er die letzte Position erreicht und somit stehen bleibt. Auch wird oft ein für den Prozess günstiger Startpunkt gewählt, welcher gut für den Prozess, jedoch nicht unbedingt gut für die Ergonomie ist.

Aufgrund von mangelndem Platz kann es zu unergonomischen Platzverhältnissen innerhalb des zu reinigenden Bereiches kommen sowie zu vorhersehbaren Fehlanwendungen durch ungeschultes, manuelles Bewegen des Roboters, wenn dieser erst „weggefahren" werden muss.

Diesem wird mit einer vorab definierten Reinigungsposition vorgebeugt. Für stehende Roboter ist die optimale Reinigungsposition eine Streckung entlang der Z-Achse, d. h. kerzengerade nach oben. Somit nimmt der Roboter wenig Grundfläche ein. Die Auswahl kann über das Teachpanel oder gleichwertige Bedienfelder erfolgen.

Wartungsposition des Roboters   Muss zum Beispiel regelmäßig ein Endeffektor gewartet oder geprüft werden wie zum Beispiel ein Saugendeffektor, so kann es aufgrund von mangelndem Platz zu unergonomischen Platzverhältnissen innerhalb des Bereiches kommen.

Außerdem sind vorhersehbare Fehlanwendungen durch ungeschultes, manuelles Bewegen des Roboters möglich, wenn dieser erst in die ergonomisch korrekte Position gefahren werden muss.

Eine vorab definierte und gespeicherte Wartungsposition fährt den Endeffektor in eine ergonomisch optimale Position, um an dem Endeffektor arbeiten zu können. Die Auswahl kann über das Teachpanel oder gleichwertige Bedienfelder erfolgen.

■ 10.4 Design des Roboters und Endeffektors

Eine Kollaboration ist die zeitgleiche Anwesenheit von Mensch und Roboter im gleichen Raum. Berührungen bis hin zu Kollisionen, ob nun gewollt oder ungewollt, sind daher auch vorhersehbar. Wird nun gleich in der Konzeptphase ein kollisionsfreundliches Design berücksichtigt, so sprechen wir generell von den passiven Schutzmaßnahmen in der Robotik. Sind in den passiven Maßnahmen Sensoren mit verbaut, so sprechen wir von taktilen Schutzeinrichtungen oder sogenannten Smart Covern. Die höchste Ausbaustufe im Design sind die berührungslos wirkenden direkten Absicherungen, welche schon vor der eintretenden Kollision den Roboter abbremsen und proaktiv Energie aus der Kollision nehmen.

10.4.1 Kollisionsfreundlich ab Werk

Ein sehr gelungenes Beispiel eines kollisionsfreundlichen Roboters für den Integrator und den Betreiber ist der P-Rob des Herstellers F&P Robotics aus Zürich. Der P-Rob ist komplett mit einer nachgiebigen Haut überzogen, sodass jede Berührung, ob nun passiv beim stehenden Roboter oder aktiv in der Bewegung selbst, die mögliche Kollisionsfläche während der Kollision immer vergrößert (im Vergleich zu festen Konturen). Mit diesem Design werden definitiv Kollisionsflächen von mehr als $1\,cm^2$ generiert. Die genannte 1-cm^2-Kollisionsfläche ist ein Schwellwert in der ISO TS 15066. Sie ist ein Maß für den auftretenden Druck, sprich Krafteinwirkung je Fläche. Die sonst in der Cobotwelt auftretenden bekannten Herausforderungen der Druckbehandlung, da oft bei Ecken und Kanten die wirkende Kraft mittels zu kleiner Fläche übertragen wird, sind hier von Hause aus weitestgehend minimiert. Druckmessungen bei diesem Robotertypen sind daher reine Formsache, obgleich man auf diese wohl ganz verzichten kann bei vertretbaren Kräften. Das verwendete Cover ist rein passiv und ohne Sensorik. Kollisionen des Roboters werden in den Achsen des Roboters erkannt und in der Steuerung behandelt. In Verbindung mit den von F&P Robotics geprüften Endeffektoren ist der P-Rob weitestgehend als inhärent sicher zu werten, und das rein auf der Basis des Designs. Man sieht hier deutlich die Vorteile, wenn der Roboter von Anfang an mit Blick auf ein kollisionsfreundliches Design entwickelt wurde.

Ein weiterer Vertreter in dieser Kategorie ist auch der Fanuc CR-35iA, welcher sogar mit einer Traglast von bis zu 35 kg nicht mehr zur Gruppe der Leichtbauroboter gezählt werden kann. Fanuc bietet den CR-35iA mit einer grünen passiven Schutzhaut an. Im Vergleich

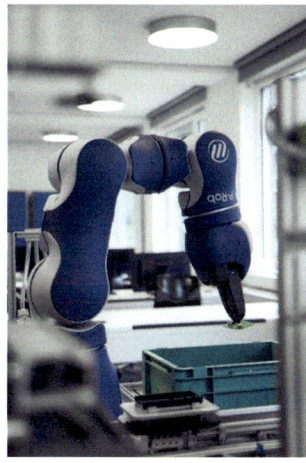

Abbildung 10.18 P-Rob der Firma F&P Robotics
(Foto: F&P Robotics 2022)

zum P-Rob, wenn man die beiden überhaupt vergleichen kann, ist dieses Schutzcover jedoch nicht konsequent durchgängig und auch die Medienversorgung ist außerhalb mittels abgedecktem Schlauchpaket sichtbar. Hier wurde nicht von Anfang an ein kollaborativer Roboter entwickelt. Man hat sich im Hause Fanuc auf lange bewährte Technik berufen und

Abbildung 10.19 Fanuc CR-35iA ohne Endeffektor

einen Industrieroboter zu einem kollaborierenden Roboter verbessert. Diese passiven Cover beim CR-35iA minimieren wie beim P-Rob sehr stark die auftretenden Drücke bei einer Kollision. Entgegen der Firma F&P Robotics endet beim CR-35iA das Cover mit dem Flansch, sodass der Integrator ab dem Flansch für den sicheren Endeffektor zuständig ist.

Die eigentliche Kollision, wenn sie stattfindet, wird nicht durch die passiven Cover oder in den einzelnen Achsen detektiert, sondern mittels Sensorik in der überdimensionalen Base des Roboters.

10.4.2 Taktile Absicherung

Wenn ein Cover am Roboter nicht nur den Druck durch Flächenmaximierung mindert, sondern zugleich auch die Kollision erkennt, so sprechen wir von aktiven Elementen oder sogenannten Smart-Covern. Der Vorteil liegt klar auf der Hand. So können auch Robotertypen, welche erst gar nicht für eine Kollisionserkennung ab Werk ausgelegt sind, zu einem kollaborierenden Roboter der Methode 4 aufgerüstet werden oder bereits kollaborierende Roboter noch weiter im Restrisiko minimiert werden. So ist es möglich, wie beim Stäubli TX2-60, dass dieser auch als TX2TOUCH-60 mit einer AIRSKIN®-Außenhaut passend zum Roboter ausgestattet sein kann. Dadurch wurde aus einem „blinden" Industrieroboter ein fühlender Roboter, der auf Berührungen reagieren kann.

Abbildung 10.20 Ein Stäubli TX2TOUCH inklusive SafetyFlange

Das Risiko bei Kollisionen wird hier indirekt über die maximale zulässige Geschwindigkeit des Roboters selbst minimiert. Wie im Kapitel 6 beschrieben, ist die Energieübertragung abhängig von der Geschwindigkeit. Die Außenhaut erkennt jede Kollision und reagiert sofort mit einem Not-Halt des Roboters im Performance Level E. Einen Schwellwert für einen parametrierbaren Kraftwert gibt es nicht. Jede Kollision ab 5 N Kraft wird erkannt und führt

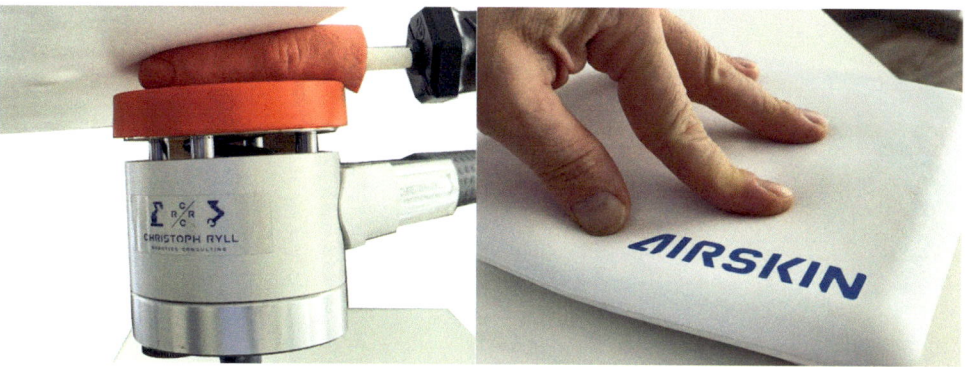

Abbildung 10.21 Flächenmaximierung bei der Kollision mit einem Testfinger links und rechts als Selbstversuch mit den AIRSKIN®-Modulen

zum Halt des Systems. Ein zweiter, fast schon viel wichtigerer Aspekt bei solch einem System ist das Cover selbst, welches durch die weiche Struktur sämtliche ungünstigen Stellen des Roboters weich umschließt und den Druck, also die Kraft je Fläche, fast vernachlässigen lässt. In der Geschwindigkeit korrekt eingestellte Systeme haben hier bei erfolgreicher Kraftmessung nahezu keine Probleme in der Druckbewältigung, da das Material bei einer Kollision die Kollisionsfläche um das kollidierende Körperteil sehr stark vergrößert. Die rein durch die Geschwindigkeit und Masse beeinflusste maximale Energie/Kraft kann so auf eine viel größere Fläche übertragen werden. Dies führt physikalisch zu einer Druckminimierung.

Weitere Cover von AIRSKIN® gibt es für Roboter von KUKA und auch Universal Robots direkt angepasst an die Geometrie des Roboters. Eigene Designs und Flächen können mit rechtwinkligen Modulen abgedeckt werden. Interessant sind hierbei auch unterschiedliche Stärken der Module in der Bauhöhe. Die Höhe der Platten wird aktuell mit 34 bis 52 mm angegeben. Gerade bei einem Nachlauf des Roboters nach Auslösen des Not-Haltes ist jede absorbierende Maßnahme hilfreich, um so wenig wie möglich Kollisionsenergie auf den Menschen zu übertragen. Je höher das Cover selbst, desto mehr „Knautschzone" hat der Roboter bei einer Kollision, bevor er mit der harten Struktur kollidiert. So lassen sich auch im Hinblick auf quasistatische Kollisionen höhere Ausgangsgeschwindigkeiten erzielen. Sind sekundäre Achsen im Robotersystem wie vertikale oder horizontale Achsen geplant, so geben die Module eine Möglichkeit diese meist sensorfreien Achsen in der Kollision sensibel zu gestalten und so den zaunlosen oder sogar kollaborierenden Betrieb zu ermöglichen.

10.4.3 Berührungslos wirkende Absicherung

Der Bosch APAS ist ein ab Auslieferung allseitig umkleideter Industrieroboter mit einer sensorischen Haut. Er wird als komplettes System dem Markt bereitgestellt und ist somit ein Robotersystem inklusive Endeffektor. Diese hochsensible Sensorhaut ermöglichst es ihm, Objekte und Körperteile vor der Berührung zu erkennen und zu reagieren. Das Konzept erlaubt laut dem technischen Datenblatt von Bosch Bahngeschwindigkeiten von bis zu 500 mm/s. Der sichere Schaltabstand beträgt hierbei bis 50 mm der Sensorhaut, welche im Performance Level d Kategorie 3 angegeben ist. Als Besonderheit ist dieses Konzept von der

Abbildung 10.22 Bosch APAS ohne Endeffektor

Deutschen Berufsgenossenschaft in Form der Baumusterprüfung zertifiziert in Verbindung mit dem werkseigenen Endeffektor, also als komplettes Robotersystem.

Ohne die Sensorhaut ist der APAS ein normaler Industrieroboter und kann keinerlei Objekte erkennen. Für den Fall, dass eine Kollision doch stattfindet, wird diese durch die Haut selbst in der Energie mitabsorbiert. Grundkonzept dieser Ausführung bleibt jedoch die Methode 3 der ISO TS 15066, die Abstandsüberwachung. Kombiniert man nun einen taktilen Leichtbauroboter mit einer berührungslos wirkenden weiteren Schutzeinrichtung, so erhält man ein zweistufiges Sicherheitssystem. Eine hochinteressante Ausführung wurde hierzu durch die Firma FOGALE robotics, eine Tochtergesellschaft der FOGALE nanotech, auf Messen ausgestellt. Eine komplette Einhausung eines Universal Robots UR 5 durch eine zweite sensitive Haut, welche Körperteile schon 20 cm vor der Kollision erkennt und wodurch dementsprechend der Roboter in die Kollisionsvermeidung gehen kann. Ziel ist es, bis 1000 mm/s Robotergeschwindigkeiten den Roboter rechtzeitig zum Halten oder zum Ausweichen zu ertüchtigen. Dies ist definitiv der richtige Weg in die technologische Zukunft der Robotik. Das bedeutet, von der aktuell gut funktionierenden, aber langsamen Kollisionsbehandlung durch Kraft- und Leistungslimitierung hin zu Kollisionsvermeidung durch Abstandsüberwachung.

Die Homepage der Firma FOGALE robotics zeigt weitere spannende Anwendungsfälle von sensorischen Adaptern für den Endeffektor bei Industrierobotern. So kann eine klassische Qualitätskontrolle mit einem „normalen" Industrieroboter in der Welt der MRK noch sicherer gestaltet werden. In welcher Leistungsklasse, sprich Performance Level gemäß EN ISO 13849 diese Technik am Markt erhältlich sein wird, war bis zum Redaktionsschluss des Buches nicht ermittelbar. Die Marketingvideos lassen jedoch auf einen Performance Level d in der Kategorie 3 schließen.

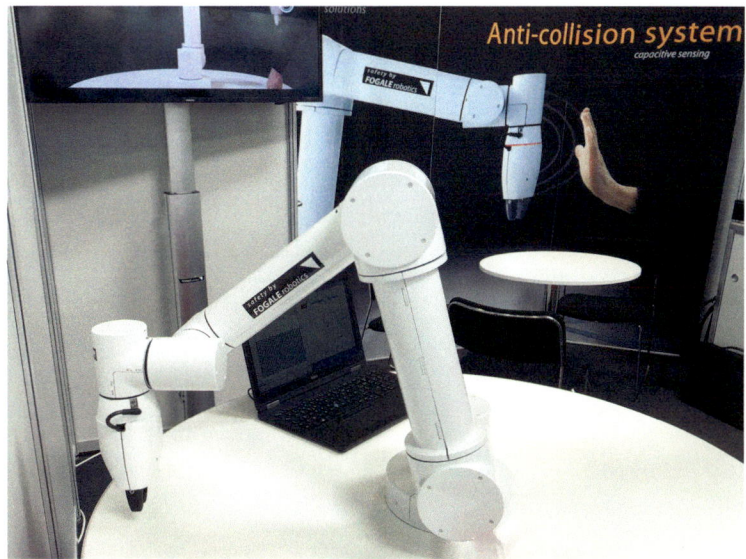

Abbildung 10.23 Berührungslos wirkende Kollisionsvermeidung FOGALE robotics auf der HMI 2019

■ 10.5 Absicherung des Werkstücks

Das letzte Stück im System ist immer das Ende, der Endeffektor oder das End of Arm. Ein klassischer Roboterhersteller arbeitet bis zum ISO Flange, danach muss der Integrator die Sicherheit herstellen. Natürlich gibt es Systeme, welche inklusive Endeffektor dem Markt bereitgestellt werden, dies ist jedoch eher die Ausnahme als die Regel. Leider haben die vergangenen Jahre auch in der Praxis gezeigt, dass es genau hier oft zu höheren Restrisiken oder nicht durchgängigen Risikominderungen gekommen ist. Sehr oft ist auch die Rede von dem K.-o.-Kriterium, dem Werkstück selbst. Man spricht von dem nicht handhabbaren Messer, gehalten durch den kollaborierenden Roboter. Ja, das stimmt, das Messer als Beispiel ist äußerst ungünstig. Es ist aber auch nur gefährlich, wenn man den falschen Endeffektor verbaut hat.

Grundsätzlich muss in jeder Risikobeurteilung auch das Werkstück betrachtet werden, welches natürlich kollidieren kann. Gerade beim Werkstück oder dem Produkt kann man nur sehr selten konstruktive Maßnahmen selbst machen. Man stelle sich nur vor, man will Zahnräder manipulieren und als Minderungsmaßnahme sollen die Zähne rund geschliffen werden. Das geht eben nicht. Das Produkt gibt uns die Regeln vor.

Bleiben wir noch bei dem Zahnrad oder dem Messer. Beides sehr ungünstig, wenn es um eine Kollision geht. Beide Produkte ergeben bei der Kollision aufgrund von scharfen Kanten und Ecken ein Druckproblem. Das kann zum Stich oder Einstich führen. Wir benötigen einen sogenannten sicheren Endeffektor, um auch solche Werkstücke absichern zu können.

Man kann gerade kleinere Werkstücke sicher umschließen und so die gefährliche Kontur komplett ungefährlich machen während des Transportes. Bei Messern oder anderen sehr spitzen und scharfen Bauteilen haben sich Flächensauger mit Moosgummi bewährt, welche das komplette Messer in den Moosgummi einsaugen und es somit ungefährlich und umschlossen transportieren können.

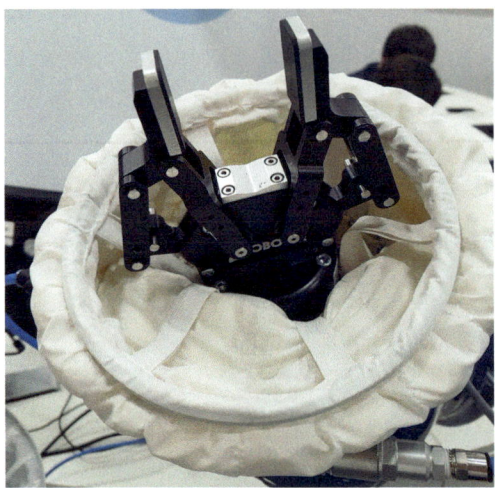

Abbildung 10.24 DLR Airbag um einen Robotiq Endeffektor

Eine weitere Möglichkeit, das gesamte Werkstück zu umschließen, sind Endeffektor-Airbags. Diese Airbags umschließen das Werkzeug inklusive Produkt vor dem Verfahren des Roboters und geben das Produkt bei der Ablage wieder frei. Solch ein Airbagsystem für Roboter wurde 2016 das erste Mal der Öffentlichkeit präsentiert wie in Abbildung 10.24 auf der Automatica gesichtet und gewann auf der Hannover Messe 2017 den mit 20000 € dotierten KUKA Innovation Award. Der Airbag wird durch Druckluft befüllt und bläst sich auf. Wird während der Fahrt eine Kollision mit dem Airbag erkannt, lösen Sensoren im Airbag ein Ereignis aus, was zum Halt des Systems führt.

Diese beiden genannten Möglichkeiten sind nur bei kleineren Produkten praktikabel, da sie das komplette Produkt umschließen müssen. Bei größeren oder variierenden Produkten sind berührungslos wirkende Maßnahmen eher wirtschaftlich. Hier kommen Sensoren, welche direkt den Greifer umschließen, zum Einsatz. Als Beispiel dient das FOGALE-Gehäuse über einem Schunk-Greifer. Personen werden bis auf 20 cm Abstand detektiert und der Roboter vor der Kollision gestoppt.

Alternativ können zwei sichere Ultraschallsensoren direkt im Greifer verbaut werden. Diese sicheren Ultraschallsensoren bilden um das Produkt einen überlappenden elliptischen Schallkegel, welcher auf Hindernisse reagieren und den Schall früher zurückwerfen wird. Der Vorteil ist ein 3-dimensionales Schallfeld zur räumlichen Erkennung von Hindernissen. Die Parametrierung der Sensoren hat sich in der Praxis jedoch als aufwendig erwiesen. Unterschiedliche Einsatzszenarien weisen eine erhöhte Fehlauslösung auf. Eine Verwendung von Ultraschallsensoren im Endeffektor ist daher eher für rudimentäre gleichbleibende Oberflächen und Geometrien geeignet.

Die dritte Methode, das Werkstück zu sichern, ist eine Entkoppelung der Kräfte am Endeffektor. Ziel ist es, die vorhersehbare Kollision frei von Kräften zu gestalten. Einige Anwendungen

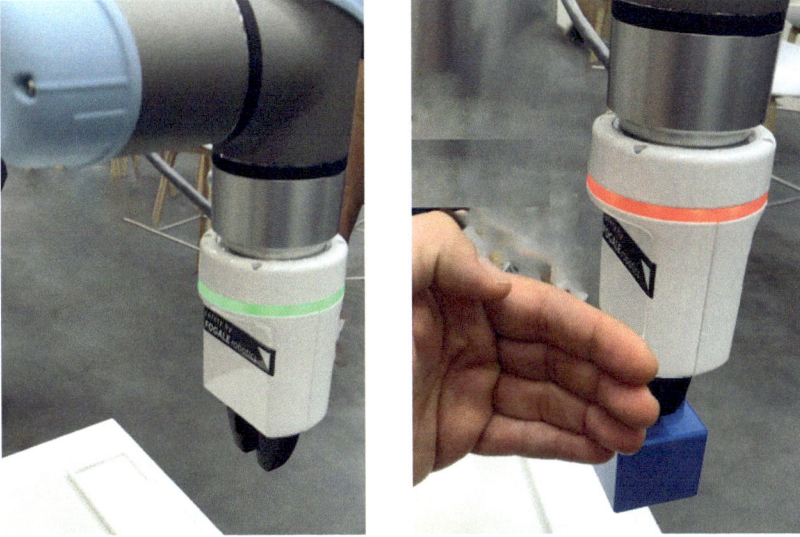

Abbildung 10.25 Schunk-Greifer in kapazitivem Fogale-Gehäuse

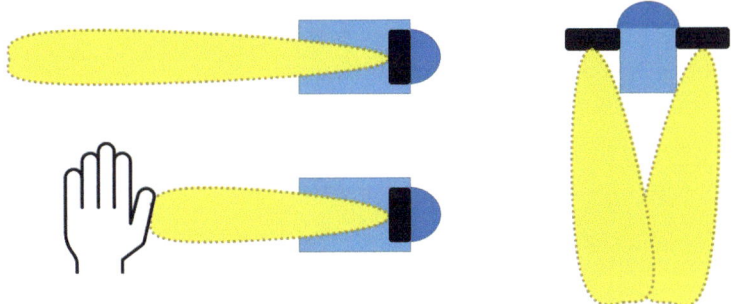

Abbildung 10.26 Prinzip der sicheren Ultraschall-Sensorik am Endeffektor

haben bestimmungsgemäß nur einen Kollisionsvektor, wie zum Beispiel Kleben, Schrauben oder Messen. Dieser Vektor verläuft lotrecht nach unten. Um die Kräfte ausgehend vom Roboter selbst bei Fahrten in Z+-Richtung nicht auf die Kollisionsfläche zu übertragen, wird der Endeffektor in der Z-Richtung beweglich an Führungen gestaltet und lediglich die reine Gewichtskraft des Endeffektors wirkt und hält den Endeffektor in Position unten. Bei einer mögliche Kollision in Z-Richtung hebt sich der Endeffektor nach oben mit der maximalen eigenen Gewichtskraft. Ist dieser mit einem sicheren Sensor verriegelt, stoppt der Roboter, sobald der Endeffektor den Sensor verlassen hat.

Werden mehrere Freiheitsgrade für eine Entkoppelung benötigt, so bietet sich der AIRSKIN® Safetyflange an. Dieser Safetyflange wird zwischen dem eigentlichen Endeffektor und dem Roboter montiert und kann in mehreren Richtungen die Kollisionsenergie entkoppeln und durch die umschließende AIRSKIN®-Sensorik wird ein Sicherheitssignal an den Roboter selbst für den Not-Halt gesendet.

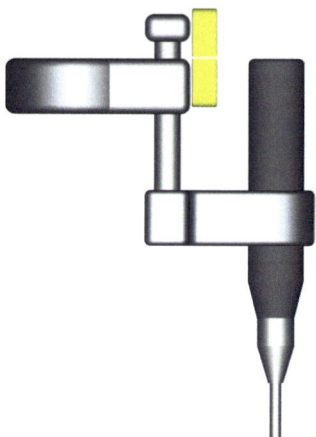

Abbildung 10.27 Beispiel einer Entkoppelung des Endeffektors in Z-Richtung

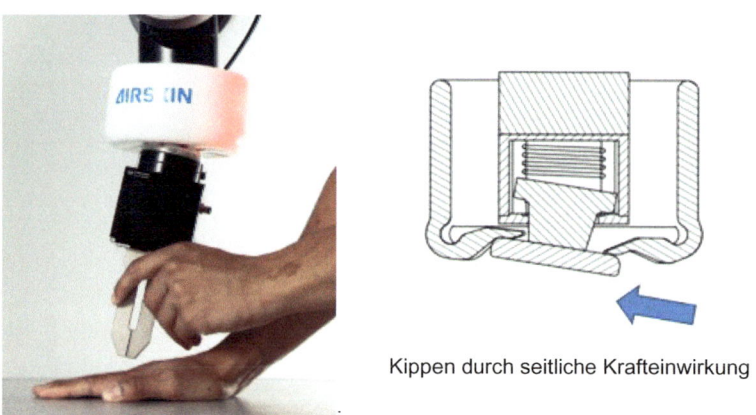

Kippen durch seitliche Krafteinwirkung

Abbildung 10.28 Safety Flange von Blue Danube Robotics (Quelle: AIRSKIN®)

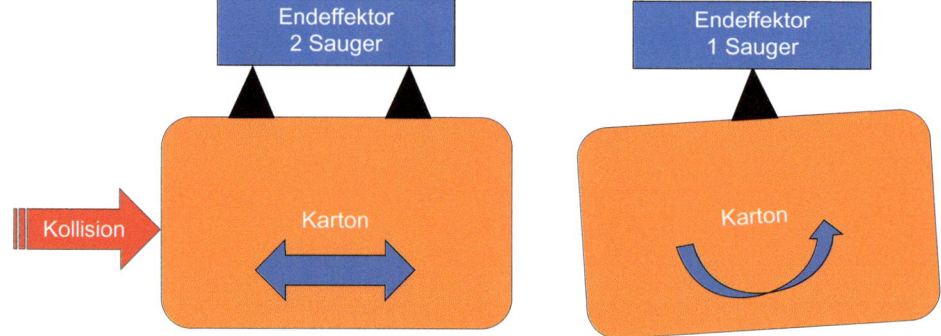

Abbildung 10.29 Prinzip der Entkoppelung bei Vakuum

Diese Möglichkeiten bieten sich gerade für kraft- oder formschlüssige Greifer an, bei denen ein Produkt festgehalten werden muss. Fairerweise muss erwähnt werden, dass solch eine Entkoppelung der starren kinematischen Kette von Hause aus bei Vakuumsystemen vorhanden ist. Jeder hat schon einmal gesehen, wie starr sich ein Karton an einem Vakuumgreifer bei der Bewegung verhält. Dort nutzt man die Entkoppelung schon sehr erfolgreich und mögliche Kollisionen mit einem an einem Sauger hängenden Karton sind in der Regel mit weniger Energie verbunden dank des Saugers. Wenn man diesen Effekt nutzen möchte, so sind große Sauger besser als kleine und eher weniger als mehr. In Verbindung mit einem eher schwachen Vakuum wird der Entkoppelungseffekt noch optimiert.

■ 10.6 Schutzprinzipien

In der Welt des Maschinenbaus arbeitet man bei der Maschinensicherheit nach dem sogenannten 3-Stufen-Verfahren der Risikominderung.

Dieses Vorgehen findet man in der Maschinenrichtlinie 2006/42/EG im Anhang I im Punkt 1.1.2 Grundsätze für die Integration der Sicherheit wie nachfolgend zitiert:

„Die Maschine ist so zu konstruieren und zu bauen, dass sie ihrer Funktion gerecht wird und unter den vorgesehenen Bedingungen — aber auch unter Berücksichtigung einer vernünftigerweise vorhersehbaren Fehlanwendung der Maschine — Betrieb, Einrichten und Wartung erfolgen kann, ohne dass Personen einer Gefährdung ausgesetzt sind.

Bei der Wahl der angemessensten Lösungen muss der Hersteller oder sein Bevollmächtigter folgende Grundsätze anwenden, und zwar in der angegebenen Reihenfolge:

1. *Beseitigung oder Minimierung der Risiken so weit wie möglich (Integration der Sicherheit in Konstruktion und Bau der Maschine);*

2. *Ergreifen der notwendigen Schutzmaßnahmen gegen Risiken, die sich nicht beseitigen lassen;*

3. *Unterrichtung der Benutzer über die Restrisiken aufgrund der nicht vollständigen Wirksamkeit der getroffenen Schutzmaßnahmen; Hinweis auf eine eventuell erforderliche spezielle Ausbildung oder Einarbeitung und persönliche Schutzausrüstung."*

Analog zur Richtlinie sind diese Grundsätze in der EN ISO 12100 als Risikominderung in folgender Reihenfolge beschrieben:

1. inhärent sichere Konstruktion – zur Beseitigung, Vermeidung oder Minderung von Gefährdungen durch eine geeignete Auswahl von konstruktiven Merkmalen an der Maschine

2. technische und ergänzende Schutzmaßnahmen – welche unter der Berücksichtigung der bestimmungsgemäßen Verwendung und der vernünftigerweise vorhersehbaren Fehlanwendung unvermeidbare Gefährdungen im Risiko weiter minimieren sollen

3. Benutzerinformationen – trotz angewendeter konstruktiver und technischer Maßnahmen zur Kenntlichmachung der verbliebenen Restrisiken

Das 3-Stufen-Verfahren schreibt eindeutig die Reihenfolge der anzuwendenden Verfahren vor und unterteilt diese nochmals in einzelne Verfahren. Im Detail werden die Unterteilungen in den nachfolgenden Abschnitten behandelt.

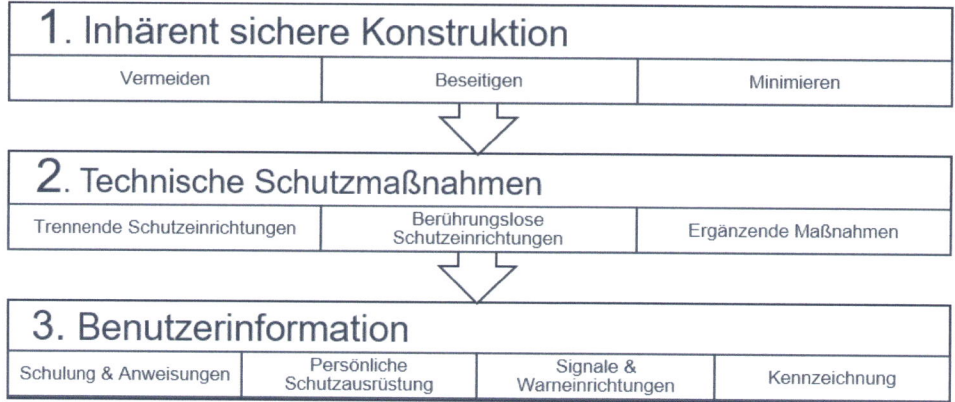

Abbildung 10.30 Die drei Schutzprinzipien

In einigen Literaturquellen findet man auch die sehr treffende Bezeichnung der willens-abhängigen und willensunabhängigen Maßnahmen. Wie der Name es schon sagt, sind willensunabhängige Maßnahmen jene, die immer vorhanden sind und „ob man will oder nicht" auch an der Maschine ihren Dienst verrichten. Das sind also konstruktive und technische Schutzmaßnahmen. Um diese zu unterbinden, muss man sich schon in den Bereich der Manipulation oder Sabotage einer Maschine bewegen.

Die Gruppe der willensabhängigen Maßnahmen umfasst dann also jene, bei denen eine gewisse willige Mitwirkung des Benutzers vorausgesetzt werden muss. Sprich, „nur wenn er will, wird er es auch machen", und dementsprechend ist auch die Wertigkeit der Maßnahmen. Hierzu zählen sämtliche Benutzerinformationen und organisatorischen Maßnahmen. Nun ist es nahezu unmöglich, den Benutzer den gesamten Arbeitstag zu überwachen. Daher sind diese Maßnahmen auch zu Recht erst an dritter Stelle der Risikominderung und nicht so wertig wie die konstruktiven und technischen Maßnahmen.

10.6.1 Inhärent sichere Konstruktion

Konzept – allgemeine konstruktive Maßnahmen

Die erste und zugleich wichtigste Maßnahme der Risikominderung ist die inhärent sichere Konstruktion.

Die EN ISO 12100 beschreibt die konstruktiven Maßnahmen wie folgt:

- Vermeidung scharfer Kanten und spitzer Ecken sowie vorstehender Teile
- raue Oberflächen sind ebenfalls zu vermeiden
- Öffnungen, in denen sich Köperteile oder Kleidungsstücke fangen können, müssen vermieden werden
- können Kanten und Ecken konstruktiv nicht verhindert werden, so sind diese durch Abschrägen oder durch einen Kantenschutz zu entschärfen
- homogene Übergänge zwischen Komponenten realisieren
- sämtliche Schrauben versenken oder mit zusätzlicher Polsterung umkleiden

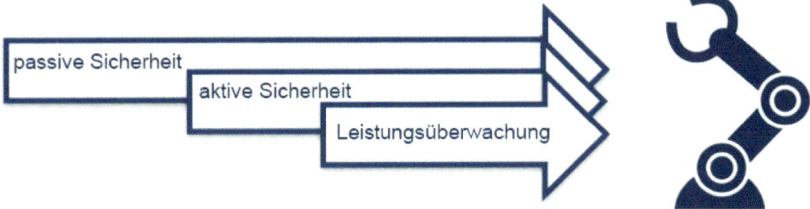

Effiziente Robotik hat alle drei Maßnahmen umgesetzt!!!

Abbildung 10.31 Sicherheitsmaßnahmen

- Quetsch- und Scherstellen werden abgedeckt oder durch ausreichenden Abstand nach EN ISO 13854 verhindert
- Emissionen wie Lärm sind direkt an der Quelle zu minimieren

Vermeiden und Beseitigen von Quetschungen durch Abstände nach EN ISO 13854

Werden schon in der Konstruktionsphase Abstände zwischen dem Roboter und seinen Komponenten, also inklusive Endeffektor und größtmöglichem Produkt, sowie Hindernissen im Betriebsraum erkannt, so können diese gemäß EN ISO 13854 auf einen Mindestabstand definiert werden. Das Ergebnis sind normativ ausgeschlossene Quetschungen der betrachteten Körperteile und somit unwahrscheinliche Risiken für einen quasistatischen Kontakt zwischen Roboter und Mensch. Jede Quetschung, die man von vorneherein konstruktiv ausgeschlossen oder vermieden hat, muss man im Verlauf des Projektes nicht behandeln oder man muss den Roboter in dem Bereich nicht limitieren.

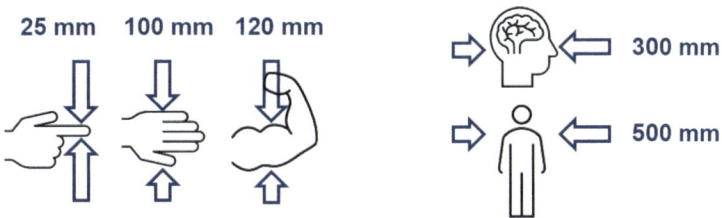

Abbildung 10.32 Auszug der Mindestabstände gemäß EN ISO 13854

Als Beispiel können hier ungünstige Anordnungen der ersten Roboterachsen auf einem Tisch genannt werden, welche in früheren Modellreihen von Leichtbaurobotern vorhanden waren. Der Abstand der sich drehenden Achse 2 zum Tisch war eigentlich immer zu klein, um eine Handquetschung konstruktiv auszuschließen. In den Montageanleitungen der Hersteller wurde dieses Risiko explizit aufgezeigt, leider jedoch von den Integratoren nicht durchgängig umgesetzt. Heutige Baureihen weisen vom Werk aus eine höhere Basis der Achse 1 auf und somit einen ausreichenden Abstand zwischen der Achse 2 und einem Tisch. Dies ist ein vorbildliches Beispiel einer Beseitigung von Risiken durch inhärent sichere Konstruktion.

Abbildung 10.33 Vergleich Schultergelenkshöhe der CB-Serie von Universal Robots zur e-Serie

Ausschluss von Körperstellen

Soweit möglich, sollten Kollisionen, also kontaktbedingte Expositionen von empfindlichen Körperteilen wie dem gesamten Kopf, konstruktiv vermieden werden, wenn vernünftigerweise durchführbar gemäß der ISO TS 15066. Der Kopfbereich gemäß der ISO TS 15066 beginnt mit dem Kaumuskel ab einer Höhe von 1345 mm vom Boden bei konservativer Betrachtung und Verwendung des Percentil 5 der kleinsten Frau gemäß DIN EN 33402-2. Gelingt es dem Konstruktor, den kompletten Arbeitsbereich des Roboters unterhalb dieser Höhe zu bewegen, so kann der Roboter bestimmungsgemäß den Kopfbereich nicht erreichen und Kopfkollisionen sind unwahrscheinlich im Risiko, wie in Abbildung 10.34 zu sehen. Ist es für den Prozess unmöglich, den Roboter unterhalb arbeiten zu lassen, so kann als Alternative auch der Mensch mittels Podesten erhöht werden, um den Abstand von 1345 mm mindestens zu erreichen.

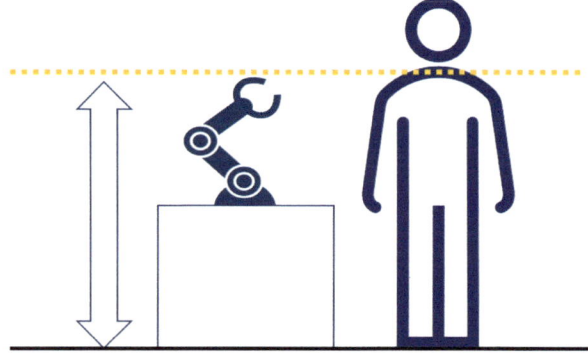

Abbildung 10.34 Cobot arbeitet unterhalb des Kopfbereiches

Kollisionsbehandlung durch passive Elemente

Besonders in der kollaborierenden Robotik ist bei Kollisionen der Druck entscheidend. Der Druck [P] ist die Kraft [F] je Fläche [A]. Ist die Fläche zu klein gestaltet, wie zum

Abbildung 10.35 Veranschaulichung Druckflächen

Beispiel bei Ecken, Kanten, vorstehenden Schrauben, aber auch bei harten Rundungen, so ist der Druck sehr hoch und dementsprechend steigt das Risiko für Verletzungen. Sehr oft werden Ecken und Kanten mit Rundungen vom Radius > 5 mm versehen. Leider sind diese Rundungen bei hartem Material und Kollisionen mit knöchernen Körperstellen auch meist punktuelle Berührungen mit sehr wenig Kollisionsfläche. Ist es konstruktiv und funktional nicht möglich, Druckstellen zu vermeiden, so sind diese mit weichen passiven Abdeckungen zu versehen.

10.6.2 Technische Schutzmaßnahmen

Die zweite Stufe der Risikominderung beinhaltet eine große Palette der technischen Maßnahmen. Man kann diese Maßnahmen grundsätzlich in zwei große Gruppen einteilen.

1. Trennende Schutzeinrichtungen, auch Barrieren genannt. Wie der Name schon sagt, trennen diese Maßnahmen tatsächlich den Schutzbereich ab. Keine Person, nicht einmal ein Arm oder Fuß (unsere Gliedmaßen) kommen in den Raum hinein und natürlich soll auch nichts von innen nach außen gelangen.

2. Nicht trennende Schutzeinrichtungen, auch Detektoren genannt. Diese Maßnahmen verhindern den Zutritt oder ein Verlassen des Raumes nicht. Bei korrekter Parametrierung wird jedoch der Zutritt erkannt.

Abbildung 10.36 Trennende Schutzeinrichtung vs. nicht trennende Schutzeinrichtung

Trennende Schutzeinrichtungen

Diese Schutzeinrichtungen sollen den Industrieroboter von der Umgebung, also den möglichen Störfaktoren, trennen. Diese Schutzeinrichtungen sind physische Barrieren, welche ohne weitere Hilfsmittel für den Menschen unüberwindbar sein müssen.

Trennende Schutzeinrichtungen werden in der EN ISO 12100-2:2003 im Abschnitt 5.3.2.1 normiert. Sie müssen folgende Funktionen erfüllen:

- Verhindern des Zugangs zu dem Bereich, der von der trennenden Schutzeinrichtung umschlossen bzw. abgeschlossen ist
- Kapselung/Fernhaltung von Werkstoffen, Werkstücken, Spänen, Flüssigkeiten, die von der Maschine ausgeworfen oder ausgestoßen werden können, und Verminderung von Emissionen [...], die von der Maschine erzeugt werden können

Feststehende trennende Schutzeinrichtungen müssen durch Befestigungsmaterial an ihrem Platz gehalten werden. Ein Öffnen oder Entfernen, ohne dass Werkzeug benutzt werden müsste, soll nicht möglich sein. Zu diesen feststehenden Schutzeinrichtungen zählen zum Beispiel: Schutzzäune, Plexiglas-Wände sowie Gebäudewände.

Bewegliche trennende Schutzeinrichtungen müssen auch im offenen Zustand mit der gesamten Schutzeinrichtung verbunden sein. Sie dürfen nur durch beabsichtigte Handlungen geöffnet werden können. Als Beispiel hierfür dienen Türen, Tore und Fenster, welche im geschlossenen Zustand den Roboter vom Umfeld abtrennen. Jedes Öffnen der Schutzeinrichtung muss erkannt und behandelt werden.

Einstellbare trennende Schutzeinrichtungen dürfen nur verwendet werden, wenn ein Gefährdungsbereich aus technischen Gründen nicht vollständig umschlossen werden kann. Die Einstellung darf während eines Betriebes nicht verändert werden können. Trennende Schutzeinrichtungen können alleine wirken, wenn sie den Roboter vollständig umschließen. Ein möglicher Zutritt darf nur durch eine bewegliche trennende Schutzeinrichtung erfolgen und muss detektiert werden. Wenn also nur die trennende Schutzeinrichtung alleine als wirksame Schutzmaßnahme eingesetzt wurde, so muss das Hintertreten durch den Bediener quittiert werden.

Gemäß der Maschinenrichtlinie Abschnitt 1.4.1 sind trennende und nichttrennende Schutzeinrichtungen durch folgende allgemeine Anforderungen definiert. Sie

- müssen stabil gebaut sein,
- müssen sicher in Position gehalten werden,
- dürfen keine zusätzlichen Gefährdungen verursachen,
- dürfen nicht auf einfache Weise umgangen oder unwirksam gemacht werden können,
- müssen ausreichend Abstand zum Gefahrenbereich haben,
- dürfen die Beobachtung des Arbeitsvorgangs nicht mehr als unvermeidbar einschränken und
- müssen die für das Einsetzen und/oder den Wechsel der Werkzeuge und zu Wartungszwecken erforderlichen Eingriffe zulassen, und das möglichst ohne Abnahme oder Außerbetriebnahme der Schutzeinrichtungen, wobei der Zugang ausschließlich auf den für die Arbeit notwendigen Bereich beschränkt sein muss.

So müssen trennende Schutzeinrichtungen vor einem Herausschleudern oder Herabfallen von Werkstoffen und Gegenständen sowie auch vor den von der Maschine verursachten Emissionen, wie Spänen, Schweißgasen und UV-Strahlung, schützen.

Die Befestigungen der feststehenden trennenden Schutzeinrichtungen dürfen sich nur mit Werkzeugen lösen oder abnehmen lassen. Nun stellt sich die Frage, was sind einfache Werkzeuge? In der Industrie kann man grob sagen, alles, was via Hand zu lösen ist, kann nicht konform sein, wie zum Beispiel Flügel- oder Rändelschrauben. Muss man einen Schlitz-schraubendreher verwenden, so geht auch eine Schere oder Münze und dies ist ebenso wenig brauchbar. Oft werden Inbus oder Torx verwendet, was jedoch im Metallhandwerks-bereich in wenigen Metern Entfernung im nächsten Werkzeugwagen zu finden ist. Bis hin zu Spezialschrauben ist alles möglich. Es ist also erkennbar, dass je nach Branche ein einfaches Werkzeug unterschiedlich sein kann. Solche Möglichkeiten der Manipulation müssen in der Risikobeurteilung mitbetrachtet werden.

Die Befestigungsmittel müssen nach dem Abnehmen der Schutzeinrichtungen mit den Schutzeinrichtungen oder mit der Maschine verbunden bleiben. Diese Maßnahme soll verhindern, dass die Befestigungen verloren gehen und dann in der Eile nicht mehr ersetzt werden.

Soweit möglich, dürfen trennende Schutzeinrichtungen nach dem Lösen der Befestigungs-mittel nicht in der Schutzstellung verbleiben. Gemäß den Anforderungen müssen die Schutz-einrichtungen regelrecht nach dem Lösen aus der Schutzstellung herausfallen. Normativ sind trennende Schutzeinrichtungen für den Maschinenbau in zwei Typ-B-Normen eindeu-tig beschrieben.

Die EN ISO 14121 Sicherheit von Maschinen – Trennende Schutzeinrichtungen – Allgemeine Anforderungen an Gestaltung und Bau von feststehenden und beweglichen trennenden Schutzeinrichtungen (ISO 14120) beschreibt als Typ-B2-Norm für Schutzeinrichtungen die Schutzeinrichtung selbst in ihrer Eigenschaft. Im Prinzip sagt die Norm aus, dass die trennende Schutzeinrichtung stabil gebaut sein muss. Sie muss also einen Einschlag des Roboters aushalten können. Die Stabilität der Schutzeinrichtung sollte rechnerisch nach-gewiesen werden und als Bestandteil der technischen Dokumentation und im Falle einer Prüfung vorzeigbar sein.

Die EN ISO 13857 Sicherheit von Maschinen – Sicherheitsabstände gegen das Erreichen von Gefährdungsbereichen mit den oberen und unteren Gliedmaßen (ISO 13857) ist als Typ-B1-Norm für die Anwendung, also für die Sicherheitsaspekte, als normative Basis zu nehmen. Sie beschreibt eindeutig, welche Sicherheitsabstände trennende Schutzeinrich-tungen aufweisen müssen, damit der Mensch nicht unerkannt in den Sicherheitsbereich gelangen kann. In dieser Norm geht es auch um das Verhältnis zwischen regelmäßigen Öffnungen, wie den Maschen im Zaun, und den daraus resultierenden Abständen zu den Gefährdungen im Raum.

Natürlich werden die trennenden Schutzeinrichtungen auch in der Norm EN ISO 10218-2 für das Robotersystem selbst behandelt. Wie für eine Typ-C-Norm üblich, verweist man hier auch sogleich auf die bewährten Typ-B-Normen EN ISO 14120, um die Eigenschaften zu definieren, sowie auf die EN ISO 13857 für die Erfüllung der Mindestsicherheitsabstände.

Wenn in der Praxis eine trennende Schutzeinrichtung verwendet wird, fordert die Norm explizit eine Mindesthöhe von 1,4 m. Weiter wird in der EN ISO 10218-2 auf die Anfor-derung der trennenden Schutzeinrichtungen verwiesen. Diese dürfen nicht näher an der Gefährdung sein, also dem sich bewegenden Roboter, als der definierte eingeschränkte Raum des Roboters selbst. Es sein denn, dass die trennende Schutzeinrichtung auch als Begrenzungseinrichtung ausgelegt ist.

Kurz gesagt, der Roboter darf den Zaun nicht erreichen, oder der Zaun ist so stabil ausgelegt, dass er den Roboter bei voller Geschwindigkeit und mit voller Beladung beim Anschlag aushält.

Abbildung 10.37 Roboter durch trennende Schutzeinrichtung geschützt

Besondere trennende Schutzeinrichtungen: Gibt es in der Applikation weitere Gefährdungen zuzüglich zu den mechanischen Gefährdungen, so müssen die trennenden Schutzeinrichtungen auch weitere Schutzeigenschaften aufweisen. Als Beispiel sind hier Gefährdungen aus Material und Substanzen, Lärm und Emissionen zu nennen.

Nicht trennende Schutzeinrichtungen: Das Gegenteil zu den trennenden Schutzeinrichtungen sind die nicht trennenden Schutzeinrichtungen. Sie verringern zwar das Risiko von Schäden, sie können jedoch nicht den Menschen physisch von der Maschine trennen. In der Fachwelt werden solche Systeme gerne als OTS-Systeme bezeichnet. Das steht für „Ohne Trennende Schutzeinrichtung". Oft hört und liest man auch von BWS, was nichts anderes ist als die „berührungslos wirkende Schutzeinrichtung".

Grundsätzlich kann auch diese Gruppe der Schutzeinrichtungen in zwei Klassen unterteilt werden.

- Ortsbindende Schutzeinrichtungen erfüllen oft die Funktionen der Schutzeinrichtung sowie der Auslöseeinrichtung. Sie zwingen den Bediener in eine definierte Position, um eine Aktion auszulösen. Dadurch kann sichergestellt werden, dass der Bediener oder zumindest seine Gliedmaßen sich in einem sicheren Bereich befinden. Als Beispiel sind Zweihandschalter zu nennen.

- Schutzeinrichtungen mit Annäherungsfunktion detektieren Personen sowie auch einzelne Körperteile und Teile von Gegenständen in einem definierten Überwachungsbereich. Dieser Bereich kann ein-, zwei- oder dreidimensional sein. Klassische Beispiele sind Lichtgitter, Laserscanner, Kamerasysteme.

Eine nicht trennende Schutzeinrichtung ist daher meist auch eine berührungslose Sensorik, welche optisch, kapazitiv oder mittels Ultraschall funktioniert. Kapazitive Personenerkennung wird lediglich in kleineren Laborrobotern eingesetzt, welche Hand in Hand mit dem Menschen zusammenarbeiten dürfen. Diese kapazitiven Sensoren sind am Roboter selbst montiert und ermitteln ständig den tatsächlichen Abstand von Personen. Aktuelle Reichweiteneinschränkungen erlauben daher derzeit nur geringe Geschwindigkeiten des Roboters selbst.

Eine Ultraschallsensorik findet zurzeit in Versuchen ihren Einsatz. Ein Grund hierfür ist die Störempfindlichkeit der Ultraschallsensoren. Um eine vollständige Überwachung zu ermöglichen, müssten die Ultraschallsensoren von einer Vielzahl von Robotern ausgehen.

Die große Masse der nicht trennenden Schutzeinrichtungen sind die optischen Sensoren. Diese werden in nahezu allen Systemen mit nicht trennenden Schutzeinrichtungen verbaut. Je nach Dimension des zu überwachenden Bereiches kann man diese wiederum, wie in Abbildung 10.38 dargestellt, unterteilen.

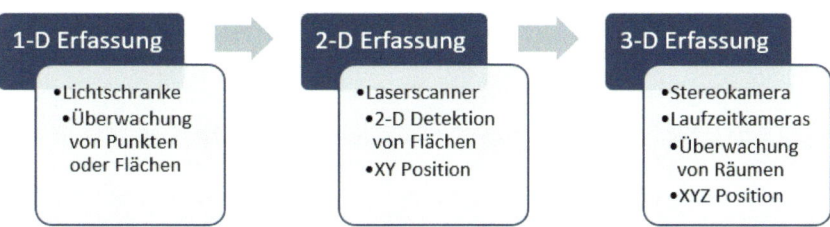

Abbildung 10.38 Klassifizierung optischer Sensoren nach der Dimension der Überwachung

Eindimensionale Erfassung

Lichtgitter, Lichtvorhänge oder Lichtschranken zählen zu den eindimensionalen optischen Sensoren. Obwohl Lichtgitter eine Fläche abdecken, bestehen sie nur aus mehreren 1D-Lichtschranken, welche keine Position der Entfernung wiedergeben und somit nur eine Dimension überwachen. Lichtgitter werden überall dort eingesetzt, wo das Erkennen von Gegenständen oder Personen unabhängig von deren tatsächlicher Position in der Fläche erforderlich ist. Lichtgitter besitzen je nach Bedarf der Detektion unterschiedliche Auflösungen. Beginnend von Handdetektionen von 40 mm bis hin zur Fingererkennung von bis zu 14 mm Auflösung. Lichtgitter werden vor allem als Zutrittsüberwachung eingesetzt und ersetzen so Türen, Fenster und Tore. Um Personen von Gegenständen zu unterscheiden, kann man Lichtschranken oder -gitter kurzzeitig muten sowie einzelne Strahlen auch blanken/deaktivieren. Das bedeutet, dass man die Sicherheitseinrichtung gezielt in dem Bereich deaktiviert, in dem ein definierter Gegenstand das Gitter durchfährt. Diese Funktion wird oft auf Förderbändern eingesetzt, wenn es darum geht, Personen von den zu fördernden Objekten zu unterscheiden. Wichtig zu sagen ist, dass diese eindimensionalen Zutrittsüberwachungen lediglich den aktuellen Zutritt von Personen detektieren. Sie können jedoch keine Personen im Schutzraum hinter dem Zutritt identifizieren. So wird von der Norm vorgeschrieben, dass hintertretbare Schutzeinrichtungen immer quittiert werden müssen.

Zweidimensionale Erfassung

Echte Flächenüberwachung in zwei Dimensionen ermöglichen Laserscanner. Diese Laserscanner arbeiten mit der Laufzeitmessung einer Lichtstrahlreflexion und können so den Punkt der Reflexion, also das Hindernis, exakt errechnen. Rotiert der Laser auf einer Fläche,

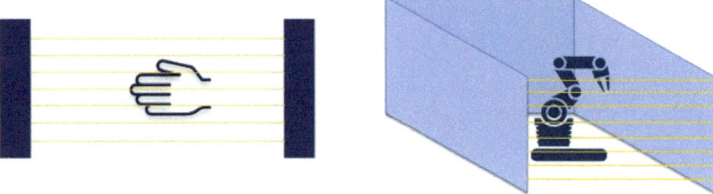

Abbildung 10.39 Beispiele eindimensionaler Schutzeinrichtungen

so kann jeder Punkt auf dieser Fläche um den Rotationsmittelpunkt erfasst werden. Häufigste Anwendung in der Industrierobotik ist die Abstandsüberwachung von Hindernissen zum Roboter auf Fußhöhe von 300 mm. So kann sichergestellt werden, dass Menschen das Laserraster nicht unterkriechen können. Laserscanner überwachen auch Türen und Tore, um anhand der Größe des detektierten Objektes Personen von Gegenständen zu unterscheiden.

Vorteil der Laserscanner ist die zweidimensionale Erfassung einer Fläche mit nur einem Gerät. Softwareseitig können im Überwachungsraum mehrere Bereiche deklariert und so Personen in verschiedenen Bereichen erkannt werden. Laserscanner sind hintertretsicher, da sie den gesamten Bereich einsehen können.

Nachteile sind eventuelle Schatten im Überwachungsbereich, welche durch fest installierte Hindernisse, wie zum Beispiel die Roboterbasis oder Objekte im Feld, entstehen können. Abhilfe schafft eine redundante Doppel-Laserüberwachung, indem die Laserscanner gegenüberstehend einen Bereich überwachen. Man muss beachten, dass bei einer Bodenüberwachung auf Fußhöhe keine Angabe zu den oberen Extremitäten von Personen gemacht werden kann. Der Sicherheitsabstand ist anhand einer Risikobeurteilung so zu wählen, dass im Gefahrenfall die Arme nicht gefährdet sind. Die Abstände werden gemäß der EN ISO 13855 ermittelt.

Abbildung 10.40 Beispiele zweidimensionaler Schutzeinrichtungen

Eine Sonderform der zweidimensionalen Überwachung kann mit zwei Lichtgittern in je einer Achse erreicht werden, welche redundant eine Fläche überwachen.

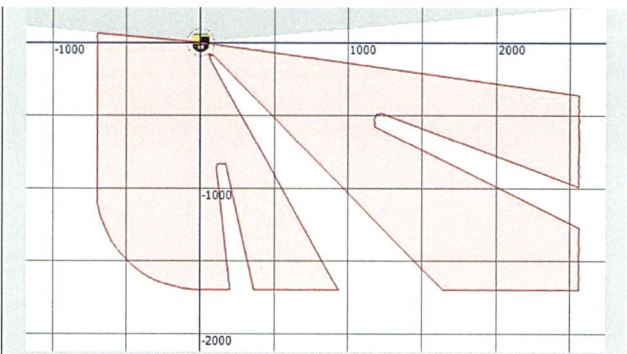

Abbildung 10.41 Scanfeld mit Schattenwurf

Dreidimensionale Erfassung

Die optimale Überwachung des Raumes wäre eine komplette Überwachung in drei Dimensionen, da so wirklich jeder Bereich gesichert werden könnte. Heutige Kamerasysteme ermöglichen eine beinahe komplette Überwachung des gesamten Raumes.

Die Vorteile liegen klar auf der Hand. Bei einer kompletten Überwachung kann man den Raum in verschiedene virtuelle Bereiche teilen und somit unterschiedliche Schutz- und Arbeitsräume ohne physische Barrieren erstellen. Man erspart sich auch ein aufwendiges System von Sicherheitskomponenten, welche nur Teilflächen abdecken. Will man Änderungen in der Raumaufteilung tätigen, so ist es nicht mehr erforderlich, bauliche Maßnahmen einzuleiten, sondern lediglich die virtuellen Räume müssen neu definiert und mit einer Logik verknüpft werden.

Eine dreidimensionale Raumüberwachung kann durch folgende technische Verfahren erfolgen:

- Laufzeitkameras/Time of Flight (TOF)
- Stereokameras oder Tripodkameras
- Radarsysteme

Laufzeitkameras geben ein Pseudo-3D-Bild ab, welches in der Technik eher als 2,5D-Bild angesehen wird. Dem normalen digitalen Bild wird zu jedem Pixel noch ein Wert der Entfernung zur Kamera gegeben. Diese Entfernung wird durch Laufzeitmessung eines ausgestrahlten Infrarotsignals ermittelt. Stereokameras und Tripodkameras ermitteln ein räumliches Bild durch den Pixelversatz in den einzelnen Bildern und errechnen so über Triangulation die Tiefe des Bildes. Als Beispiel ist das PILZ SafetyEYE zu nennen. Das PILZ SafetyEYE überwacht Räume mittels drei digitalen Kameras, welche einen Öffnungswinkel von 78° und einen vertikalen sowie horizontalen Offset besitzen. Aufgrund des Kameraversatzes unterscheiden sich die drei zur gleichen Zeit aufgenommenen Bilder minimal. Diese Objektabweichung ermöglicht es rechnerisch, Objekten eine Position im dreidimensionalen Raum zuzuweisen. In der nachfolgenden Abbildung ist die Raumüberwachung des PILZ SafetyEYEs mit einem gelben Warnbereich und einem roten Halt-Bereich zu erkennen. Diese virtuellen Räume werden über ein Referenzbild des Raumes gelegt und anhand eines Bildvergleichs können neue Objekte oder Menschen in drei Dimensionen erkannt werden. Diese virtuellen Räume können mit Logiken der Sicherheitssteuerung verbunden werden, um danach weitere Aktionen auszuführen.

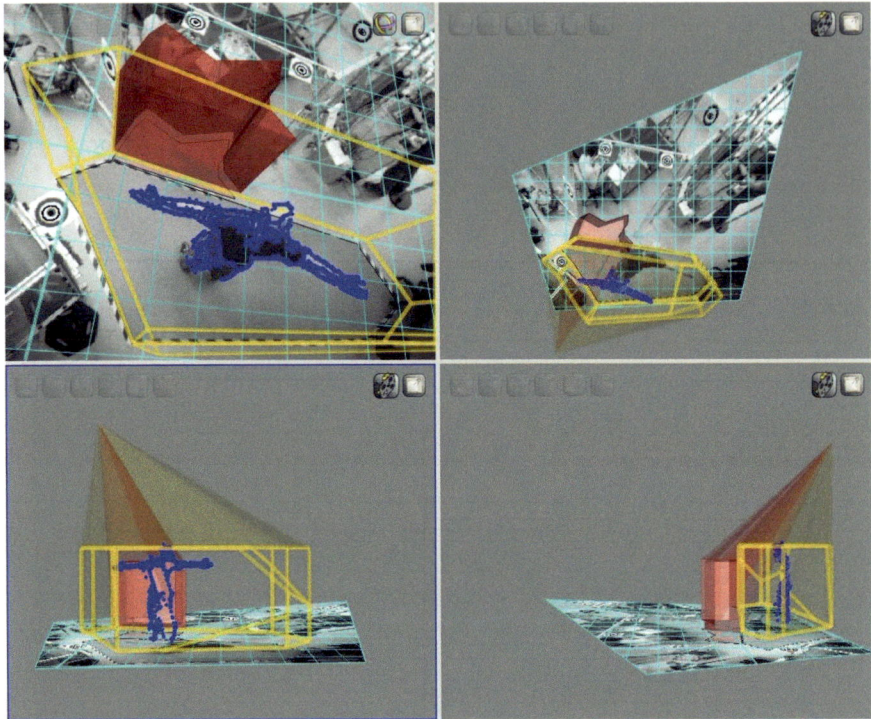

Abbildung 10.42 Dreidimensionale Raumüberwachung mit PILZ SafetyEYE

Nachteile solch einer 3D-Kameraüberwachung sind Schatten durch Objekte, hinter die die Kamera nicht schauen kann. Auch kann der Arbeitsbereich des Industrieroboters nicht überwacht werden und muss als maskierter Raum ausgelegt werden. Der sich bewegende Roboter würde als Objekt, also als Hindernis, detektiert werden. Eine 3D-Kamera in Kombination mit einem Laserscanner, welcher den Roboterbereich auf Fußhöhe überwacht, würde jedoch eine aufwendige Zaunanlage mit Tür und Zutrittsüberwachung ersetzen können.

Weiter muss auch erwähnt werden, dass sämtliche bildverarbeitenden Systeme abhängig vom Licht sind. Gerade bei natürlichem Licht sind Störungen gegeben und können Stillstände aufgrund von Fehlauslösungen hervorrufen. In der Praxis sind solche Störungen besonders auffällig bei Wechsel von sonnigem hellen Wetter zu bewölktem Wetter, wenn Fenster als natürliche Lichtquelle präsent sind. Auch sind Sonnenstands-Wanderungen und daraus resultierende Schattenänderungen oft ein Problem. Daher werden bildverarbeitende Systeme fast ausnahmslos mit künstlichem Licht betrieben.

Radarsysteme wie in Abbildung 10.10 bieten hier gegenüber bildverarbeitenden Systemen den Vorteil, dass sie nicht von der Lichtquelle abhängig sind. Auch sind sie resistenter gegenüber Staub, Rauch, Wasser und auch Fertigungsabfällen wie Spänen. Radarsysteme erkennen auch eher Objektänderungen im Raum als generell Hindernisse. So müssen sie vor Beginn referenziert werden und merken sich so den aktuellen Zustand. Würde man also ein Objekt in den Raum stellen, würde das Radar sich inklusive Objekt referenzieren. Sobald sich das Objekt irgendwie bewegt, detektiert das Radarsystem dies und reagiert.

Obwohl Radarsysteme physikalisch gesehen einen Raum überwachen, gehören sie nur bedingt zu den 3D-Erfassungen, da sie ausgehend vom Gerät einen Kegel aufspannen. Es ist daher durchaus möglich, über oder unter den Kegel zu fassen bei der Montage parallel zur Annäherung.

Ortsbindende Schutzmaßnahmen

Wie der Name es sagt, sind ortsbindende Schutzeinrichtungen für eine örtliche Bindung vorgesehen. Sie zwingen den Bediener sich an einem sicheren Ort während einer gefahrbringenden Bewegung aufzuhalten.

In der Industrierobotik sind solche Maßnahmen innerhalb von Zellen weit verbreitet, insbesondere beim Produktwechsel. Klassische pneumatische Fixierungen können so bei geöffneten Schutzeinrichtungen am Ort gelöst oder geschlossen werden, indem der Bediener mittels Zweihandbedienung die pneumatischen Aktoren betätigt. Während der Betätigung sind die Hände örtlich gebunden. Eine Verletzung ist daher bei der Anwendung dieser Risikominderungsmaßnahme ausgeschlossen. Die Risikominderungsmaßnahmen ergeben sich aus der Risikobeurteilung, hier wird das Risiko „Gefahr der Handverletzungen" betrachtet.

In der kollaborierenden Robotik sind ortsbindende Maßnahmen eher selten zu sehen. Es ist einfacher, den Roboter für eine Gefahrenstelle explizit in der Kraft und Leistung zu begrenzen, so dass Gefährdungen weitestgehend minimiert sind.

10.6.3   Schutzeinrichtungen des Industrieroboters

Industrieroboter selbst bieten heutzutage, eine Vielzahl von technischen Schutzsystemen, welche den Betrieb des Roboters von einer einst blinden Kraftmaschine zu einer sicheren und schnell reagierenden Maschine transformierten. Nachfolgend werden einige interessante Systeme von Industrierobotern beschrieben. Dies hier sind Beispiele von häufig genutzten Funktionen. Eine Auflistung der verschiedenen Sicherheitsfunktionen wurde schon in Tabelle 1.2 gezeigt.

Sicherheitsstopps

Industrieroboter müssen zwei Arten von Stopps sicher handhaben können, einen unkontrollierten Stopp und einen kontrollierten Stopp.

unkontrollierter Stopp	kontrollierter Stopp
• Kategorie 0 • sofortiges Ausschalten der Antriebseinheit • sofortiges Bremsen der Achsen • führt zu Mechanischen Belastungen des Roboters • Bahn kann verlassen werden	• Kategorie 1 oder 2 • Bewegung wird vollständig beendet • kontrolliert auf Bahn gebremst • Achsen bremsen kontrolliert • "Softstopp"

Abbildung 10.43 Kontrollierter und unkontrollierter Stopp beim Industrieroboter

Digitale Eingänge an der Robotersteuerung lösen programmübergreifend den unkontrollierten Stopp in Form eines NOT-Halts aus. Kontrollierte Stopps können durch das Programm, durch externe Einrichtungen via Eingänge sowie durch interne Schutzeinrichtungen des Roboters erfolgen. Die Anforderungen an die Art des Stoppens bestimmt die Maschinenrichtline und dies wird durch die Normen EN ISO 10218 im Teil 1 und Teil 2 in der Umsetzung definiert.

Sichere reduzierte Geschwindigkeit

Dies ist eine von der Sicherheitssteuerung begrenzte maximale Endeffektorgeschwindigkeit, welche dem Anwender ein Höchstmaß an Sicherheit geben soll. In der EN ISO 10218 Teil 1 und Teil 2 wurde die Geschwindigkeit in früheren Publikationen mit 250 $\frac{mm}{s}$ als maximal definiert. Heutige Ausgaben machen diese Geschwindigkeit abhängig von der individuellen Risikobeurteilung. So soll es möglich sein, eventuelle Gefahren rechtzeitig zu erkennen und zu vermeiden. Trotzdem hat sich die sichere Geschwindigkeit von 250 $\frac{mm}{s}$ wie ein Glaubenssatz in der Industrie festgesetzt. Gegebenenfalls muss die reduzierte Geschwindigkeit weiter begrenzt werden, wenn die Risikobeurteilung eine zu hohe Gefährdung ermittelt.

Gerade die „sichere" Geschwindigkeit wird sehr oft fehlinterpretiert. Sie suggeriert dem Anwender oft ein falsches Sicherheitsgefühl in Form von „Sicher – mir passiert nichts". Das ist schlichtweg falsch. Das Wort „sicher" ist hier als sicherheitstechnisch überwacht gemeint und bedeutet eine von der Sicherheitssteuerung überwachte Geschwindigkeit. Als SLS = Safely limited speed werden die Antriebe, also die Achsen in der Maximalgeschwindigkeit überwacht und bei Überschreiten der Grenze erfolgt ein Stopp.

Sehr oft werden maximale Geschwindigkeiten in der Sicherheitssteuerung limitiert und können dann auch bei höheren programmierten Programmgeschwindigkeiten nicht überschritten werden. So werden Stopps aufgrund von Programmfehlern vermieden.

Die frühere Angabe von 250 $\frac{mm}{s}$ hat nur den Vorteil, dass ein Roboter vier Sekunden benötigt, um einen Meter Bahn zurückzulegen. In der Zeit kann ein Bediener im Normalfall reagieren und gegebenenfalls dem Roboter ausweichen.

Leider nützt diese Reaktionszeit nichts, wenn der Mensch nicht ausweichen kann oder eingeklemmt ist. Gerade Industrieroboter oder sehr schwach limitierte Cobots können eine Kollision mit dem Menschen dann nicht erkennen. Es kommt zu Verletzungen, wenn auch sehr langsam.

Raumbegrenzung

Ein Industrieroboter benötigt oft nur einen Teil seines maximalen Bewegungsraumes für den Ablauf im Arbeitsprozess. Aus Gründen der Ökonomie ist es daher auch sinnvoll, dem Industrieroboter nur Bewegungen in diesem notwendigen Raum zu ermöglichen. Durch die Begrenzung der Roboterbewegung erhält man den in der Norm definierten eingeschränkten Raum und kann den Roboter auf engsten Räumen installieren.

Ein Industrieroboter kennt seine Achsenstellungen und die Position des Endeffektors durch die inverse Kinematik. Jedoch treten Verluste und geringe Abweichen in der kinematischen Kette von Achse 1 bis zum Endeffektor auf. Zusätzlich kann bei technischen Problemen diese inverse Kinematik fehlerhaft sein.

Um eine sichere Arbeitsraumbegrenzung durch Einschränkung der Achsenbewegungen zu ermöglichen, mussten bis zur neuen EN ISO 10218-1 aufwendig die SOLL-Achsenstellungen

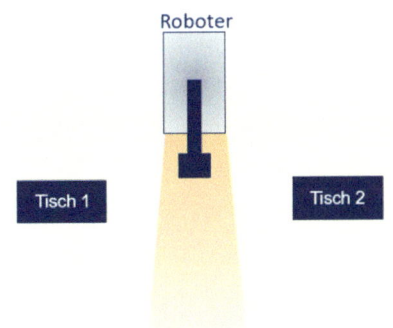

Abbildung 10.44 Definierte Bewegungsräume

durch elektromechanische Schalter und Nocken an der Achse 1 bis 3 mit dem tatsächlichen IST-Zustand verglichen werden. Diese Nocken mussten dann an den Achsen fest montiert werden und gaben jeweils den eingestellten Achsenwinkel in Form eines elektrischen Signals an die Robotersteuerung zurück.

Der heutige Stand der Technik erlaubt ab der EN ISO 10218-1 den Einsatz von sicherer Elektronik und Software, um den Arbeitsbereich eines Roboters sicher einzuschränken. Es existieren hierfür derzeit technologisch zwei Lösungen: eine IST-IST-Erfassung und eine SOLL-IST-Erfassung, die es ermöglichen, eine sichere, zweikanalige Überwachung der Roboterposition zu gewährleisten.

Bei Industrierobotern sind sichere elektronische Positionsschalter als Option für jeden aktuellen Roboter anwendbar. Ein solches System wird oftmals als „sicherer Roboter" bezeichnet, ist jedoch technisch gesehen eine sichere Steuerungsüberwachung der durch den Manipulator angefahrenen Position. Um die sichere Überwachung zu garantieren, muss ein solcher Roboter seine Kalibrierung nach einer Zykluszeit von 12 bis 99 Stunden durch eine Synchronisationsprüfung überwachen und gegebenenfalls korrigieren.

Der Stand der Technik und hauptsächlich auch in Leichtbaurobotern verbaut sind interne Gelenke mit sicherer Positionserkennung in jeder Achse. Ein Upgrade, wie bei früheren Industrierobotern, ist nicht mehr notwendig. Dieses interne System erlaubt die Limitierung jeder einzelnen Achse sowie eine Limitierung im kartesischen Raum selbst, bezogen auf den reinen TCP, den Endeffektor als Volumenkörper bis hin zum gesamten Roboter.

Raum- oder Achsbegrenzungen stellen einerseits sicher, dass der Roboter in engen Räumen keine Hindernisse oder Schutzzäune erreichen kann, und andererseits kann so ein dynamischer Betriebsraum geschaffen werden, welcher sich an die Umgebung des Roboters anpasst. Mensch und Roboter können so voneinander sicher getrennt in einem Raum arbeiten, in dem es dem Roboter auf Wunsch unmöglich ist, sich einer durch Sensoren erkannten Person gefährlich zu nähern.

Gemäß der Norm für das Robotersystem EN ISO 10218-2, Abschnitt 5.4.3 sollten Roboter mit Begrenzungseinrichtungen versehen werden, um gefahrbringende Bewegungen auf ein notwendiges Minimum zu reduzieren. Oft ist der tatsächliche Programmraum des Roboters kleiner als der technisch mögliche Bewegungsraum. Daher ist eine Limitierung selten ein Prozesshindernis.

Diese Begrenzungen können wie folgt sein:

- mechanische Anschläge an den Achsen in Auslegung auf V_{max} und Payload (maximal) des Roboters

- elektrische Bereichsendschalter mit Beachtung des Nachlaufes

- sicherheitsbewertete Software im PLd Kategorie 3

Bei der Verwendung von sicherheitsbewerteter Software unterscheidet man grundsätzlich zwei Raumarten:

- Einschließender Bereich/Arbeitsraum: Der Roboter oder sein TCP arbeitet innerhalb dieses Bereiches und bei Verlassen des Bereiches erfolgt eine Reaktion oder ein Not-Halt.

- Ausschließender Bereich/Schutzraum: Der Roboter oder sein TCP arbeiten außerhalb des Bereiches. Berührt der Roboter oder sein TCP punktuell den ausschließenden Bereich, so erfolgt eine Reaktion oder ein Not-Halt.

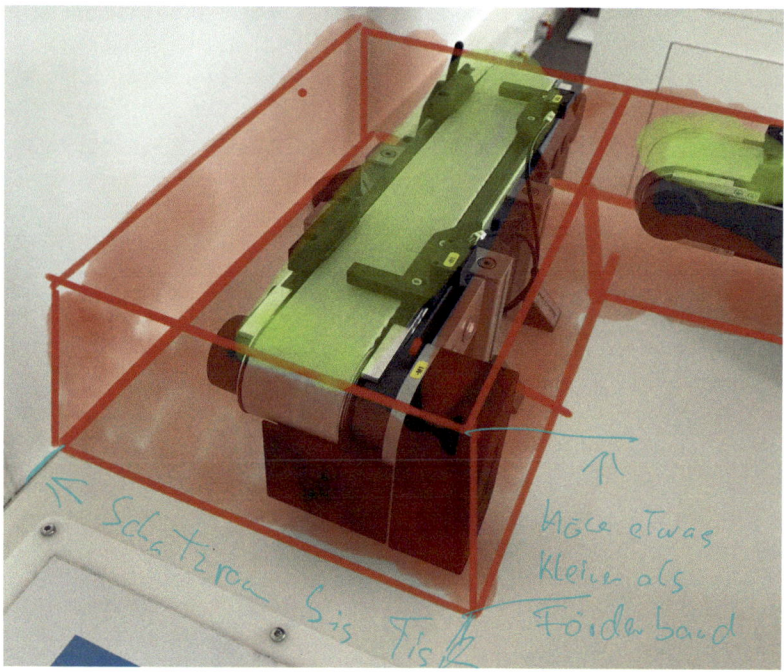

Abbildung 10.45 Skizze eines ausschließenden Raumes über einer Fördertechnik

Gerade in der kollaborierenden Robotik ist die Maßnahme der Raumbegrenzung sehr effektiv, um Kollisionen mit Objekten oder Gegenständen im Raum auszuschließen, wie in Abbildung 10.45 bei einem Schulungssystem angewendet. Bei korrekter Ausführung unter Beachtung der EN ISO 13854 kann so eine Validierung der auftretenden Kräfte und Drücke an diesen Stellen für den quasistatischen Kontakt entfallen.

10.6.4 Not-Halt am Robotersystem

Der Not-Halt zählt nicht explizit zu technischen Schutzmaßnahmen, da dieser nicht als alleinige Sicherheitsfunktion an einem Robotersystem vorhanden sein darf. Er wird daher als ergänzende Schutzmaßnahme definiert und kann nur als weitere Maßnahmen zu schon vorhandenen Maßnahmen verwendet werden.

Normativ muss jedes Robotersystem gemäß der EN ISO 10218-2 über eine Sicherheitshalt-Funktion und eine unabhängige Not-Halt-Funktion verfügen und die Möglichkeit haben auch weitere externe Not-Halt-Funktionen anzuschließen.

Weiter muss jede Bedienstation, an der eine Bewegung oder gefahrbringende Funktionen ausgelöst werden, eine manuelle Not-Halt-Funktion haben. Kurz gesagt, in der Nähe jeden Startknopfs muss ein Not-Halt vorhanden sein.

Der Not-Halt-Taster selbst ist ein roter, pilzförmiger Druckschalter. Wenn er sich nicht vom Hintergrund deutlich abhebt, so muss er auf gelbem Hintergrund angebracht sein. Er ist gut sichtbar an Orten zu installieren, an denen sich voraussichtlich Bediener aufhalten werden.

Die Anforderungen an den Not-Halt sind in der EN ISO 13850 zu finden und er muss die Bedingungen gemäß der IEC 60204-1 erfüllen. Das Auslösen einer Not-Halt-Funktion muss alle Roboterbewegungen und natürlich auch die gefahrbringenden Bewegungen vom Tool oder weiteren Maschinen im Arbeitsraum schnellstmöglich stillsetzen.

Die Leistung, sprich der Performance Level der Not-Halt-Funktion, muss mindestens die Anforderungen von PLd in der Kategorie 3 gemäß der EN ISO 13849-1 erfüllen, sofern die Risikobeurteilung nicht ergibt, dass ein anderes Leistungskriterium angebracht ist. Das Quittieren des Not-Halts darf nur von dem Ort erfolgen, von welchem aus der Gefahrenbereich auch vollständig einsehbar ist.

Funktionshinweis

Der Not-Halt-Taster rastet beim Drücken ein. Der Einrastmechanismus wird durch Herausziehen und/oder Drehen des roten Druckkopfes entriegelt.

Folgende Maßnahmen müssen nach einer Not-Halt-Situation durchgeführt werden:

- genaue Analyse der Not-Halt- bzw. Störungsursache und
- sachgerechte Behebung der Not-Halt- bzw. Störungsursache.

Folgende Maßnahmen müssen vor dem Starten der Maschine nach einer Not-Halt-Situation durchgeführt werden:

- feststellen, dass die sachgerechte Behebung der Not-Halt- bzw. Störungsursache beendet ist,
- feststellen, dass sich keine Personen innerhalb des Gefahrenbereiches befinden,
- entriegeln des Not-Halt-Tasters und
- Quittier- bzw. Reset-Taster betätigen, um das Not-Halt-Sicherheitsrelais zu entriegeln und die Störmeldung zu quittieren.

Weitere Handlungen im Notfall gemäß EN 60204-1:

- **NOT-HALT** (Stillsetzen im Notfall) – eine Handlung im Notfall, die dazu bestimmt ist, einen Prozess oder eine Bewegung anzuhalten, die gefahrbringend wurde

- **NOT-START** (Ingangsetzen im Notfall) – eine Handlung im Notfall, die dazu bestimmt ist, einen Prozess oder eine Bewegung zu starten, um eine gefahrbringende Situation zu beseitigen oder zu verhindern

- **NOT-AUS** (Ausschalten im Notfall) – eine Handlung im Notfall, die dazu bestimmt ist, die Versorgung mit elektrischer Energie zu einer ganzen oder zu einem Teil einer Installation abzuschalten, bei der ein Risiko von elektrischem Schlag oder ein anderes Risiko elektrischen Ursprungs besteht

- **NOT-EIN** (Einschalten im Notfall) – eine Handlung im Notfall, die dazu bestimmt ist, die Versorgung mit elektrischer Energie zu einem Teil einer Anlage einzuschalten, der für Notsituationen benötigt wird

10.6.5   Betriebsanleitung des Robotersystems

„Jeder Maschine muss eine Betriebsanleitung in der oder den Amtssprachen der Gemeinschaft des Mitgliedstaats beiliegen, in dem die Maschine in Verkehr gebracht und/oder in Betrieb genommen wird.“ (Maschinenrichtlinie Anhang I, Punkt 1.7.4)

Bewusst wurde das Kapitel mit dem Originaltext aus der Maschinenrichtlinie begonnen, da dies exakt so im Gesetz steht. Es führt kein Weg für den Hersteller daran vorbei. Betrachten wir die gegebenen Fakten Schritt für Schritt.

- Ein Robotersystem ist eine Maschine.

- Der Roboter selbst ist eine unvollständige Maschine.

- Vom Hersteller des Roboters erhalten wir die Montageanleitung.

- Wir entscheiden, welcher Endeffektor verwendet wird.

- Der Hersteller des Roboters weiß nicht, was wir als Hersteller des Robotersystems schlussendlich machen werden.

Die Fakten zeigen uns deutlich, dass jeder Hersteller eines Robotersystems eine Betriebsanleitung zu erstellen hat. Diese ist in der Industrie sehr oft bei Cobot-Applikationen mangelhaft. Es mag daran liegen, dass die Betriebsanleitung als externe Dokumentation natürlich dem zukünftigen Betreiber auszuhändigen ist und entgegen anderen internen technischen Dokumenten somit sofort prüfbar ist, ohne dass behördlich weitere Dokumente eingefordert werden müssen. Gerade bei DIY-(do it yourself)-Anwendungen werden leider oft die Einzeldokumente der Komponenten in einem Ordner gespeichert oder abgeheftet und als Betriebsanleitung des Systems deklariert. Die Einzeldokumente der Komponenten mögen zwar fachlich die Basis aller Informationen sein, gesetzlich ausreichend und konform ist es jedenfalls nicht. Gerade beim Roboter selbst, der eine unvollständige Maschine ist, hat die Dokumentation nur eine Aufgabe. Sie soll den sicheren Einbau ausreichend in Form der Montageanleitung (Maschinenrichtlinie, Anhang VI) beschreiben. Die Montageanleitung kann weiterführende Informationen für den Integrator/Hersteller enthalten, muss dies aber nicht. Definitiv werden wir in der Dokumentation des Roboters keine Angaben zum Prozess und zum Endeffektor finden. Dieses kann nur der Hersteller des Systems beschreiben.

Was gehört in die Betriebsanleitung für ein Robotersystem?

Die gesetzlich festgelegten Mindestanforderungen sind in der Maschinenrichtlinie für sämtliche Maschinen, also auch für das Robotersystem, im Anhang I Punkt 1.7.4.2 detailliert beschrieben und nachfolgend im Originaltext abgebildet. Es wird dringend empfohlen, zu jedem Punkt eine Beschreibung in der Betriebsanleitung zu erstellen, obgleich es an der Applikation nicht auftreten wird. Als Beispiel kann man den gesetzlich geforderten Punkt der Schallemission nehmen. Ist der ermittelte Wert kleiner 70 dB(A), so schreibt man dies auch in die Betriebsanleitung.

Wenn die Maschine für die Verwendung durch Verbraucher bestimmt ist, muss die Wortwahl sowie die Gestaltung der Betriebsanleitung so erfolgen, dass sie dem allgemeinen Wissensstand und der Verständnisfähigkeit des Betreibers entsprechen.

Inhalte der Betriebsanleitung nach MRL Anhang I, Punkt 1.7.4.2:

a) Firmenname und vollständige Anschrift des Herstellers und seines Bevollmächtigten;

b) Bezeichnung der Maschine entsprechend der Angabe auf der Maschine selbst, ausgenommen die Seriennummer;

c) die EG-Konformitätserklärung oder ein Dokument, das die EG-Konformitätserklärung inhaltlich wiedergibt und Einzelangaben der Maschine enthält, das aber nicht zwangsläufig auch die Seriennummer und die Unterschrift enthalten muss;

d) eine allgemeine Beschreibung der Maschine;

e) die für Verwendung, Wartung und Instandsetzung der Maschine und zur Überprüfung ihres ordnungsgemäßen Funktionierens erforderlichen Zeichnungen, Schaltpläne, Beschreibungen und Erläuterungen;

f) eine Beschreibung des Arbeitsplatzes bzw. der Arbeitsplätze, die voraussichtlich vom Bedienungspersonal eingenommen werden;

g) eine Beschreibung der bestimmungsgemäßen Verwendung der Maschine;

h) Warnhinweise in Bezug auf Fehlanwendungen der Maschine, zu denen es erfahrungsgemäß kommen kann;

i) Anleitungen zur Montage, zum Aufbau und zum Anschluss der Maschine, einschließlich der Zeichnungen, Schaltpläne und der Befestigungen, sowie Angabe des Maschinengestells oder der Anlage, auf das bzw. in die die Maschine montiert werden soll;

j) Installations- und Montagevorschriften zur Verminderung von Lärm und Vibrationen;

k) Hinweise zur Inbetriebnahme und zum Betrieb der Maschine sowie erforderlichenfalls Hinweise zur Ausbildung bzw. Einarbeitung des Bedienungspersonals;

l) Angaben zu Restrisiken, die trotz der Maßnahmen zur Integration der Sicherheit bei der Konstruktion, trotz der Sicherheitsvorkehrungen und trotz der ergänzenden Schutzmaßnahmen noch verbleiben;

m) Anleitung für die vom Benutzer zu treffenden Schutzmaßnahmen, gegebenenfalls einschließlich der bereitzustellenden persönlichen Schutzausrüstung;

n) die wesentlichen Merkmale der Werkzeuge, die an der Maschine angebracht werden können;

o) Bedingungen, unter denen die Maschine die Anforderungen an die Standsicherheit beim Betrieb, beim Transport, bei der Montage, bei der Demontage, wenn sie außer Betrieb ist, bei Prüfungen sowie bei vorhersehbaren Störungen erfüllt;

p) Sicherheitshinweise zum Transport, zur Handhabung und zur Lagerung, mit Angabe des Gewichts der Maschine und ihrer verschiedenen Bauteile, falls sie regelmäßig getrennt transportiert werden müssen;

q) bei Unfällen oder Störungen erforderliches Vorgehen; falls es zu einer Blockierung kommen kann;

r) Beschreibung der vom Benutzer durchzuführenden Einrichtungs- und Wartungsarbeiten sowie der zu treffenden vorbeugenden Wartungsmaßnahmen;

s) Anweisungen zum sicheren Einrichten und Warten einschließlich der dabei zu treffenden Schutzmaßnahmen;

t) Spezifikationen der zu verwendenden Ersatzteile, wenn diese sich auf die Sicherheit und Gesundheit des Bedienungspersonals beziehen;

u) folgende Angaben zur Luftschallemission der Maschine:
  – der A-bewertete Emissionsschalldruckpegel an den Arbeitsplätzen, sofern er 70 dB(A) übersteigt; ist dieser Pegel kleiner oder gleich 70 dB(A), so ist dies anzugeben;
  – der Höchstwert des momentanen C-bewerteten Emissionsschalldruckpegels an den Arbeitsplätzen, sofern er 63 Pa (130 dB bezogen auf 20 µPa) übersteigt;
  – der A-bewertete Schallleistungspegel der Maschine, wenn der A-bewertete Emissionsschalldruckpegel an den Arbeitsplätzen 80 dB(A) übersteigt.

Diese Werte müssen entweder an der betreffenden Maschine tatsächlich gemessen oder durch Messung an einer technisch vergleichbaren, für die geplante Fertigung repräsentativen Maschine ermittelt worden sein.

v) Kann die Maschine nichtionisierende Strahlung abgeben, die Personen, insbesondere Träger aktiver oder nicht aktiver implantierbarer medizinischer Geräte, schädigen kann, so sind Angaben über die Strahlung zu machen, der das Bedienungspersonal und gefährdete Personen ausgesetzt sind.

Man kann leicht erkennen, dass die oben beschriebenen Inhalte der Maschinenrichtlinie für sämtliche Maschinen dargestellt sind. Bezogen auf ein Robotersystem sind sie daher auch eher allgemein gehalten, wenn auch gesetzlich verpflichtend. Weiterführende Benutzerinformationen, die speziell für Robotersysteme ausgelegt sind, müssen wir der Typ-C-Norm EN ISO 10218-2, konkret dem Abschnitt 7.2 entnehmen. Normativ muss die Betriebsanleitung demnach sämtliche Informationen enthalten, die für die sichere Verwendung des Robotersystems erforderlich sind. Dies sind zusammengefasst die nachfolgenden Punkte:

- sämtliche Lebensphasen und Verwendungsphasen
- Handhabung wie Lagerung und Transport
- Einbau und Inbetriebnehmen des gesamten Systems
- Bedingungen für das erstmalige Ingangsetzen, speziell für die Sicherheitskomponenten
- detaillierte Systeminformationen
- Informationen zur Anwendung, also dem Verwendungszweck
- Instandhaltungsangaben abhängig von den Komponenten
- die Außerbetriebnahme
- Notfallinformationen wie Brand und Emissionen
- roboterspezifisches, was dankenswerterweise oft vom Roboterhersteller übernommen werden kann

Kurz gesagt, müssen in der Betriebsanleitung sämtliche Informationen der zum Robotersystem zusammengebauten Komponenten beschrieben werden. Der Roboter selbst ist da nur eine Komponente von vielen. Erst der Hersteller/Integrator des Systems gibt dem System einen Verwendungszweck. Daher ist auch der Hersteller derjenige, der die Betriebsanleitung zu erstellen hat. Bis hierhin sind die Inhalte in der Betriebsanleitung identisch für sämtliche Robotersysteme, ob kollaborierend oder nicht, ausgeführt. Eine weitere Besonderheit stellen nun die Cobots dar, da deren kollaborierende Arbeitsweise in der EN ISO 10218-2 von 2011 unzureichend beschrieben ist. Daher wird diese Norm mit der ISO TS 15066 ergänzt. Im Kapitel 7 Benutzerinformation der ISO TS 15066 stehen die zusätzlichen relevanten Informationen für die Betriebsanleitung, wie nachfolgend aufgelistet.

- spezifische Informationen für den kollaborierenden Betrieb
- Beschreibung des kollaborierenden Systems
- Beschreibung der Arbeitsplatzanwendung und Umgebung
- Beschreibung der Arbeitsaufgabe des Bedieners und Messergebnisse
- Angaben zur für dieses System definierten Leistungs- und Kraftbegrenzung
- erwartete Kontaktsituationen mit dem Menschen
- Maßnahmen der Risikominderungen

Schaut man sich die oben genannten Angaben im Detail an, so stellt man fest, dass es fast die gleichen Angaben wie für ein Kraft- und Druck-Messprotokoll sind. Da wir ohne eine Messung nahezu keine belastbaren Angaben für ein leistungs- und kraftbegrenztes kollaborierendes System haben, ist eine Validierung in Form der Messung sozusagen eine Voraussetzung. Man erstellt daher die in der ISO TS 15066 genannten Benutzerinformationen erstmals schon für den Messbericht oder erhält diese vom Dienstleister für die Validierung. In der Praxis hat sich daher bewährt, den Messbericht mit all seinen Angaben zum System im Anhang der Betriebsanleitung zu integrieren.

10.6.6 Persönliche Schutzausrüstung (PSA)

Persönliche Schutzausrüstungen, auch kurz PSA, gehören zu den unmittelbaren persönlichen Schutzmaßnahmen. Sie sind ein letztes Mittel, um Restgefährdungen, welche konstruktiv und technisch nicht ausreichend gemindert werden konnten, weiter zu minimieren. Grundsätzlich sind kollaborierende Robotersysteme ohne persönliche Schutzausrüstung auszulegen. Es kann jedoch auch sein, dass aufgrund des Prozesses selbst oder der Produkte eine persönliche Schutzausrüstung verwendet werden muss. Dies kann erfolgen durch

- Metalle → Handschuhe
- Späne → Augenschutz
- Lärm → Gehörschutz
- schwere Produkte → Fußschutz

Werden herstellerseitig persönliche Schutzausrüstungen empfohlen, so sind diese in der Betriebsanleitung exakt zu definieren und zu beschreiben. Das Robotersystem selbst muss mittels Piktogramm nochmals auf die Verwendung der PSA hinweisen. Form und Symbol des Piktogramms sind gemäß EN ISO 7010 zu ermitteln, wie beispielhaft in Abbildung 10.46 zu sehen ist.

Abbildung 10.46 Beispiele für Piktogramme bei vorgegebener PSA

- M003 Gehörschutz benutzen
- M004 Augenschutz benutzen
- M009 Handschutz benutzen
- M008 Fußschutz benutzen

10.6.7 Unterweisung

Bevor Roboter erstmalig verwendet werden können, hat der Arbeitgeber dem Bediener ausreichende und angemessene Informationen in einer verständlichen Form und Sprache zur Verfügung zu stellen. Jeder Bediener muss bestimmte Kenntnisse vom Robotersystem erlangen, welche Nachfolgendes enthalten:

- vorhandene Gefährdungen bei der Verwendung
- erforderliche Schutzmaßnahmen
- Verhaltensregeln
- Maßnahmen bei Störungen und Unfällen

Die Grundlage hierfür stellt der Arbeitsschutz dar und ist in Deutschland in der Betriebssicherheitsverordnung und in Österreich im ArbeitnehmerInnenschutzgesetz definiert. Grundsätzlich gilt: Man darf nur sichere Betriebsmittel verwenden.

Die Unterweisungen sind regelmäßig durchzuführen, mindestens jedoch einmal im Jahr. Zudem muss der Arbeitgeber diese Unterweisung oder Betriebsanweisung in schriftlicher Form bereitstellen.

Die Basis der Unterweisung am Roboter bildet die Betriebsanleitung mit all ihren für den sicheren Betrieb enthaltenen Informationen. Einfach nur diese Betriebsanleitung neu betiteln und ab sofort Unterweisung zu nennen, funktioniert nicht. Der Grund dafür ist, dass der Hersteller des Robotersystems das Arbeitsumfeld in der Regel nicht kennt. Diese Informationen in der Unterweisung müssen anhand der vom Betreiber zu erstellenden Gefährdungsbeurteilung ergänzt werden.

Abbildung 10.47 Piktogramm M002 – Anleitung beachten

10.6.8 Signale und Warnungen

Zaunlose Anwendungen geben Personen nur wenig Rückmeldung über den aktuellen Zustand des Systems wieder. Klassische Ampeln aus der Industrierobotik werden oft ignoriert, da der Zaun als Barriere sowie die Tür fehlen. Die HMI muss eine dauerhafte Anzeige der aktuellen Prozessphase ermöglichen. Als Informationsquelle ist die HMI jedoch nur dann brauchbar, wenn man direkt hinsieht.

Generell gilt: Anzeigeleuchten, Visualisierungen sowie Anzeigen auf Bildschirmen sollen den Bediener auf eine bestimmte Aufgabe oder Handlung hinweisen. So ist es auch in der EN 60204-1 formuliert.

Empfohlen sind die nachfolgenden Farben und Bedeutungen:

- Rot: ist ein Notfall und zeigt einen gefahrbringenden Zustand an
- Gelb ist ein anormaler Zustand oder ein bevorstehender kritischer Zustand

Beide Farben sind für den Kollaborationsraum als Markierung oder Visualisierung ungünstig, da keine der beiden Eigenschaften im Kollaborationsraum zutrifft, wenn der Kollaborationsraum korrekt ausgelegt ist.

In der Praxis hat sich die Farbe Blau bewährt, welche in der EN ISO 60204-1 auch als „zwingende Handlung" definiert ist. Blau wird als Anzeige eines Zustandes, der eine Handlung des Bedieners erforderlich macht, erklärt.

Abbildung 10.48 Hinweisschild kollaborierendes Robotersystem gemäß DGUV FB HM-080

Die letzten Jahre haben gezeigt, dass Personen Visualisierungen direkt an der Gefahrenstelle erwarten. Gerade in dynamischen Systemen sind fixe Markierungen jedoch ungünstig.

Für kollaborierende Applikationen haben sich folgende Konzepte der Visualisierung bewährt:

- Visualisierung durch LED-Deckenprojektor
  - dynamische Visualisierung wird von der Decke projiziert und zeigt auf dem Boden den Arbeitsraum und den Zustand des Roboters an
  - kann auch Informationen zum nächsten Arbeitsschritt des Roboters visualisieren
- Visualisierung durch LED-Lichtleiste im Boden oder an den Tischen selbst
  - Anzeige des Prozesszustandes
  - Anzeigen von Warnungen oder Anweisungen

- Visualisierung direkt am Roboter selbst
  - Leuchtringe an den Gelenken
  - optionale Leuchtringe durch Drittanbieter
  - Meldeleuchten an Endeffektoren

Die Visualisierungen sind normativ wie Leuchtmelder in der organisatorischen Maßnahme zu bewerten. In Kombinationen mit berührungslos wirkenden Sicherheitseinrichtungen kann die LED-Leiste auch die Betriebsart anzeigen. Visualisierungen direkt am Roboter werden heute von den Herstellern immer mehr beachtet und schon vom Werk aus umgesetzt. Alternativ gibt es Leuchtringe für Robotergelenke sowie Leuchteinheiten in Endeffektoren wie am Beispiel des Schmalz ECBPM (Abbildung 10.50).

Abbildung 10.49 Mitsubishi MELFA ASSISTA mit LED-Anzeige in der Achse integriert

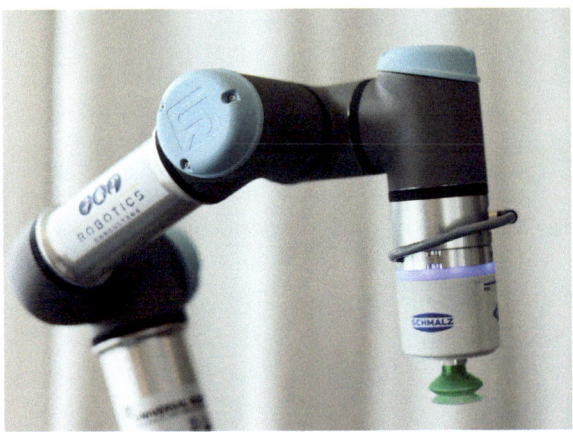

Abbildung 10.50 Schmalz ECBPM mit umlaufender Zustandsanzeige an einem UR3

10.6.9 Kennzeichnung

Um dem Bediener den Bewegungsraum des Roboters zu visualisieren, sind klassische Bodenmarkierungen erforderlich. Zur Visualisierung des Kollaborationsraumes wird auch bei

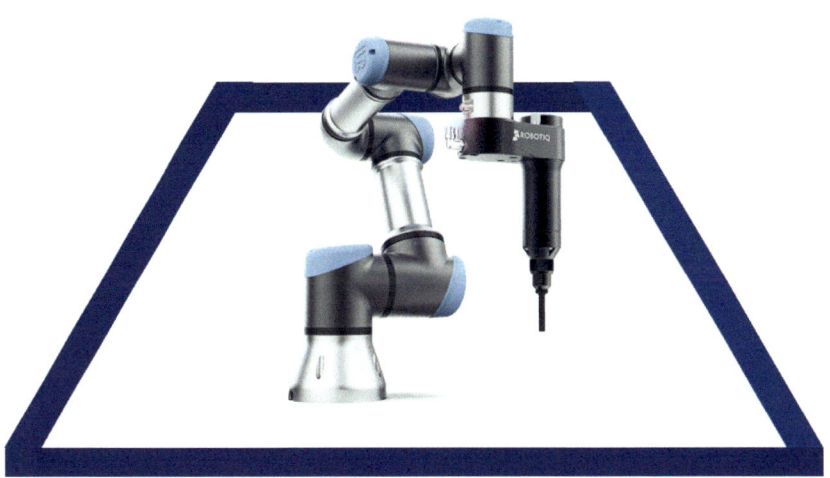

Abbildung 10.51 Beispiel einer allseitigen Markierung in Blau um den Roboter

der Markierung die Farbe Blau empfohlen, da diese gemäß der EN 60204-1 eine zwingende Handlung des Menschen erfordert.

An Stellen mit dauerhaft erhöhten Risiken durch Stoßen sind jedoch Markierungen anzubringen, die sich vom Umfeld farblich auffallend abheben. Für die Kennzeichnung als Warnung kann hier auch die Farbe Gelb genommen werden. Sie soll als Vorstufe zur Gefahr benutzt werden. Kommt der Mensch der Gefahr oder dem nicht kollaborierenden Roboter zu nah, so wird dieser Bereich in der Regel mit Rot angezeigt.

Solche Markierungen werden in der Praxis gerne in Kombination mit Bodenscannern verwendet, um dem Benutzer die Scanfelder kenntlich zu machen.

Abbildung 10.52 Klassische Bodenmarkierung von Bereichen, hier: Warnfeld und beginnendes Schutzfeld

Abbildung 10.53 Warnzeichen für Restgefahren bei Roboterapplikationen

Sind in der Applikation weiterhin Restgefahren vorhanden, welche sich nicht konstruktiv oder technisch minimieren ließen, so sind auch hier Kennzeichen in Form der Warnzeichen (siehe Abbildung 10.53) gemäß EN ISO 7010 direkt an der Restgefahr anzubringen. Analog zur Kennzeichnung sind diese im Kapitel Restgefahren in der Betriebsanleitung für den Betreiber zu beschreiben.

Typische Restgefahren bei Cobots sind:

- W001 – allgemeines Warnzeichen
- W012 – Warnung vor elektrischer Spannung
- W018 – Warnung vor automatischem Anlauf
- W019 – Warnung vor Quetschungen des Körpers
- W024 – Warnung vor Handverletzungen

Auch wenn bei einem korrekt in der Kraft und Leistung limitierten Cobot keine Gefährdungen durch das Quetschen an Hand oder Körper mehr auftreten, werden Warnzeichen in Applikationen angebracht. Die Warnung vor den Gefährdungen selbst ist nicht der Grund, da die resultierenden Kräfte vertretbar sind für den Menschen oder maximal einen Schmerz, jeodch keine Verletzung hervorrufen. Es geht hauptsächlich um ein Aufzeigen, dass es grundsätzlich zur Quetschung kommen kann. Empfohlen werden das Warnzeichen W019, wenn der Abstand zum Hindernis kleiner als 500 mm ist, und das Warnzeichen W024, wenn der Abstand kleiner als 100 mm zum Hindernis ist.

11 Ausblick auf kommende Techniken

Läuft man über eine Messe oder hört in manche Vorträge hinein, so bekommt man den Eindruck, als würden wir erst am Anfang einer Robotik-Evolution stehen und in den nächsten Jahren hier noch sehr viel passieren wird. Nicht zuletzt seitdem sich Größen wie Teslas Elon Musk mit seinem angekündigten Tesla-Bot oder Google in den Robotik-Markt mit eingeklinkt haben. Oder Jeff Bezos als Amazon-Gründer die Aussage getätigt hat, dass in zehn Jahren in jedem Haushalt ein Roboter stehen würde. All dies weckt natürlich sehr große Erwartungen an einen Markt, der in den letzten Jahren bereits sehr stark gewachsen ist. Aber sind Einschätzungen wie die von Jeff Bezos tatsächlich realistisch?

Zuerst einmal hätte man hier vielleicht nachfragen müssen, welche Art Roboter denn hier nun gemeint war? Sicherlich ist es möglich, dass in zehn Jahren jeder Haushalt einen kleinen Staubsaugroboter oder eventuell auch einen Roboter mit Wischfunktion besitzt und damit die Wohnung sauber hält. Hier ist sicherlich der entscheidende Faktor, ob die Preise für solch ein Produkt weiter nach unten gehen und solche Roboter dann auch für jedermann erschwinglich sind.

Weit unrealistischer ist die Annahme, dass wir in zehn Jahren in jedem Haushalt einen humanoiden Roboter-Helfer haben, der uns in unserer täglichen Hausarbeit selbstständig unterstützt. Solche Visionen wurden uns auch schon vor zehn Jahren schmackhaft gemacht. Auf jeder Messe können wir bestaunen, was alles möglich wäre, wie in der Abbildung 11.1 im Jahr 2012 auf der Automatica zu sehen.

Um an diesen Punkt gelangen zu können, muss noch an vielen Punkten gearbeitet werden. Uns muss klar sein, dass ein Haushaltsroboter, der uns die Wäsche zusammenlegt, bügelt, die Spülmaschine ein- und wieder ausräumt und uns vielleicht auch noch den Rasen mäht, auch in zehn Jahren noch nicht in jedem Haushalt zu finden sein wird. Wahrscheinlich wird ein solcher Roboter auch dann maximal irgendwo in Testlabors seine ersten Gehversuche machen. Schaut man sich den menschenähnlichen Roboter Atlas der Firma Boston Dynamics einmal auf YouTube an, können wir natürlich schnell den Eindruck bekommen, dass hier schon sehr viel möglich ist. Aber spätestens, wenn wir uns über den Preis informieren, werden wir uns die Frage stellen müssen, ob es denn nun die Villa selbst werden soll oder der Roboter, der die Villa sauber hält. Preislich liegt beides im gleichen Segment. Dies alleine zeigt schon, dass ein solcher Roboter auch in zehn Jahren nicht in sämtlichen Haushalten zu finden ist. Hinzu kommen noch weitere technische Herausforderungen, die speziell im Bereich der Sicherheit nicht einfach zu meistern sein werden.

Abbildung 11.1 Visionen auf der Automatica 2012

Dennoch wird sich aber der Robotik-Markt rasant weiterentwickeln. Und dies natürlich auch oder eher gerade im industriellen Umfeld. Gerade im Bereich der kollaborativen Robotik hat in den letzten Jahren keine größere Messe stattgefunden, auf der nicht ein neuer Cobot-Hersteller auf dem Markt aufgetaucht ist oder neue MRK-fähige Produkte vorgestellt wurden. Auch in der Zukunft werden wir diese Entwicklung so weiter beobachten können. Allerdings wird sich der Markt auch etwas bereinigen und das ein oder andere Start-up-Unternehmen aus diesem Bereich wird auch wieder verschwinden. So hat bereits die Firma Rethink Robotics Inc. eine Insolvenz hinter sich, was dazu geführt hat, dass die Technologie, das Know How und das verbleibende Material für den Roboter Sawyer von der deutschen Hahn Group aufgekauft wurde. Hierdurch konnten die bestehenden Kunden der Rethink Robotics Inc. auch weiter bedient werden. Darüber hinaus arbeitet die daraus entstandene Rethink GmbH mittlerweile an einem neuen kollaborativen Roboter, welcher in den kommenden Monaten auf den Markt gebracht werden soll. Auch Yuanda Robotics musste am 19. Januar 2022 einen Insolvenzantrag am Amtsgericht Hannover stellen. Hier wurde dann Yuanda am 09. April 2022 durch das bestehende Management-Team übernommen und somit der Fortbestand des Unternehmens erst einmal gesichert. Wie genau es jedoch dort weitergeht, bleibt spannend.

Man sieht also, der Markt der kollabaorativen Robotik unterliegt hier ständigen Bewegungen. Es kommen neue Player dazu, aber es verlassen mittlerweile auch schon wieder einige dieses Segment.

Der Bereich der Leichtbaurobotik und der kollaborativen Robotik ist zwar ein stetig und auch stark wachsender Markt, jedoch ist es hier für neue Unternehmen schwer geworden, sich gegen die alteingesessenen Platzhirsche zu behaupten. Bringt ein neues Unternehmen seinen Cobot auf den Markt, kann sich dieser nur über den Preis oder über völlig neuartige Sicherheitsfeatures gegen Marken wie Universal Robots, ABB, Yaskawa, Kuka und Fanuc behaupten. Start-ups die hier versuchen ohne sehr finanzstarke Investoren den Markt von hinten aufzurollen, werden mit großer Wahrscheinlichkeit auf der Strecke bleiben, sofern ihr Produkt nicht in irgendeiner Art absolut aus der Masse heraussticht.

Neben den ständig hinzukommenden Herstellern und in Zukunft sicherlich auch dem Verschwinden einiger wird aber auch im technischen Bereich noch sehr viel passieren, um die kollaborative Robotik noch weiter an die Produktionslinien zu bringen.

■ 11.1 Vom Integrationsprojekt zur Online-Applikation

Gerade das Neue oder etwas aus der Masse Herausstechendes, das fehlt in der heutigen Welt der Robotik auch für den Kunden, der gerade auf der Suche nach den ersten Robotik-Anwendungen für sein Unternehmen ist. Der klassische Weg war immer, sich bei Bedarf an einer Roboteranwendung, an einen der großen und etablierten Roboter-Hersteller heranzutreten. Diese haben natürlich immer, für genau diese Anwendung, den passenden Roboter im Portfolio gehabt. Nach den ersten Gesprächen wurde ein individuelles Projekt daraus, welches dann von einem Integrator innerhalb der nächsten neun Monate speziell und maßgeschneidert umgesetzt wurde. Kopieren und Serienfertigung einer Anwendung? Nein, das war fast unmöglich. Dieser sogenannte Maßanzug der Robotik schreckte viele kleine und mittlere Unternehmen grundsätzlich von der Robotik ab.

Aufgeschreckt wurde das System durch den Cobot-Pionier Universal Robots, der die Einfachheit sehr gut medial in die Welt tragen konnte. Die IKEA-Methode in der Robotik war geboren. Aber leider war es dann auch nicht ganz so einfach, wie es sich das Marketing gedacht hat oder zumindest, wie es von den Marketingabteilungen propagandiert wurd. Ganz ohne einen Integrator ging es meistens auch nur sehr schwer und die angestrebte Do-It-Yourself-Robotik war doch noch nicht da. Der nächste große Coup war die 2016, auch auf der Automatica in München, vom damaligen General Manager West Europa, Helmut Schmid, vorgestellte Universal Robots+ Plattform. Diese Plattform ermöglichte es, Anwendern sofort zu erkennen, welche Komponenten und AddOns für diesen Roboter auf dem Markt erhältlich sind und via Plug & Play mit dem Roboter kombiniert werden könnten. Auch konnten schon umgesetzte Applikationen oder deren Ideen zentral präsentiert werden zum Nachmachen weiterer Nutzer. Robotik sollte einfach werden und für jedermann verfügbar. Benutzerfreundliche UR-Caps rundeten das Ecosystem ab. Diese konnten zum Beispiel eine Art Treiber zur Ansteuerung der jeweiligen Hardware, wie Greifer, Schrauber, oder ähnliches sein. Sie konnten aber auch zusätzliche Softwarekomponenten sein, welche den Roboter mit erweiterten Funktionen ausstattet.

Heute sehen wir Plattformen, wie Go2Automation, welche als ein B2B-Ecosystem für Produktionstechnik Kunden und Lieferanten zusammenbringen und Success-Storys aufzeigen, von Robotik-Applikationen, welche schon erfolgreich umgesetzt wurden. Gibt man nur den Suchbegriff Cobot ein wie in Abbildung 11.2, so sieht man umgesetzte Applikationen, Produkte, und Weiterbildungen zum Thema. Solche Plattformen werden in Zukunft den Markt weiter fördern, um hier das Wissen aktiv zu teilen und wegzukommen vom Maßanzug der Robotik. Die einzelnen Akteure für solch ein Roboterprojekt werden direkt zusammengebracht oder wenigstens erst einmal zentral aufgezeigt.

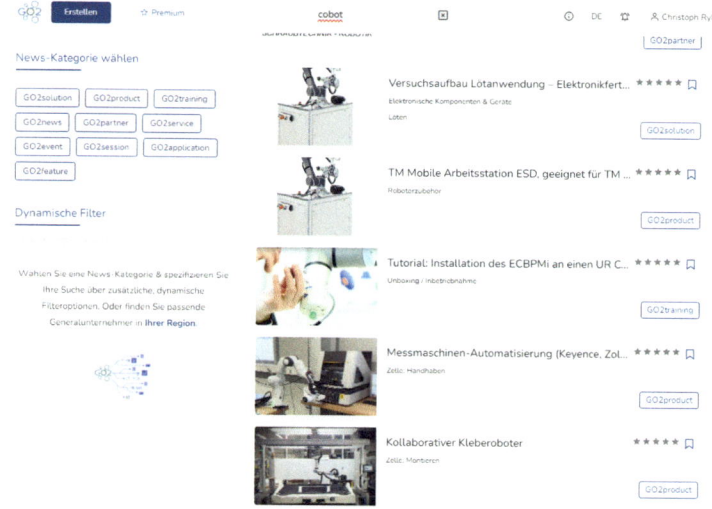

Abbildung 11.2 Webseite Go2Automation mit Suchergebnissen zum Cobot

Gehen wir nun sogar noch einen Schritt weiter, landen wir bei dem Start-up Coboworx, welches 2019 gegründet wurde. Es hat sich nicht weniger auf die Fahne geschrieben, als die führende Online-Plattform für den leichten Einstieg in die Roboterautomation für kleine und mittelständische Unternehmen zu werden. Das Netzwerk, welches Go2Automation dem Nutzer aufzeigt und dann überlässt, hat Coboworx in der Hinterhand und agiert hier eher wie ein Amazon. Der Nutzer der Plattform bleibt auf der Plattform als dem zentralen Anlaufpunkt für die Auswahl der Applikation, der verwendeten Komponenten und auch für die Planung der Umsetzung und Abwicklung. Also alles aus einer Hand, so wie wir es aus dem Consumer-Bereich schon lange gewohnt sind und auch nun im B2B einfordern. Wenn man auf der Webseite wie in Abbildung 11.3 seine Lösung sucht, so kommt ein die Umsetzung aus anderen Onlinebereichen bekannt vor. Ja, fast wie im Apple-Online-Store gibt man mit wenigen Klicks an, um welche Anwendungen es sich handelt, gefolgt von der Geometrie des Werkstückes, der Arbeitsdauer, und mit wenigen weiteren Angaben sind die Fakten bekannt für die Angebotserstellung innerhalb von 48 Stunden. In derselben Zeit hat man klassischerweise eher selten einen Termin des Außendienstmitarbeiters für

Abbildung 11.3 Webseite Coboworx zeigt den Baukasten für eine Roboterapplikation

das Erstgespräch vor Ort erhalten. Diese Vorgehensweise passt auch sehr gut zur aktuell schnellen Lebensweise, man will gewohnt von Google und Co. alles sofort wissen und niemand wartet mehr gerne.

So muss es auch in der Beschaffung und Planung von Cobot-Anwendungen effizienter und digitaler werden. Wir reden bei Cobot-Anwendungen von einem Return of Invest von unter einem Jahr und wollen nicht ein Jahr auf die Applikation warten müssen. Natürlich sind Roboterapplikationen komplexe Maschinen mit nicht zu vernachlässigenden Pflichten für den Hersteller. Die Chance ist jedoch sehr groß, schon bekannte Anwendungen in Serie oder vorab konformen Baugruppen effizienter dem Markt bereitzustellen mit allen Sicherheitsanforderungen und auch allen Konformitäten.

■ 11.2 Von der Kollisionserkennung zur Kollisionsvermeidung

Derzeit wird die Mensch-Roboter-Kollaboration immer mit der Methodik 4, sprich der Kraft- und Leistungsbegrenzung gleichgesetzt. Für viele ist genau dies die eigentliche Mensch-Roboter-Kollaboration. Im Laufe der letzten Jahre haben wir bei diversen Applikationen Erfolge in der Umsetzung feiern können oder viel Erfahrung gesammelt. Blicken wir zurück zu den Anfängen. So startete man in der Euphorie. Leider kam danach tatsächlich auch ein Tal der Tränen mit eben diesen vielen Erfahrungen. Aktuell wissen wir sehr gut, was man in der Methode 4 umsetzen kann und was lieber nicht. Unmöglich ist nichts, es kostet eben nur mehr Zeit und Ressourcen, was sich am Ende auf die Wirtschaftlichkeit und den Sinn einer solchen Applikation auswirkt.

Abbildung 11.4 MRK-Methode 4 ist wie blind auf eine Kollision warten

Dabei wird sehr oft vergessen, dass wir immer noch von der klassischen Kollisionsbehandlung sprechen. Das heißt, wir warten auf den Kontakt und reagieren erst dann, wie in Abbildung 11.4 ersichtlich. In unseren Pkw fahren wir doch auch nicht mit der Stoßstange auf den Vordermann, um sicher zu sein, dass es nicht weiter geht. Wir halten vorher schon an oder wechseln die Spur. Genau dies ist die sogenannte Kollisionsvermeidung, welche gerade an vielen Forschungseinrichtungen auf Herz und Nieren geprüft und weiterentwickelt wird. Fehler im System müssen erkannt und behandelt werden können, wenn ein Zertifikat zum Erreichen des Performance Levels d in der Kategorie 3 von einer benannten Stelle ausgewiesen haben soll.

Diese Kollisionsvermeidung kann die nächste Evolution in der Robotik sein, wie einst die Mensch-Roboter-Kollaboration vor mehr als zehn Jahren, welche den Roboter in gewissen Applikationen vom Zaun befreien konnte. In den letzten Jahren gab es Umsetzungen mit Stereo-Kameras oder sogar mit dem Microsoft Kinect System. Auch überdimensionierte Grafikeinheiten mit sehr vielen Kameras haben ununterbrochen das Umfeld analysiert und jede mögliche Ausweichroute vorab errechnet für den Fall eines Unterschreitens des Sicherheitsabstandes durch Menschen. Vielversprechend sind sogenannte Time-of-Flight-Systeme, welche über die Messung der Lichtdistanz den Abstand zu einem Objekt zu jedem Pixel in der Kamera ausgeben können. So entstehen Raumbilder in drei Dimensionen, wie in Abbildung 11.5 ersichtlich. Erste Systeme sind auch schon zertifiziert gemäß EN ISO 13849 im Performance Level d. Der Einsatz in der Robotik ist daher durchaus umsetzbar. Die Steuerung von Robotern selbst ist weiterhin graue Technik, also nicht sicher im Sinne der Sicherheitstechnik. Gerade hier liegt der Teufel im Detail, wenn man nun die 3D-Erkennung als neue Bahngenerierung direkt nimm., So hat man einen Bruch in der Sicherheitsarchitektur und es ist nicht konsistent. Erst einmal ist es doch vollkommen ausreichend, dass der Time-of-Flight-Sensor immer den Sicherheitsabstand detektiert. Die Entscheidung lautet: ist der Abstand groß genug, so ist alles okay. Ist der Abstand zu klein, so muss das System reagieren. Die Reaktion kann wie folgt geschehen: In Form von Reduzierung der Geschwindigkeit, umschalten in den Kraft- und Leistungsmodus oder sogar in den sicheren Halt gehen.

Ist der Abstand jedoch groß genug und eine Person nähert sich dem Roboter, so kann das System schon früher reagieren, also vor Erreichen des Sicherheitsereignisses. Der Roboter kann im nicht sicheren Teil seine Bahnen anpassen und ausweichen, solange der Mindestsicherheitsabstand passt. Mit diesem Zwischenschritt kann eine konsistente Sicherheitsfunktion mit der vorherigen Prozessstabilität durch die graue Technik aufgebaut

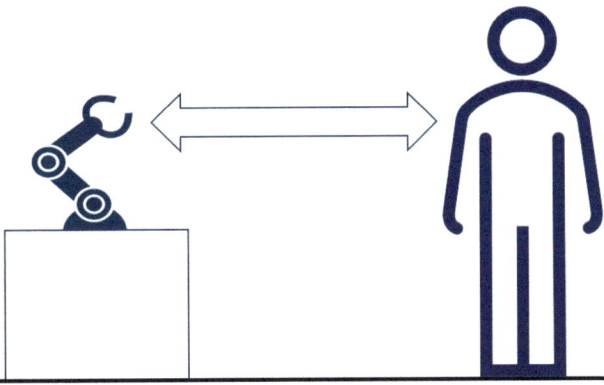

Abbildung 11.5 MRK-Methode 3 überwacht dauerhaft den Sicherheitsabstand

werden. Systeme bleiben somit dynamischer und agiler. Aus Sicht der Sicherheit ist jede vermiedene Kollision eine gute Kollision.

■ 11.3 Simulationsbasierte Bewertung einer Kollision

Wie bereits in Abschnitt 6.2.2 beschrieben, gibt es mittelweile auch erste Methoden, mit welchen eine freie Kollision berechnet werden kann, indem man hier einfache Physik anwendet. Die Berechnung erfolgt hierbei auf der Basis einer freien Kollision zweier Massen. Natürlich ist diese Berechnung im bestimmten Maße fehlerhaft, da das verwendete Modell z. B. für eine an einem Pendel aufgehängte Masse und eine andere Masse die dagegenschwingt angewendet werden kann, aber nicht unbedingt ideal für die Roboter-Mensch-Kollision passt. Dennoch ist der Weg der richtige. Wählt man nämlich eine etwas komplexere Berechnung, welche alle Faktoren berücksichtigt, dann lässt sich Kraft und Druck in einer solchen Kollision sehr gut rechnerisch ermitteln. Und dies nicht nur für eine freie Kollision, sondern auch für mögliche Klemmungen. Da hierbei aber die angewendeten Berechnungen weit komplexer sind als die in Abschnitt 6.2.2 beschriebenen, wird dies nicht mehr einfach mit Papier, Bleistift und Taschenrechner zu machen sein. Jedoch können solche Berechnungsmodelle in Programmen und Simulationstools hinterlegt und angewendet werden.

Die Vorteile für diesen Schritt weg von der Messung und hin zur Berechnung/Simulation liegen klar auf der Hand. Nicht nur, dass der Aufwand für eine Feststellung des Risikos sich stark verringert, wenn ein Programm nur noch in einer Simulationsumgebung ablaufen muss und die Software uns dann einen Wert für das Risiko ausgibt. Ein viel größerer Vorteil ist die Planbarkeit einer Anlage. Mit solchen Tools wird es in der Zukunft möglich sein, eine kollaborierende Anlage in einer virtuellen Umgebung zu planen, zu programmieren und den Großteil der Risikobeurteilung ebenfalls bereits in der virtuellen Umgebung abzuarbeiten. Stellt man dann in der Simulation z. B. fest, dass die benötigte Taktzeit nicht zu erreichen ist, wenn die Anlage gleichzeitig schutzzaunlos betrieben werden soll, da die Kollisionskräfte bei den benötigten Geschwindigkeiten zu hoch sind, dann kann die Applikation noch in der Planungsphase umkonstruiert oder komplett verworfen werden. Dass dies immense Kosten für eine Fehlplanung ersparen kann, weiß jeder, der die Zehner-Regel bei der Planung einer Applikation kennt. Diese besagt, dass die Fehlerkosten auf jeder Stufe eines Projektes von der Planung über die Vorbereitung, Verarbeitung und Fertigstellung bis letztlich zum Kunden nicht geradlinig, sondern exponentiell um den Faktor zehn steigen. Die Erkennung eines Problems in der Umsetzung einer kollaborierenden Applikation bereits in der Planungsphase kann Ihnen also sehr viel Geld sparen.

Abbildung 11.6 Dashboard der Webapplikation Cobotplaner

Einen ersten Ansatz in die hier beschriebene Richtung der simulationsbasierten Kraft- und Druckermittlung hat das Fraunhofer IFA in Magdeburg für die Berufsgenossenschaft Holz und Metall entwickelt. Der sogenannte Cobotplaner (siehe Abbildung 11.6) ist seit 2021 unter dem Link *www.cobotplaner.de* zu erreichen. Auf der webbasierten Anwendung kann man seinen Roboter mit folgenden Daten anlegen:

- Gewicht
- Reichweite
- maximale Achsdrehmomente
- maximale Gelenkgeschwindigkeiten
- Nullstellung und Bewegungsrichtung der Achsen

Wurde der Roboter angelegt, kann im Anschluss eine Werkzeuggeometrie definiert werden, welche das Werkzeug und das eventuelle Werkstück am Roboter simuliert. Hierbei können Quader-, Zylinder- und Kugelformen gewählt werden. Darüber hinaus muss das Gewicht des Werkzeugs angegeben werden. Ist dies getan, so können Sie verschiedene Gefährdungen mit diesem Setup anlegen. Hierbei können Sie wählen, ob es sich um eine Klemmung oder einen Stoß handelt, welche Körperstellen betrachtet werden sollen, mit welcher Geometrie am Roboter kollidiert wird (z. B. Kantenradius) und welche maximale Kraft am TCP eingestellt ist.

Stoß		Klemmung	
Ermittelte Geschwindigkeiten		**Ermittelte Geschwindigkeiten**	
	1 -24.4 °/s		1 0 °/s
	2 0 °/s		2 -2.8 °/s
	3 0 °/s		3 0 °/s
Achsgeschwindigkeiten	4 0 °/s	Achsgeschwindigkeiten	4 0 °/s
	5 0 °/s		5 0 °/s
	6 0 °/s		6 0 °/s
	x -1 mm/s		x -1 mm/s
Vektorielle TCP-Geschwindigkeit	y -466 mm/s	Vektorielle TCP-Geschwindigkeit	y -1 mm/s
	z 0 mm/s		z -53 mm/s
Absolute TCP-Geschwindigkeit	465 mm/s	Absolute TCP-Geschwindigkeit	52 mm/s
Programm-Override	13 %	Programm-Override	1 %

Abbildung 11.7 Ergebnis Klemmung und Stoß im Cobotplaner

Sind alle Daten richtig angelegt, können Sie sich hier das Ergebnis anschauen. Hierbei werden Sie feststellen, dass es einen sehr großen Unterschied macht, ob wir von einer Klemmung oder einem Stoß als Gefährdung ausgehen.

In Abbildung 11.7 sehen Sie einen deutlichen Unterschied in der möglichen TCP-Geschwindigkeit bei einem Stoß und bei einer Klemmung. Die hier abzulesenden Werte zeigen auch noch einmal das, was bereits in Kapitel 6 aufgezeigt wurde – Sie sollten die Anzahl an möglichen Klemmungen in einer Applikation mit Kraft- und Leistungsbegrenzung auf ein absolutes Minimum begrenzen und alle nicht für die Applikation zwingend notwendigen Klemmsituationen eliminieren.

In dem Ergebnis zeigt sich aber auch das, was am Anfang dieses Abschnitts angesprochen wurde. Sie können hier bereits vor dem Kauf eines kollaborierenden Roboters, eines Greifers und noch in der Planungsphase einen ersten Eindruck davon gewinnen, wie schnell sich Ihr Roboter in der Applikation bewegen kann und ob Sie hier eventuell ein Problem mit der von Ihnen benötigten Taktzeit bekommen könnten. Ist dies der Fall, können Sie nun z. B. im Cobotplaner Ihren Roboter einmal gegen ein anderes Modell austauschen und schauen, ob Sie mit diesem vielleicht näher an Ihr Ziel kommen. Hätten Sie Ihren Roboter bereits gekauft und erst in der Fertigstellungsphase im Rahmen des CE-Konformitätsverfahrens und der damit einhergehenden Risikobeurteilung festgestellt, dass der ausgewählte Roboter wohl möglich nicht geeignet ist, wären die Kosten ganz sicher um ein Vielfaches höher.

Auch wenn der Cobotplaner bei Weitem noch nicht die finale Lösung ist, so hilft er Ihnen hier einen ersten Eindruck zu bekommen und Ihre Applikation frühzeitig eventuell neu zu bewerten. Störend ist hierbei sicher, dass sehr viele Daten von Ihnen einzugeben sind, die Sie als Anwender erst einmal zusammensuchen müssen. Es wird jedoch darauf hinauslaufen, dass Ihnen Hersteller von Robotern in naher Zukunft für jeden Roboter einheitliche Dateien zur Verfügung stellen, welche alle relevanten und von solchen Softwaretools benötigten

Dateien beinhalten. Sie als Anwender laden dann einfach die jeweilige Datei in Ihre Simulationsumgebung und haben im Nachgang mit einem Klick das physikalische Modell des Roboters vorliegen. Auf der Webseite des Cobotplaners finden Sie so z. B. schon die Modelle aller Universal-Robots-Produkte so wie die des Kuka iiwa 7 und des Kuka iiwa 14 verlinkt. In einem weiteren Schritt werden sich hier auch die Hersteller der Werkzeuge für Roboter anschließen und Ihnen ebenfalls Dateien mit allen benötigten Daten zur Verfügung stellen. Dies macht es dann für Sie als Anwender weit einfacher, als es Ihnen der Cobotplaner aktuell macht. Aber es ist definitiv der richtige Weg, welcher für den stark wachsenden Bereich der kollaborativen Roboterapplikationen absolut unabdingbar sein wird.

12 Zusammenfassung

Nachdem Sie nun alle vorherigen Kapitel gelesen haben, hat sich der Schleier um kollaborierende Roboterapplikationen, biomechanische Grenzwerte, die ISO TS 15066, Risikobeurteilungen, CE-Konformität und vieles mehr hoffentlich etwas gehoben und Sie haben nun einen besseren Überblick über dieses doch sehr komplexe und oft nicht ganz einfache Thema.

Die kollaborative Robotik ist in den letzten 20 Jahren überproportional gewachsen und sehr viele Unternehmen und Automatisierer haben hier schon ihre Erfahrungen auf diesem Gebiet gemacht. Viele sind dabei jedoch auch mit einem völlig falschem Bild an das Thema herangegangen, was sicherlich einer sehr pushenden Marketingstrategie von einigen der Marktführer geschuldet ist. Oft war die Erwartungshaltung, welche Kunden und Integratoren an diese Technologie hatten, von Presseartikeln, Messen und Werbungen viel höher als das, was sie letztlich in der Realität liefern konnte. Es muss Ihnen klar sein, dass der Cobot in Ihrer Produktionslinie nicht der heilige Gral ist, mit welchem Sie alles und jedes Problem lösen können. Und erst recht ist die Umsetzung nicht nur mit dem Einbau des Roboters und dem Programmieren getan. Es gehört eben noch mehr dazu, wie beispielsweise dem ganz entscheidenden Teil der Risikobeurteilung. Aber es ist auch kein Hexenwerk, vor dem Sie sich fürchten müssen und welches nur absolute Experten für Sie lösen können. Sie sollten bei der Planung und Umsetzung einer kollaborierenden Applikation aber ein paar Dinge beachten, welche wir hier noch einmal kurz zusammenfassen möchten.

a) Muss es unbedingt eine kollaborierende Applikation sein oder können Sie Ihre Problemstellung auch mit einer herkömmlichen traditionellen Roboterzelle lösen?

b) Wenn Sie keinen Zaun um Ihren Roboter haben möchten, wäre eine Applikation auf der Basis eines sicheren überwachten Halts eventuell möglich (z. B. Zugangsüberwachung mittels Laserscanner)?

c) Wenn Mitarbeiter und Roboter tatsächlich eng zusammenarbeiten sollen und deswegen auch keine Überwachung durch einen Laserscanner in Frage kommt, wäre eventuell eine Arbeitsraumteilung durch eine Lichtschranke eine Möglichkeit?

d) Wenn Sie tatsächlich einen Bereich haben, welchen Mitarbeiter UND Roboter GLEICH-ZEITIG nutzen müssen, dann halten Sie diesen Kollaborationsraum zwingend so klein wie möglich und machen ihn nur so groß wie nötig. (siehe die im Buch beschriebene Taschenlampenapplikation).

e) Überlegen Sie, welchen Roboter mit welchen Funktionen und Eigenschaften Sie benötigen. Nutzen Sie eventuell den Cobotplaner um sich einen ersten Eindruck der Kollisionskräfte und -drücke sowie der möglichen Geschwindigkeiten zu verschaffen.

f) Eliminieren Sie alle nicht für den Prozess zwingend notwendigen Klemmstellen in dem vorhandenen Kollaborationsraum.

g) Betrachten und bewerten Sie die verbleibenden Klemmstellen. Ermitteln Sie das Risiko mittels Kraft- und Druckmessung und der Wahrscheinlichkeit des Auftretens. (Denken Sie daran, dass beide Faktoren entscheidend für das Risiko sind und nicht nur der gemessene Kraft-/Druckwert!)

h) Sind die Werte zu hoch, reduzieren Sie diese durch geringere Geschwindigkeiten, Polsterung und größere Flächen.

i) Beachten Sie, dass Sie Kollisionen im freien Raum NICHT messen, sondern berechnen sollten. Die möglichen Geschwindigkeiten bei solchen Kollisionen sind oft um ein Vielfaches höher als bei Klemmungen, weswegen Kollisionen im freien Raum meist unkritisch sind.

j) Haben Sie Ihr Risiko auf ein akzeptables Maß reduziert, dokumentieren Sie Ihre Applikation, die getroffenen Maßnahmen und das ermittelte Risiko in Ihrer Risikobeurteilung.

k) Schließen Sie Ihre Applikation mit dem CE-Konformitätsverfahren ab.

Sicherlich ist dies eine sehr kurz gehaltene Zusammenfassung und spiegelt bei eitem nicht alle thematisch behandelten Punkte dieses Buches wieder. Jedoch sollte diese auch lediglich als kleiner Entscheidungsleitfaden für Sie dienen, wenn Sie Ihre nächste kollaborierende Applikation angehen. Sollten Sie vorher bereits eine Applikation mit einem kollaborierenden Roboter umgesetzt haben, werden Sie sicherlich feststellen, dass Sie die nächste Applikation nach dem Lesen dieses Buches ganz anders angehen und betrachten werden. Damit hat dieses Buch dann definitiv seinen Zweck erfüllt, was uns als Autoren des Buches auch ein starkes Anliegen war und uns letztlich dazu getrieben hat, dieses Buch zu schreiben.

13 Normen

Norm	Bezeichnung
EN ISO 10218-1	Industrieroboter – Sicherheitsanforderungen Teil 1: Roboter 2011
EN ISO 10218-2	Industrieroboter – Sicherheitsanforderungen Teil 2: Robotersysteme und Integration 2011
EN ISO 12100	Sicherheit von Maschinen – Allgemeine Gestaltungsleitsätze Risikobeurteilung und Risikominderung Deutsche Fassung EN ISO 12100:2010
EN ISO 13849-1	Sicherheit von Maschinen – Sicherheitsbezogene Teile von Steuerungen – Teil 1 Allgemeine Gestaltungsleitsätze ISO 13849-1:2015
EN ISO 13850	Sicherheit von Maschinen – NotHalt Funktion – Gestaltungsleitsätze – Deutsche Fassung EN ISO 13850:2015
EN ISO 13854	Sicherheit von Maschinen – Mindestabstände zur Vermeidung des Quetschens von Körperteilen Deutsche Fassung EN ISO 13854:2019
EN ISO 13855	Sicherheit von Maschinen – Anordnung von Schutzeinrichtungen im Hinblick auf Annäherungsgeschwindigkeiten von Körperteilen – Deutsche Fassung EN ISO 13855:2010
EN ISO 13857	Sicherheit von Maschinen – Sicherheitsabstände gegen das Erreichen von Gefährdungsbereichen mit den oberen und unteren Gliedmaßen – Deutsche Fassung EN ISO 13857:2019
DIN 33402-2	Ergonomie – Körperwerte des Menschen Teil 2 Werte – DIN 33402-2:2020-12
EN 60204-1	Sicherheit von Maschinen – Elektrische Ausrüstung von Maschinen – Teil 1: Allgemeine Anforderungen (IEC 60204-1:2016, modifiziert) – Deutsche Fassung EN 60204-1:2018
ISO TS 15066	Roboter und Robotikgeräte – Kollaborierende Roboter (ISO TS 15066:2016)

Literatur

[1] BEHRENS, ROLAND: *Biomechanische Grenzwerte für die sichere Mensch-Roboter-Kollaboration.* Springer, 2019.

[2] BGHM: *FB HM-080 - Kollaborierende Robotersysteme (Planung von Anlagen mit Leistungs- und Kraftbegrenzung).* Technischer Bericht, Fachbereich Holz und Metall der DGUV, 2017.

[3] MUTTRAY, AXEL, M MELIA, BRITTA GEISSLER, J KÖNIG und S LETZEL: *Wissenschaftlicher schlussbericht zum vorhaben FP-0317:"kollaborierende roboter-ermittlung der Schmerzempfindlichkeit an der Mensch-Maschine-Schnittstelle" Mainz,* 2014.

[4] OBERER-TREITZ: *Workshop für OTS-Systeme in der Robotik am Frauenhofer IPA. Sichere Mensch-Roboter-Kooperation: Aktiv und Passiv. (5), 70-81.* Technischer Bericht, Fraunhofer IPA), 2006.

[5] RYLL, CHRISTOPH: *Analyse für eine sichere Mensch-Industrieroboter Interaktion.* Akademikerverlag, 2018.

Stichwortverzeichnis